· 数据处理与分析高手丛书 ·

Power Query

M函数语言

基于Excel和Power BI的数据清理轻松入门

侯翔宇◎编著

U0234105

北京理工大学出版社
BEIJING INSTITUTE OF TECHNOLOGY PRESS

图书在版编目（ＣＩＰ）数据

Power Query M 函数语言：基于 Excel 和 Power BI 的数据清理轻松入门 / 侯翔宇编著. -- 北京：北京理工大学出版社, 2023.8
（数据处理与分析高手丛书）
ISBN 978-7-5763-2726-7

Ⅰ.①P… Ⅱ.①侯… Ⅲ.①表处理软件 Ⅳ.①TP391.13

中国国家版本馆 CIP 数据核字(2023)第 149085 号

出版发行／北京理工大学出版社有限责任公司
社　　　址／北京市海淀区中关村南大街5号
邮　　　编／100081
电　　　话／（010）68914775（总编室）
　　　　　　（010）82562903（教材售后服务热线）
　　　　　　（010）68944723（其他图书服务热线）
网　　　址／ http://www.bitpress.com.cn
经　　　销／全国各地新华书店
印　　　刷／文畅阁印刷有限公司
开　　　本／787毫米×1020毫米　1／16
印　　　张／19
字　　　数／416千字
版　　　次／2023年8月第1版　　2023年8月第1次印刷
定　　　价／89.00 元

责任编辑／江　立
文案编辑／江　立
责任校对／周瑞红
责任印制／施胜娟

Power Query 是微软 Power BI 商业分析软件中的一个数据获取与处理工具，它也是 Excel 的一个内置插件。有了它，可以轻松完成原本需要通过复杂公式或者 VBA 处理的数据整理工作。它可以通过规范化 Excel 中的数据来增强商业智能分析能力，从而提高用户的自助服务体验。而 Power Query M 函数是 PQ 功能命令的控制函数，它也被称为 M 函数语言。M 函数语言是一种介于函数与编程之间的语言，因此也可以称其为函数式语言。借助 M 函数可以使数据处理更轻松，一些复杂的操作可以一次性编码完成，简洁而高效。

出版一本系统介绍 M 函数使用方法的图书是笔者一直以来的一个心愿。如今书稿已成，付梓在望，多年的心愿即将实现，笔者的内心自然也是激动的。在此，笔者先对本书的创作思路和基本情况做一下简单介绍，以便读者了解。笔者希望通过本书提供一套全面而系统的 M 函数语言知识体系，给即将踏上 Power Query 技术学习之路或者正走在 Power Query 技术学习之路上的人一些帮助，让他们少花点时间，少走点弯路就能学到更全面、更核心的 M 函数语言知识。因此笔者不会藏着掖着，而会毫无保留地将所学的 M 函数语言的相关知识倾囊而出，尽可能全面地将其呈现给读者。

需要提及的是，与 M 函数语言的相关知识点繁多，内容较为庞杂，完成后的初稿超过 600 页，这样的"大块头"让人颇有压力，携带与阅读也并不方便，而且不同读者需要掌握的内容和深度也不尽相同。于是在和编辑做了沟通后，最终确定分成两本书出版，分别是《Power Query M 函数语言：基于 Excel 和 Power BI 的数据清理轻松入门》和《Power Query M 函数语言：基于 Excel 和 Power BI 的数据清理进阶实战》。这两本书总结了笔者多年在 Power Query 教学培训、课程开发和问题解答过程中积累的大量经验，可以帮助读者在较短的时间里掌握 M 函数的使用方法，而不用像笔者当年学习时磕磕绊绊，困难重重。希望读者朋友能够喜欢这两本书，并能从书中有所获益，帮助自己解决工作中的相关问题。

本书是入门分册，重点在于帮助零基础读者快速构建 M 函数语言的知识框架，带领他们系统学习 M 函数语言的基础理论知识，如数据类型、运算符和关键字等，并辅以实操案例进行应用实践。

本书特色

- 内容全面：全面涵盖学习 M 函数及常见应用所需要掌握的所有理论知识。
- 讲解深入：不但介绍一些复杂功能的运行原理，而且还会介绍与思维培养和后台运行理论等相关的知识，这在同类图书中是很少见到的。

- 编排合理：知识结构编排合理，符合入门读者的学习规律，先从比较容易上手的常用技术开始讲解，然后逐步深入介绍较为复杂的技术，学习梯度比较平滑。
- 图解教学：结合大量示意图进行讲解，并用导向箭头将操作流程标注在图上，从而帮助读者高效、直观地学习。
- 案例教学：讲解知识点时辅以实操案例，提高读者的动手能力，并加深读者对知识的理解。
- 步骤详细：每个实操案例都给出了详细的操作步骤，读者只要按照书中的步骤一步步地进行演练，即可快速掌握核心知识。
- 查询方便：在讲解函数的用法时为相关函数配备基本用法表，并以使用目的为依据对其进行二级分类，这样可以极大地方便用户查询。

本书内容

第1篇　背景知识

本篇涵盖第 1、2 章，核心目标是帮助读者建立学习 M 函数语言的知识框架，为后续学习打好基础。本篇首先介绍 M 函数语言的相关概念、用途、定位和运行环境的安装，然后介绍 Power Query 软件版本的选择、Power Query 软件的启动和界面语言的切换，最后介绍高级编辑器、语法检查器和语法提示器的使用方法，以及代码的基本结构和知识图谱等相关知识。

第2篇　基础语法

本篇涵盖第 3～5 章，核心目标是带领读者全面掌握 M 函数语言的基础语法知识。本篇依次介绍数据类型、运算符和关键字的使用。其中，数据类型用于存储数据信息，运算符完成对数据信息的基本运算，关键字用于代码的组织和特殊功能的实现。

第3篇　函数功能

本篇涵盖第 6～11 章，核心目标是带领读者系统掌握常用的 M 函数的各种功能。本篇按照"1+5"的模型进行讲解，第 6 章介绍 M 函数的基础知识，如函数分类、函数帮助文档的使用、函数嵌套和循环上下文等，第 7～11 章结合实操案例依次介绍文本函数、数字函数、列表函数、记录函数和表格函数这五大类型函数的具体用法。

读者对象

- 零基础学习 M 函数语言的人员；

- 人力资源、财务会计和税务等相关从业人员；
- 产品、运营和数据决策相关从业人员；
- 数据分析与可视化从业人员；
- 与数据汇总、整理和分析相关的人员；
- Excel 与 Power BI 爱好者与发烧友；
- 相关培训机构的学员；
- 高校相关专业的学生。

本书约定

本书在编写和组织上有以下惯例和约定，了解这些惯例和约定对读者更好地阅读本书有很大帮助。

- 软件版本：本书采用 Windows 系统下的 Microsoft Excel 365 中文版（2021）写作。虽然其操作界面和早期版本的 Excel 有所不同，但差别不大，书中介绍的大多数操作、命令和代码均可在其他版本的 Excel 中使用，也可以在 Power BI Desktop 及其他版本的 Power Query 编辑器中使用。
- 菜单命令：Power Query 编辑器类似于 Excel 软件，其大量功能是通过命令实现的，其功能按钮在软件界面上部的菜单栏中进行了层级划分，分为选项卡、分组和命令三个层级。其中，开始、转换、添加列、视图等被称为选项卡，功能类似的按钮集中形成分组，如查询组和常规组等，读者可以据此快速找到按钮所在位置。
- 快捷操作：本书中出现的快捷键主要分为两种类型：一种是同时按键，如复制快捷键 Ctrl+C，指同时按下两个按键，书中使用加号相连；一种是连续按键，如排序快捷键 Alt-A-S-A，指依次连续按 4 个键，书中使用减号相连。除此之外，书中还有单次按键、长按、短按和滚轮等快捷操作方式，请根据书中的具体介绍进行操作。
- 特色段落：本书中有大量的特色段落，主要有说明、注意和技巧三种。其中，"说明"是对正文内容进行的一些细节补充；"注意"是对常见错误进行的提示；"技巧"是对常规功能的特殊使用方式进行的补充。这些特色段落是笔者的知识、经验和思考的结晶，可以帮助读者更好地阅读本书。

配套资料

本书涉及的配套案例文件需要读者自行下载。请加入"麦克斯威儿 Power Query 学习交流群"（QQ 群号为 933620599，密码为 Maxwell）进行下载；也可关注微信公众号"方大卓越"，回复"10"即可获取下载链接。

另外，在哔哩哔哩平台或微信公众号上的"麦克斯威儿"频道的 Power Query/Power BI 栏目有相关拓展学习资料，如教学视频、进阶教程、Power Query 操作案例、M 函数大全和应用案例等，读者可以通过搜索关键字查看，也可以通过收藏夹查找。

售后服务

虽然笔者在本书的编写过程中力求完美，但限于学识和能力水平，书中可能还有疏漏与不当之处，敬请读者朋友批评、指正。在阅读本书时若有疑问，可以发电子邮件到 bookservice2008@163.com，或者在上述 QQ 学习交流群中提问或在以下平台发送消息，真诚期待您的宝贵意见和建议。

微信公众号：麦克斯威儿

哔哩哔哩（B 站）：麦克斯威儿

侯翔宇

|目录|

第1篇　背景知识

第1章　引言···2

　1.1　M 函数语言简介···2

　　1.1.1　Power Query 是什么···2

　　1.1.2　M 函数语言是什么···3

　　1.1.3　M 函数语言有什么作用···4

　　1.1.4　M 函数语言有哪些特性···4

　1.2　M 函数语言的定位···5

　　1.2.1　M 函数语言与 Power Query 的关系··5

　　1.2.2　Power Query 与 Power BI 的关系··6

　　1.2.3　Power BI 与 Excel 的关系··6

　1.3　Power Query 的安装和使用··8

　　1.3.1　Power Query 的运行环境··8

　　1.3.2　Power Query 的版本选择··8

　　1.3.3　在 Excel 中启动 Power Query···9

　　1.3.4　在 Power BI Desktop 中启动 Power Query···13

　　1.3.5　切换界面的显示语言···14

　1.4　本章小结···15

第2章　初识 M 函数语言···16

　2.1　哪里有 M 代码···16

　　2.1.1　添加自定义列···16

　　2.1.2　添加示例中的列···17

　　2.1.3　公式编辑栏··19

　　2.1.4　高级编辑器··21

　2.2　高级编辑器的使用···22

　　2.2.1　快速启动高级编辑器···22

　　2.2.2　辅助编码功能···23

　　2.2.3　语法检查器··26

　　2.2.4　M Intellisense 语法提示器···27

2.3　M 代码的基本结构和组成要素 ⋯⋯⋯⋯⋯⋯⋯⋯⋯⋯⋯⋯⋯⋯⋯⋯⋯⋯⋯⋯⋯⋯ 29

　　2.3.1　M 代码的整体结构 ⋯⋯⋯⋯⋯⋯⋯⋯⋯⋯⋯⋯⋯⋯⋯⋯⋯⋯⋯⋯⋯⋯⋯⋯ 30

　　2.3.2　M 代码的组成元素 ⋯⋯⋯⋯⋯⋯⋯⋯⋯⋯⋯⋯⋯⋯⋯⋯⋯⋯⋯⋯⋯⋯⋯⋯ 31

　　2.3.3　M 代码结构和要素总结 ⋯⋯⋯⋯⋯⋯⋯⋯⋯⋯⋯⋯⋯⋯⋯⋯⋯⋯⋯⋯⋯⋯ 32

2.4　M 函数语言的四大知识板块 ⋯⋯⋯⋯⋯⋯⋯⋯⋯⋯⋯⋯⋯⋯⋯⋯⋯⋯⋯⋯⋯⋯⋯⋯ 32

2.5　本章小结 ⋯⋯⋯⋯⋯⋯⋯⋯⋯⋯⋯⋯⋯⋯⋯⋯⋯⋯⋯⋯⋯⋯⋯⋯⋯⋯⋯⋯⋯⋯⋯⋯ 35

第 2 篇　基础语法

第 3 章　数据类型 ⋯⋯⋯⋯⋯⋯⋯⋯⋯⋯⋯⋯⋯⋯⋯⋯⋯⋯⋯⋯⋯⋯⋯⋯⋯⋯⋯⋯⋯⋯⋯ 38

3.1　数据类型分类 ⋯⋯⋯⋯⋯⋯⋯⋯⋯⋯⋯⋯⋯⋯⋯⋯⋯⋯⋯⋯⋯⋯⋯⋯⋯⋯⋯⋯⋯⋯ 38

　　3.1.1　数据类型的二级分类 ⋯⋯⋯⋯⋯⋯⋯⋯⋯⋯⋯⋯⋯⋯⋯⋯⋯⋯⋯⋯⋯⋯⋯ 38

　　3.1.2　数据类型的重要性 ⋯⋯⋯⋯⋯⋯⋯⋯⋯⋯⋯⋯⋯⋯⋯⋯⋯⋯⋯⋯⋯⋯⋯⋯ 40

3.2　基础数据类型 ⋯⋯⋯⋯⋯⋯⋯⋯⋯⋯⋯⋯⋯⋯⋯⋯⋯⋯⋯⋯⋯⋯⋯⋯⋯⋯⋯⋯⋯⋯ 41

　　3.2.1　文本类型 ⋯⋯⋯⋯⋯⋯⋯⋯⋯⋯⋯⋯⋯⋯⋯⋯⋯⋯⋯⋯⋯⋯⋯⋯⋯⋯⋯⋯ 41

　　3.2.2　数字类型 ⋯⋯⋯⋯⋯⋯⋯⋯⋯⋯⋯⋯⋯⋯⋯⋯⋯⋯⋯⋯⋯⋯⋯⋯⋯⋯⋯⋯ 43

　　3.2.3　逻辑类型 ⋯⋯⋯⋯⋯⋯⋯⋯⋯⋯⋯⋯⋯⋯⋯⋯⋯⋯⋯⋯⋯⋯⋯⋯⋯⋯⋯⋯ 45

　　3.2.4　基础类型的相互转换 ⋯⋯⋯⋯⋯⋯⋯⋯⋯⋯⋯⋯⋯⋯⋯⋯⋯⋯⋯⋯⋯⋯⋯ 46

　　3.2.5　什么是类型转换函数 ⋯⋯⋯⋯⋯⋯⋯⋯⋯⋯⋯⋯⋯⋯⋯⋯⋯⋯⋯⋯⋯⋯⋯ 48

3.3　泛日期时间类数据 ⋯⋯⋯⋯⋯⋯⋯⋯⋯⋯⋯⋯⋯⋯⋯⋯⋯⋯⋯⋯⋯⋯⋯⋯⋯⋯⋯⋯ 48

　　3.3.1　日期 ⋯⋯⋯⋯⋯⋯⋯⋯⋯⋯⋯⋯⋯⋯⋯⋯⋯⋯⋯⋯⋯⋯⋯⋯⋯⋯⋯⋯⋯⋯ 49

　　3.3.2　时间 ⋯⋯⋯⋯⋯⋯⋯⋯⋯⋯⋯⋯⋯⋯⋯⋯⋯⋯⋯⋯⋯⋯⋯⋯⋯⋯⋯⋯⋯⋯ 50

　　3.3.3　日期时间 ⋯⋯⋯⋯⋯⋯⋯⋯⋯⋯⋯⋯⋯⋯⋯⋯⋯⋯⋯⋯⋯⋯⋯⋯⋯⋯⋯⋯ 51

　　3.3.4　日期时间数据的本质 ⋯⋯⋯⋯⋯⋯⋯⋯⋯⋯⋯⋯⋯⋯⋯⋯⋯⋯⋯⋯⋯⋯⋯ 52

　　3.3.5　日期时间时区 ⋯⋯⋯⋯⋯⋯⋯⋯⋯⋯⋯⋯⋯⋯⋯⋯⋯⋯⋯⋯⋯⋯⋯⋯⋯⋯ 54

　　3.3.6　持续时间 ⋯⋯⋯⋯⋯⋯⋯⋯⋯⋯⋯⋯⋯⋯⋯⋯⋯⋯⋯⋯⋯⋯⋯⋯⋯⋯⋯⋯ 56

　　3.3.7　泛日期时间类型数据的运算 ⋯⋯⋯⋯⋯⋯⋯⋯⋯⋯⋯⋯⋯⋯⋯⋯⋯⋯⋯⋯ 57

3.4　特殊的数据类型 ⋯⋯⋯⋯⋯⋯⋯⋯⋯⋯⋯⋯⋯⋯⋯⋯⋯⋯⋯⋯⋯⋯⋯⋯⋯⋯⋯⋯⋯ 58

　　3.4.1　空值 ⋯⋯⋯⋯⋯⋯⋯⋯⋯⋯⋯⋯⋯⋯⋯⋯⋯⋯⋯⋯⋯⋯⋯⋯⋯⋯⋯⋯⋯⋯ 58

　　3.4.2　二进制 ⋯⋯⋯⋯⋯⋯⋯⋯⋯⋯⋯⋯⋯⋯⋯⋯⋯⋯⋯⋯⋯⋯⋯⋯⋯⋯⋯⋯⋯ 60

　　3.4.3　方法类型 ⋯⋯⋯⋯⋯⋯⋯⋯⋯⋯⋯⋯⋯⋯⋯⋯⋯⋯⋯⋯⋯⋯⋯⋯⋯⋯⋯⋯ 61

　　3.4.4　类型 ⋯⋯⋯⋯⋯⋯⋯⋯⋯⋯⋯⋯⋯⋯⋯⋯⋯⋯⋯⋯⋯⋯⋯⋯⋯⋯⋯⋯⋯⋯ 62

　　3.4.5　错误值 ⋯⋯⋯⋯⋯⋯⋯⋯⋯⋯⋯⋯⋯⋯⋯⋯⋯⋯⋯⋯⋯⋯⋯⋯⋯⋯⋯⋯⋯ 63

3.5　复合结构型数据 ⋯⋯⋯⋯⋯⋯⋯⋯⋯⋯⋯⋯⋯⋯⋯⋯⋯⋯⋯⋯⋯⋯⋯⋯⋯⋯⋯⋯⋯ 64

　　3.5.1　列表 ⋯⋯⋯⋯⋯⋯⋯⋯⋯⋯⋯⋯⋯⋯⋯⋯⋯⋯⋯⋯⋯⋯⋯⋯⋯⋯⋯⋯⋯⋯ 64

　　3.5.2　记录 ⋯⋯⋯⋯⋯⋯⋯⋯⋯⋯⋯⋯⋯⋯⋯⋯⋯⋯⋯⋯⋯⋯⋯⋯⋯⋯⋯⋯⋯⋯ 67

3.5.3 表格 ·· 70

3.5.4 三种数据容器的比较 ··· 75

3.6 本章小结 ·· 76

第 4 章 运算符 ·· 78

4.1 注释符 ·· 78

4.1.1 添加行注释 ··· 78

4.1.2 添加段落注释 ··· 79

4.1.3 注释的隐藏用法——代码调试 ··· 80

4.2 文本符 ·· 81

4.2.1 构建复杂的变量名称 ··· 81

4.2.2 特殊字符的输入 ··· 82

4.3 连接符 ·· 87

4.3.1 运算符与 M 函数语言的关系 ·· 87

4.3.2 融合日期与时间类型数据 ··· 88

4.4 算术符 ·· 88

4.4.1 加法与减法 ··· 89

4.4.2 乘法与除法运算 ··· 91

4.5 比较符 ·· 93

4.5.1 数字比较 ··· 93

4.5.2 文本比较 ··· 93

4.5.3 逻辑值比较 ··· 96

4.5.4 泛日期时间类型比较 ··· 97

4.5.5 数据容器类型比较 ··· 98

4.6 引用符 ·· 99

4.7 句点符 ·· 100

4.7.1 双句点的使用原理 ··· 100

4.7.2 双句点的特殊情况 ··· 101

4.8 运算优先级 ··· 103

4.9 本章小结 ··· 104

第 5 章 关键字 ·· 105

5.1 结构 let…in ··· 105

5.1.1 let…in 表达式的使用场景 ·· 105

5.1.2 let…in 表达式的嵌套特性 ·· 108

5.1.3 let…in 表达式的作用域 ··· 112

5.2 条件分支 if…then…else ·· 116

  5.2.1 条件分支结构的基础使用 ·· 116

  5.2.2 条件分支结构的嵌套特性 ·· 117

  5.2.3 分支结构嵌套示例 ·· 118

 5.3 逻辑运算 and/or/not ·· 119

  5.3.1 逻辑运算关键字的使用 ·· 119

  5.3.2 多条件综合判定应用 ·· 120

 5.4 运算符与关键字的关系 ··· 121

 5.5 错误处理 try…otherwise ··· 121

  5.5.1 错误处理关键字的使用 ·· 122

  5.5.2 对于错误值的理解 ·· 122

 5.6 自定义函数 ··· 123

  5.6.1 自定义函数的作用与分类 ·· 123

  5.6.2 自定义函数的编写 ·· 124

 5.7 自定义函数简写 each/_ ··· 127

  5.7.1 理解最简单的循环结构 ·· 128

  5.7.2 简写自定义函数关键字 ·· 129

 5.8 数据类型判断与约束——is 和 as ·· 130

 5.9 本章小结 ··· 133

第 3 篇 函数功能

第 6 章 函数基础 ·· 136

 6.1 什么是函数 ··· 136

 6.2 M 函数分类 ·· 136

  6.2.1 M 函数总览 ··· 137

  6.2.2 M 函数的二级分类 ·· 138

 6.3 阅读帮助文档 ·· 141

  6.3.1 本地帮助文档 ·· 141

  6.3.2 在线文档 ··· 144

 6.4 函数语法 ··· 146

  6.4.1 语法拆解 ··· 147

  6.4.2 数据类型的重要性 ··· 148

 6.5 函数嵌套与上下文 ··· 149

  6.5.1 函数嵌套 ··· 149

  6.5.2 上下文环境 ·· 150

  6.5.3 上下文穿透 ·· 152

6.5.4 嵌套与上下文总结 ·· 158

6.6 常用函数 ··· 158

6.6.1 列表转换函数 List.Transform ·· 158

6.6.2 添加自定义列函数 Table.AddColumn ······························· 161

6.6.3 记录转列表函数 Record.ToList ·· 163

6.7 本章小结 ··· 164

第 7 章 文本函数 ··· 165

7.1 文本函数概述 ·· 165

7.1.1 文本函数清单 ··· 165

7.1.2 文本函数的分类 ·· 167

7.2 重要的文本函数 ··· 168

7.2.1 文本插入函数 ··· 168

7.2.2 文本移除函数 ··· 169

7.2.3 文本转换函数 ··· 171

7.2.4 文本提取函数 ··· 173

7.2.5 文本信息函数 ··· 175

7.2.6 常量参数 ··· 177

7.2.7 文本拆分与合并函数 ·· 177

7.3 文本函数应用案例 ·· 180

7.3.1 提取混合文本内的中英文数字信息 ···································· 180

7.3.2 提取混合文本中的日期信息 ··· 182

7.3.3 提取混合文本中的数字信息并求和 ···································· 184

7.4 本章小结 ··· 187

第 8 章 数字函数 ··· 188

8.1 数字函数概述 ·· 188

8.1.1 数字函数清单 ··· 188

8.1.2 数字函数的分类 ·· 190

8.2 重点数字函数 ·· 191

8.2.1 数字类型转换函数 ·· 191

8.2.2 数字信息函数 ··· 192

8.2.3 "零件"函数和"轮子"函数 ··· 193

8.2.4 数字运算函数 ··· 194

8.2.5 数字修约函数 ··· 196

8.3 数字函数应用案例 ·· 199

8.4 本章小结 ··· 201

第 9 章　列表函数 ··· 203

9.1　列表函数概述 ··· 203

9.1.1　列表函数清单 ·· 203

9.1.2　列表函数的分类 ·· 206

9.2　重点列表函数 ··· 206

9.2.1　列表聚合函数 ·· 206

9.2.2　列表构建函数 ·· 207

9.2.3　列表转换函数 ·· 209

9.2.4　列表提取函数 ·· 220

9.2.5　列表信息函数 ·· 225

9.3　列表函数应用案例 ·· 229

9.3.1　判断编号是否符合规范 ·· 229

9.3.2　判断销售达标月份的数量 ··· 230

9.3.3　中式排名和美式排名 ·· 232

9.3.4　按序号拆分文本字符串 ·· 233

9.4　本章小结 ·· 237

第 10 章　记录函数 ··· 238

10.1　记录函数概述 ·· 238

10.1.1　记录函数清单 ·· 238

10.1.2　记录函数的分类 ··· 239

10.2　重点记录函数 ·· 239

10.2.1　记录类型转换函数 ·· 239

10.2.2　记录信息函数 ·· 242

10.2.3　记录转换函数 ·· 244

10.3　代码格式化 ··· 246

10.3.1　代码对比 ·· 247

10.3.2　格式化规范 ··· 248

10.4　本章小结 ·· 250

第 11 章　表格函数 ··· 251

11.1　表格函数概览 ·· 251

11.1.1　表格函数清单 ·· 251

11.1.2　表格函数的分类 ··· 255

11.2　重点表格函数 ·· 256

11.2.1　表格类型函数 ·· 256

11.2.2　表格插入与移除函数 ·· 261

　　　11.2.3　表格标题函数 ··· 263

　　　11.2.4　表格转换函数 ··· 264

　　　11.2.5　表格展开与聚合函数 ·· 273

　　　11.2.6　表格提取函数 ··· 276

　　　11.2.7　表格信息函数 ··· 279

　　11.3　表格函数应用案例 ··· 282

　　　11.3.1　不等长分组列表二维化 ··· 282

　　　11.3.2　降序排序成绩条 ·· 284

　　　11.3.3　移除表格空行 ··· 285

　　　11.3.4　分组排名 ··· 286

　　　11.3.5　批量分组多方式聚合 ··· 288

后记 ··· 290

第1篇
背景知识

▸▸ 第1章 引言

▸▸ 第2章 初识 M 函数语言

第 1 章　引　　言

嘿！大家好！我是本书的作者侯翔宇，也是带领大家到 Power Query M 函数语言（简称 M 函数语言）的世界游玩的向导，大家可以直接叫我麦克斯。在接下来的旅程中将由我承担解说员的工作，陪同大家在 Power Query M 函数语言的世界深度遨游，帮助大家循序渐进地掌握 Power Query M 函数语言的数据技术，更轻松地获得强悍的数据控制能力。希望你能有一次愉快的学习之旅！让我们赶紧出发吧！

本章作为全书的开篇章节，也是我们与 Power Query M 函数语言初次相遇的地方。我们将全方位认识 Power Query M 函数语言，包括了解它的定义、作用和特性；看看它和 Excel、Power BI 及 Power Query 本身有哪些千丝万缕的联系；了解 M 函数语言会在哪里出现；最后我们还会了解 Power Query（PQ）的使用环境，以及如何安装和使用它。这些内容会成为我们后续旅途最坚实的铺垫，千万不要错过喔。

本章共分为三个部分：第一部分是从整体上了解 M 函数语言的定义、作用和特性；第二部分是明确 M 函数语言的定位；最后一部分是学习如何安装和使用 Power Query。

本章的主要内容如下：

- M 函数语言的定义、作用和特性。
- Power Query 和 Power BI 的关系。
- 安装和使用 Power Query。

1.1　M 函数语言简介

在开启 M 函数语言世界的探索之旅前，我们先对"目的地"进行一个初步了解。本节将为大家解答 M 函数是什么、有什么作用、有哪些特性这三大核心问题，让大家对 M 函数语言有一个初步的了解。

1.1.1　Power Query 是什么

要回答 M 函数语言是什么这个问题，我们先来了解一下 Power Query 是什么。

简单来说，Power Query 是由微软开发的搭载在 Excel 和 Power BI 这两款软件中用来完成数据汇总和整理任务的软件。其中，第一个关键词是"软件"，但其实我们将 Power

Query 视为软件、技术或引擎；第二个关键词是"数据汇总和整理"，这反映的是它在数据处理方面的作用。它可以将多种不同来源的海量数据导入、汇总，并轻松地对其结构和内容进行调整。

　　用通俗易懂的话来说，Power Query 不但可以帮助我们把分布在不同地方的数据汇总起来，而且可以把这些结构和内容杂乱无章甚至有些"脏乱差"的数据轻松整理成我们想要的目标形式，如图 1-1 所示。我们可以在两款桌面级应用软件中使用这项技术，这两款软件为 Excel 和 Power BI Desktop。

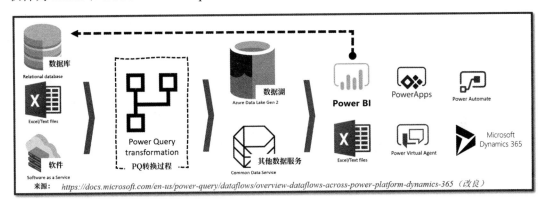

图 1-1　Power Query 的作用

　　说明：微软官方对 Power Query 给出的更准确的定义是：Power Query 是一项可以进行数据连接和整理的技术，它赋予用户无缝的多源数据导入和整理能力。另外，在数据行业中也会将 Power Query 视为一种"自助式 ETL 数据工具"，其中，E 代表 Extract，T 代表 Transform，L 代表 Load，表示获取、转换和加载的意思。

1.1.2　M 函数语言是什么

　　M 函数语言的全称是"Power Query M 函数式语言"，微软官方给出的英文名称为 Power Query M formula language，直译过来就是"M 公式语言"。因为其特性和 Excel 函数公式非常相似，因此我们将其称为"M 函数语言"。

　　不论名称如何，M 函数语言是一种具备函数和语言双重特性的用于数据整理的技术，反映了 Power Query 的本质。为什么这么说呢？因为 Power Query 是通过对数据逐步应用不同的菜单命令来完成任务的（类似 Excel 菜单命令的使用），而这些 Power Query 操作步骤的背后，都是一串串可供用户自定义编辑的 M 函数语言代码（类似 Excel 的录制宏功能将操作步骤记录为 VBA 代码）。

　　因此，我们也可以将 Power Query 的操作命令和 M 函数语言理解成 Power Query 技术的两面，前者易于上手操作，展现在表面，而后者更强大和灵活，默默地做着幕后工作，二者的关系如图 1-2 所示。

说明：在 Power Query 中，操作命令与 M 函数代码的关系与 Excel 的操作命令和 VBA 代码的关系很相似，但 Power Query 和 Excel 也存在区别。例如，Power Query 的所有操作步骤都会自动生成对应的 M 函数代码，而在 Excel 中，只有录制宏的操作步骤会以 VBA 代码的形式记录下来。

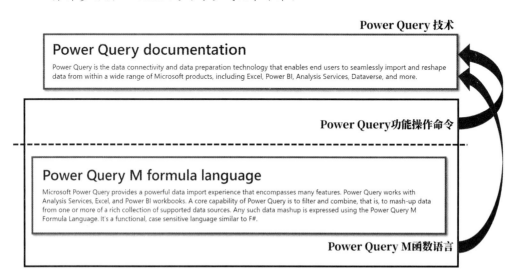

图 1-2　M 函数语言与 Power Query 技术的关系

1.1.3　M 函数语言有什么作用

　　M 函数语言能够完成所有使用 Power Query 编辑器菜单命令完成的数据任务，如从不同的数据源（本地文件、数据库、云端数据）批量获取数据，汇总大量独立文件中的数据、对汇总的数据进行清洗、分析，将数据整理为指定的形式或格式等。由于 M 函数语言具有更细的"颗粒度"，因此在处理数据问题时拥有更大的灵活性，可以满足不同的需求。M 函数语言可以解决很多通过 Power Query 操作命令完成不了的难题，也可以更加高效地解决原本使用 Power Query 操作命令可以解决的问题。

1.1.4　M 函数语言有哪些特性

　　如果从功能和实操角度来看，M 函数语言具备 Power Query 技术的所有特性：批量处理数据；可处理百万级大数据；处理过程可以复用；涵盖设计完备数量众多的数据整理功能；拥有后续配套分析可视化组件等。与此同时，M 函数语言可以不通过封装好的功能直接对数据进行处理，数据处理灵活性更高，因此额外获得了解决高难度数据整理任务的能力及更高的数据整理效率。

但从另外一个角度而言，麦克斯希望大家注意 M 函数语言在工具设计层面的一个细小逻辑，即函数性和语言性。理解这一点，可以帮助我们更好地展开后面的学习。

不知道大家有没有注意到一个细节，就是在 M 函数的名字后面有一个"语言"关键字。这个语言是什么呢？肯定不是英语、德语、法语这样的语言，难道是编程语言吗？

答案就是编程语言。M 函数语言是既具有类似 Excel 工作表函数的"函数性"，又具有类似 Python 和 JavaScript 等编程语言的"语言性"的一门技术。看到这里的朋友先不要着急提问，待麦克斯跟你解释一番。首先，从函数转化到语言，并不会让 M 函数语言变得难以使用和掌握，因为在基础层面，它的使用和工作表函数并无二异；第二，在批量处理数据时，因为 M 函数语言引入了语言的特性，相较于 Excel 工作表函数，它更容易组织逻辑解决问题，对于用户而言是降低负担的。第三，在目前的初学阶段给出如此"深奥"的特性，并非希望大家一步登天，一口吃成胖子，而是希望稍微开阔一下大家的视野，在后面的学习中不容易陷入曾经使用 Excel 工作表函数的思维定式中。

最后再次强调 M 函数语言的"二像性"：提供大量的函数及函数的嵌套使用与 Excel 工作表很相似；而通过关键字与表达式构建整体的代码结构则更像是常规的编程语言。

1.2　M 函数语言的定位

了解了 M 函数语言的作用后，我们以退为进，向后退一步看看在更大的环境中，M 函数语言会在什么位置出现，它的定位又在哪里，以及 M 函数语言与 Power Query、Power BI 和 Excel 的关系。

1.2.1　M 函数语言与 Power Query 的关系

在 1.1.2 小节中已经讲过 M 函数语言与 Power Query 技术的关系：前者是后者重要的组成部分，是用户能够接触到的 Power Query 技术的本质。我们使用的所有的 Power Query 命令和操作步骤，其背后都是由一串串 M 函数语言代码实现的。这对于没有 Power Query 操作经验的读者来说有些抽象，因此麦克斯在这里给出了能更准确地描述 M 函数语言、Power Query 操作命令和 Power Query 技术三者关系的示意图，如图 1-3 所示。

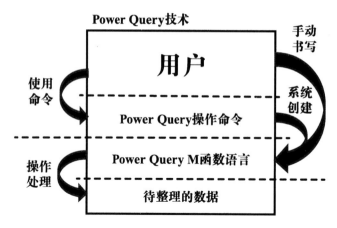

图 1-3　M 函数语言与 Power Query 的关系

在图 1-3 中，用户代表使用者。操控数据共有两种主流的方式：一种是利用 UI 可视界面的菜单栏按钮对数据执行多个已经定义好的操作步骤（其本质是系统自动根据菜单命令生成 M 代码，完成对数据的控制）；另一种是用户自主书写所需的 M 代码，直接通过 M 代码来控制待整理的数据。

1.2.2　Power Query 与 Power BI 的关系

我们再将视野扩展一下，来看一下 Power Query 在整个 Power BI 技术结构中处于什么位置。Power BI 总体分为三大板块：数据获取与整理、数据建模与分析、数据可视化，分别对应常规商业数据处理的三个阶段。其中，Power Query 便是负责第一阶段的成员，而 M 函数语言则是该阶段的"负责人"，如图 1-4 所示。

图 1-4　Power Query 与 Power BI 的关系

1.2.3　Power BI 与 Excel 的关系

最后是 Power BI 与 Excel 的关系。在 1.1.1 小节中曾提到，Power Query 技术同时搭载在上述两种软件中，都可以正常使用，而且差异不大，这其实是比较奇怪的事情。在这里我们简单交代一下 Power Query 及 Power BI 的发展历程，作为背景知识铺垫（简单了解即可）。

Power Query 诞生于微软的 Excel，最初（2013 年）是作为服务于 Power Pivot 进行数据分析的数据预处理插件而出现的。当时它并不叫作 Power Query，而是有一个更加精准的名称——Data Explorer 数据探索器。Power Query 一经推出就受到了一众"Excel 老兵"的喜爱，最终更名为 Power Query，意为"超级查询"。同时，微软也追加开发了支持 Excel 2010 版本使用的 Power Query 插件安装包，拓展了它的应用范围。因此，通过 Power Query 的这段发展历程，我们可以看到，Power Query 本身的定位是正式进行数据分析前的"预处理"，是负责数据获取和整理的软件工具，完美地契合了此前的定义。

如果回想一下我们在一开始给出的 Power Query 定义——Power Query 是由微软开发的搭载在 Excel 和 Power BI 这两款软件中用来完成数据汇总和整理任务的软件，你会发现还有另外一款软件 Power BI Desktop（超级商业智能桌面版）也同样支持 Power Query 技术。要了解其中的原因，我们需要将 Power Query 带入另一个"故事"中，即 Power BI 的发展历史。

如图 1-5 所示，2006 年，微软内部秘密启动了一个名为"Gemini 双子座"的项目，由微软 SSAS（SQL Server Analysis Services）技术"教父"Amir Netz 负责推动（后来他成为 Power BI 平台项目的 CTO）。该项目于 2009 年正式更名为 Power Pivot 并以 Excel 加载项的形式免费提供给用户使用。相较于 Excel 的功能，Power Pivot 能够更加专业地执行数据分析的任务。后来，随着项目成果被更多用户所熟知和使用，微软加大了在该领域的研发力度，于 2012 年推出了专用于数据可视化的 Power View，于 2013 年推出了专用于数据获取和整理的 Power Query。至此，微软就在 Excel 中形成了从数据获取、整理、统计分析到可视化的完整的数据分析应用流，但其各组件之间的配合使用仍需要磨合。

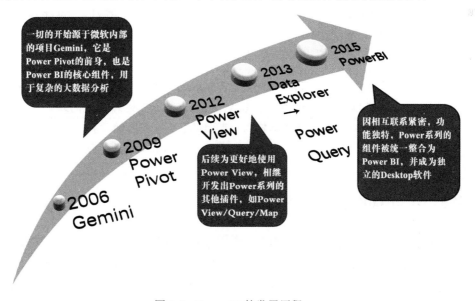

图 1-5 Power BI 的发展历程

为了解决各组件之间的衔接问题，微软在 2015 年正式整合了上述组件功能，并将其命名为 Power BI，专用于提供商业智能数据分析解决方案。基于此，才有了后来独立于 Excel 运行的桌面版转件 Power BI Desktop。在这个版本中，完善的 Power Query 技术便顺理成章地保留了下来（功能和性能甚至更强一些）。正是因为这一段发展史，现在，所有人都可以同时在 Excel 和 Power BI Desktop 中使用 Power Query 技术。

说明：简单来说，Power BI Desktop 是诞生于 Excel 中的几个独立组件，有一部分功能与 Excel 相同，但总体来看整合后的 Power BI Desktop 功能的丰富程度、强大程度、协调性和运算效率都优于 Excel 中的独立组件（日常使用差异不大）。

1.3　Power Query 的安装和使用

本节我们将介绍一下如何下载、安装并进入 M 函数语言的运行环境——Power Query 编辑器。对于安装了 Power BI Desktop 或 Excel 2016 及其最新版本的读者，可以直接跳转到 1.3.3 小节查看启动方法，无须额外安装。

1.3.1　Power Query 的运行环境

Power Query 搭载于 Excel 和 Power BI Desktop 中，而上述两款软件均由微软开发，主要运行在 Windows 系统中，可以直接下载和安装。但对于 Mac 系统而言，虽然其兼容性在逐步提升，但目前依旧存在众多的功能缺失，既无法支持完全版的 Power Query，也无法支持 Power BI Desktop 的运行。就目前情况判断，短期内实现全面支持 Power Query 技术的可能性较低，建议在虚拟机中安装和使用。

说明：Mac 系统的用户可以采用双系统（Windows + Mac）模式运行使用 Power Query 和 Power BI Desktop，或通过安装 Windows 虚拟机达到类似的效果。二者的区别在于前者更"重"，后者更"轻"，双系统会占用实际的硬件资源，性能较强但启动烦琐，而后者仅是临时借用系统资源，性能相对较弱但启动迅速，使用方便。

1.3.2　Power Query 的版本选择

Power Query 自 2013 年诞生后便以加载项的形式搭载于 Excel 2013 中，后续因其非常受欢迎，微软便追加开发了兼容支持 Excel 2010 Professional Plus 版本的软件包。如果在上述两个版本中安装和使用 Power Query，则需要到微软官方网站下载安装包，如图 1-6 所示。读者也可以直接到 Power Query 学习交流群（QQ 群号：933620599，密码：Maxwell）

的群文件中下载。

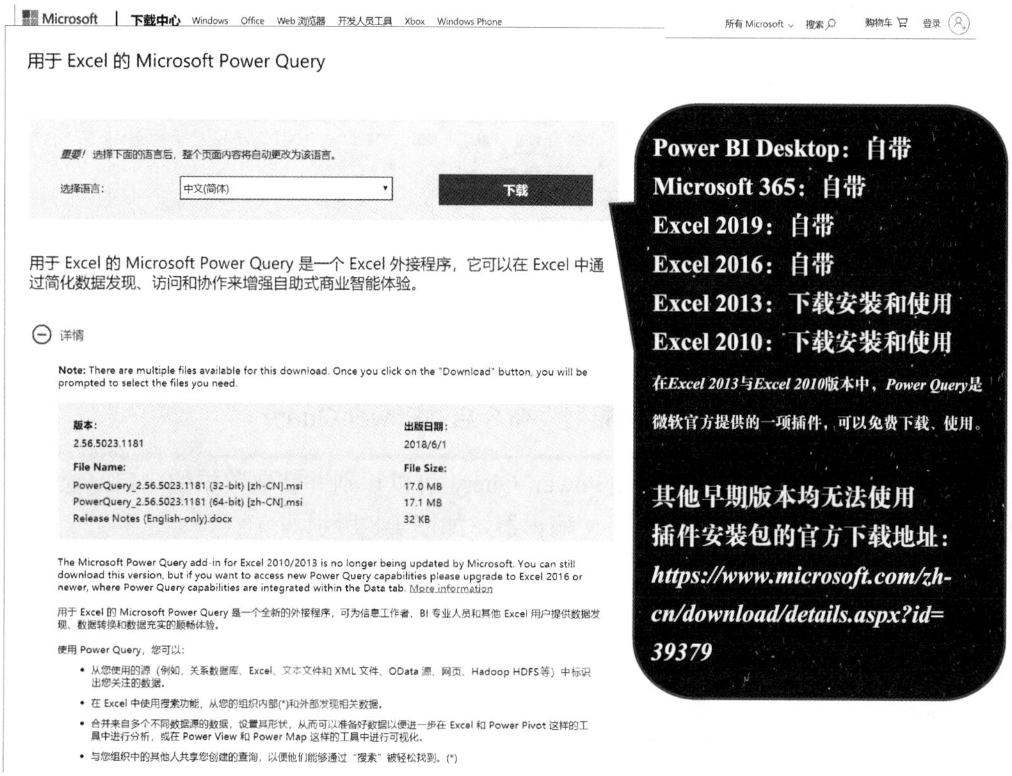

图 1-6　Power Query 插件安装包官方下载地址

Excel 2010 之前的所有 Excel 版本均不支持使用 Power Query，建议升级至 Excel 2016 及以上版本。Excel 2016（包括 Excel 2016）之后的所有版本及 Excel 2019、Microsoft 365 版的 Excel 和 Power BI Desktop 均自带 Power Query 模块，可以直接使用，无须额外安装。

说明：本书的所有讲解与实战案例均基于 2021 版 Microsoft 365 Excel（预览体验计划成员）。不同版本的 Power Query 在性能和功能方面存在差异，建议使用新版本，以获得最新的特性。但 Power Query 的主体使用逻辑几乎是没有差异的，在任何版本下都可以学习和使用。

1.3.3　在 Excel 中启动 Power Query

自 Excel 2016 版本开始，微软官方便将 Power Query 组件内置于 Excel 菜单栏的数据选项卡中。在最新的 Microsoft 365 版 Excel 中，Power Query 位于"获取数据"下拉菜单下的"获取和转换数据"组中，如图 1-7 所示。

📋说明：Excel 版本众多，本小节以最新版本为例进行介绍，其他版本可以根据功能描述
在菜单栏中进行查找，功能的分组分类不会有较大差异，读者可以根据功能描述
对照自有版本进行查看。

图 1-7　Microsoft 365 版 Excel 菜单栏的数据选项卡（部分）

1. 通过"启动Power Query编辑器"命令启动Power Query

"获取数据"下拉菜单包含所有 Power Query 可以识别并获取数据的接口，通过该下
拉菜单我们可以直接启动 Power Query 编辑器，如图 1-8 所示。

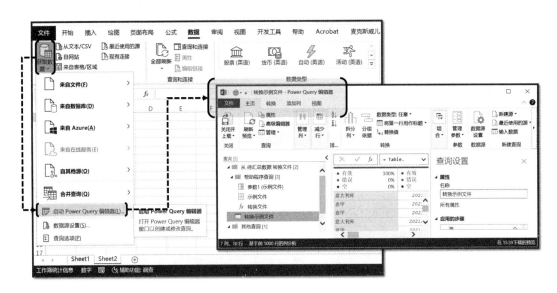

图 1-8　启动 Power Query 编辑器

📖技巧：出于实用性考虑，推荐将"启动 Power Query 编辑器"命令添加至 Excel 自定义
功能区或者快速访问工具栏，以缩短进入 Power Query 编辑器的时间，提高效率，
具体设置方法如图 1-9 所示。

选择"文件"|"选项"命令，弹出"Excel 选项"对话框，选择"快速访问工具栏"，

在左侧栏上方的下拉列表框中选择"所有命令"后，在其中查找"启动 Power Query 编辑器"并将其添加至右侧的列表框中（左侧列表框中的各项命令是按照拼音排序的，启动类的命令基本是在如图 1-9 所示的中部位置）。生效后的菜单栏如图 1-10 所示，可以通过常驻的功能按钮直接进入 Power Query 编辑器进行调整。

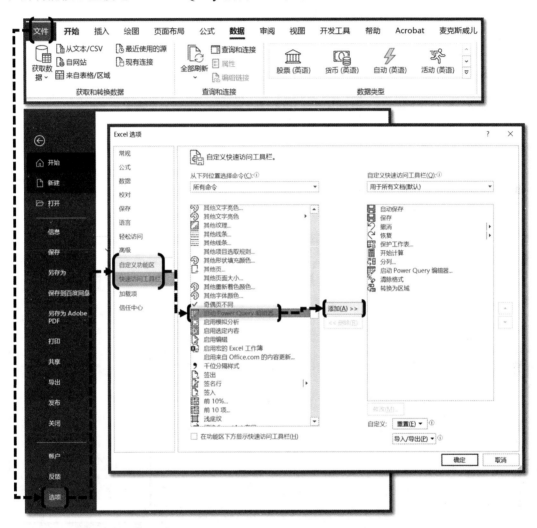

图 1-9 将"启动 Power Query 编辑器"命令添加至快速访问工具栏

2. 通过"查询&连接"面板启动Power Query

除了前面推荐的启动 Power Query 方式外，还可以通过"查询&连接"面板进入 Power Query 编辑器。具体方法是，在"获取数据"下拉菜单中选择"查询和连接"组功能，打开"查询&连接"面板，然后直接双击查询目标进入 Power Query 编辑器，如图 1-11 所示。

图 1-10　命令添加效果

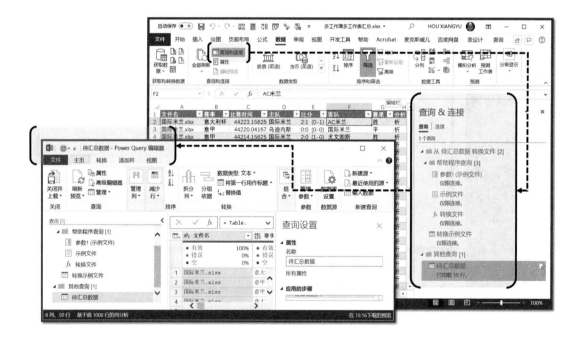

图 1-11　通过"查询&连接"面板启动 Power Query 编辑器

1.3.4　在 Power BI Desktop 中启动 Power Query

与在 Excel 中启动 Power Query 类似，从 Excel 中独立出来的 Power BI Desktop 也支持使用 Power Query 编辑器。因为 Power BI Desktop 本身专注于商业数据的智能分析和可视化解决方案，因此在其最显眼的工具栏中就可以启动 Power Query 编辑器，相较于 Excel 会更为便捷。

1. 通过"获取数据"下拉菜单启动 Power Query

在 Excel 中，当从外部将数据导入 Power Query 编辑器中时，不论选取的是何种方式都会自动启动 Power Query 编辑器。在 Power BI Desktop 中也一样，即使是空查询，也会启动 Power Query。因此选择"主页"选项卡下的"获取数据"下拉菜单，通过任意模式均可启动编辑器，操作如图 1-12 所示。

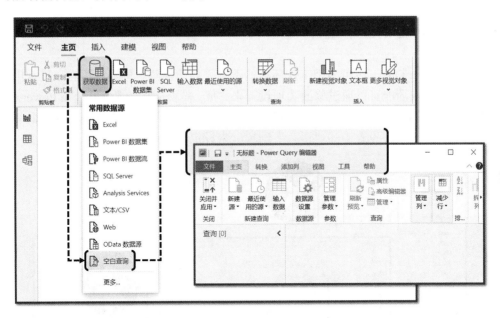

图 1-12　在 Power BI Desktop 中通过"获取数据"下拉菜单启动 Power Query 编辑器

2. 通过"转换数据"下拉菜单启动 Power Query

与 Excel 中"启动 Power Query 编辑器"命令类似，在 Power BI Desktop 中该命令为"转换数据"。直接单击"主页"选项卡中"查询"组下的"转换数据"按钮即可启动 Power Query 编辑器，操作及效果如图 1-13 所示。

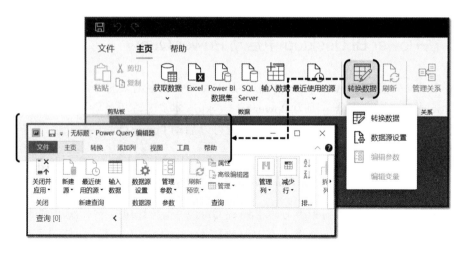

图 1-13　在 Power BI Desktop 中单击"转换数据"启动 Power Query 编辑器

1.3.5　切换界面的显示语言

在使用 Power Query 时可能因工作环境的不同需要切换菜单的显示语言。最常用的为中英文切换，这项功能可以通过修改选项设置来完成。需要注意的是，虽然在 Power Query 文件选项卡的"查询设置"中有"区域设置"选项，但是无法通过它修改软件界面的显示语言，需要通过 Excel 设置中的"语言"选项卡来设定，如图 11-14 所示。

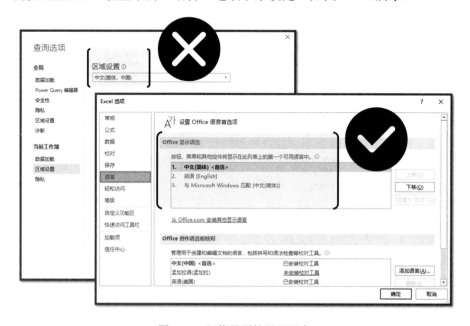

图 1-14　切换界面的显示语言

如图 1-14 所示，左上方为 Power Query 编辑器 "文件" 菜单下的 "查询选项" 对话框，通过 "区域设置" 是无法完成 Power Query 编辑器的语言切换的。正确的方法是，在 Excel 界面选择 "文件" | "选项" 命令，弹出 "Excel 选项" 对话框，选择 "语言" 项，然后切换 Office 首选显示语言，单击 "确定" 按钮，之后再重启 Excel 软件即可。

1.4 本章小结

本章的主要目的是让读者快速建立对 M 函数语言的基本认知。本章的内容比较基础，考虑到部分读者可能没有任何相关的 Power Query 操作经验，因此除了介绍 M 函数语言的定义、作用和特性外，还额外补充了与 M 函数语言相关的 3 种重要的关系作为背景知识，然后又介绍了 Power Query 软件的安装和启用方法。已经熟练掌握 Power Query 操作的读者可以将其作为复习章节。

通过第 1 章的学习，读者应该在脑海中有一个对 M 函数语言的模糊画像，并且已经安装好软件，使用前面所讲的方法打开了 Power Query 编辑器（一定要亲自动手操作打开 Power Query，这是后面所有操作的基础，也是加快知识吸收的最佳方法）。

下一章，我们将会近距离地 "观察" M 函数语言，看看它会在哪里出现，知悉应该如何设置开发环境，了解 M 代码结构，学习 M 函数语言的理论框架等，帮助读者打好基础。

第 2 章　初识 M 函数语言

欢迎大家来到本次旅行的第二站，在这里我们将正式接触 M 函数语言。但是毕竟这是个"大家伙"，因此我们选择慢慢靠近，仔细观察，不着急"游玩"项目，学习正式的知识点。本章我们将会从 M 函数语言在 Power Query 编辑器中的"出没范围"入手，了解在哪些地方可以使用 M 函数语言，公式编辑器有哪些功能可以方便地完成 M 函数代码（以后简写为 M 代码）的编写，一个完整的 M 代码案例包含哪些需要学习的元素，最后将拿出我们这次旅行的"终极大地图"（知识思维导图），带大家看看 M 函数语言的完整知识框架。这些是帮助我们更好地理解 M 函数语言必不可少的背景知识，虽然简单，但是同样重要。

本章分为 4 部分，分别介绍 M 函数语言的使用场景、核心公式编辑器的使用、M 代码的基本结构和 M 函数语言的框架。

本章的主要内容如下：

- M 函数语言在 Power Query 编辑器中的使用场景。
- 公式编辑栏的基本操作。
- 高级公式编辑器的代码编写辅助功能的设置和使用。
- 一份完整的 M 代码案例中应当包含的基础元素。
- M 函数语言的整体框架。

2.1　哪里有 M 代码

在第 1 章中我们学会了如何进入 Power Query 编辑器，接下来看下 M 代码在哪里出现，在哪里可以使用。下面跟着麦克斯一起看看 M 代码的 4 处"出没地"吧！

2.1.1　添加自定义列

第一个经常使用 M 代码的地方是"添加自定义列"。如图 2-1 所示给出一个自定义列配合 M 函数公式提取混合文本中的数字的案例。我们将以此为例来讲解 M 函数语言的使用场景。

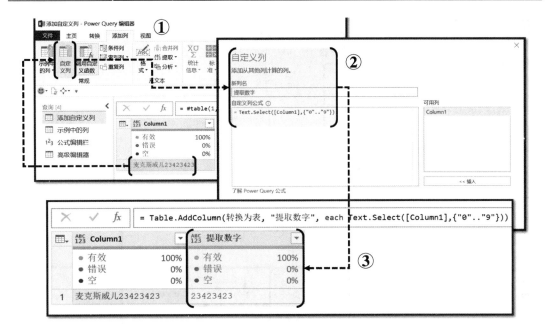

图 2-1　M 函数语言使用示例 1

如图 2-1 所示，麦克斯准备了一个简单的包含一行一列的表格数据，其中存储了一个混合文本和数字的字符串（图 2-1①）。然后在菜单中选择"自定义列"命令，弹出"自定义列"窗口，在"自定义列公式"栏内输入 M 代码 **Text.Select([Column1],{"0".."9"})**后单击"确认"按钮，可以很轻松地在新列"提取数字"中获得原始数据列 Column1 中的数字。

说明：Text.Select 函数是一个文本类的 M 函数，其作用是从第一参数中提取第二参数指定的字符，在本例中是 0～9 的任意字符，因此可以完成数字的提取。目前阶段对于这个功能我们简单了解即可，在对应的函数章节中会详细讲解。

以上便是在"添加自定义列"中使用 M 代码的例子。大家知道可以在这里应用 M 代码即可，具体代码如何编写和应遵循的规则等，将会在后面的章节中展开介绍。

2.1.2　添加示例中的列

第二个经常使用 M 代码的地方是"示例中的列"菜单命令，该命令可以直接触发 M 函数。

使用"示例中的列"命令示例如图 2-2 所示，该例提取在混合文本中的中文字符。我们以此为例来讲解 M 代码的第二个使用场景。

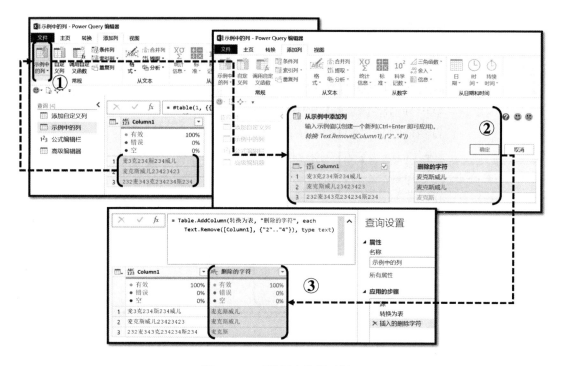

图 2-2　M 函数语言使用示例 2

如图 2-2 所示，有一个三行一列的原始数据表格，每个单元格包含一个数字和中文混合的字符串。在"文件"菜单中选择"示例中的列"命令，在设置弹窗的右侧"样本数据列"中依次手动输入"麦克斯威儿"，然后单击"确定"按钮，即可在新列"删除的字符"中获得原始数据列 Column1 中的中文字符。

在上述操作过程中并没有出现任何 M 代码，为何说这是一处 M 函数语言的应用场景呢？仔细看图 2-2 右上部分的样本数据提供栏可以发现，一旦我们提供了样本数据，Power Query 编辑器便会自动根据原始数据列和样本数据进行 M 代码预测，并将结果在设置栏上方显示。在本示例中，预测结果为 Text.Remove([Column1], {"2".."4"})。

说明：Text.Remove 函数是一个文本类的 M 函数，与 Text.Select 函数恰好相反，其作用是从第一个参数中"移除"第二个参数指定的字符。在本例中是移除数字 2～4 中的任意字符，因此实现了中文字符的保留。

利用"示例中的列"菜单命令可以看到 M 代码，但是不需要（也无法）对系统预测出来的代码进行修改，而只需要阅读了解，理解此处的 M 代码能够确保使用"示例中的列"命令完成的处理逻辑是正确的即可。

那么有没有让我们可以自由使用 M 代码的地方呢？当然有，那就是接下来介绍的"公式编辑栏"和"高级编辑器"。

2.1.3　公式编辑栏

公式编辑栏位于数据预览窗口的顶部，类似于 Excel 的公式编辑栏，它包含✕、✔和
𝑓𝑥 3 个功能按钮及代码编写窗口，如图 2-3 所示。

说明：如果在编辑器窗口中没有显示公式编辑栏，可以在菜单栏的"视图"|"布局"
功能组中勾选"编辑栏"复选框将其开启。

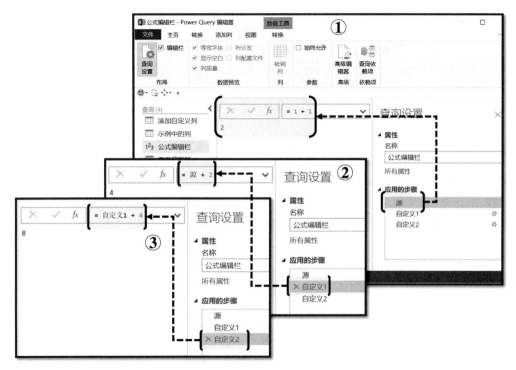

图 2-3　在"公式编辑栏"中使用 M 函数语言

在公式编辑栏中可以任意组合 M 函数语言中的元素（数据、运算符、关键字、函数）
来进行公式的编写。例如，在图 2-3 中，直接在空查询的公式编辑栏中输入最简单的 M 函
数代码"=1+1"，最终系统会返回结果 2 并呈现在数据预览区域。

同时，可以在窗口右下方看到"应用的步骤"列表框，该列表框中的每个步骤都可以
理解为一个"变量"，步骤之间可以相互引用。例如，在示例中，"=1+1"的 M 代码便存
储在名为"源"的步骤中，而在"自定义 1"中则存储了"=源+2"的 M 代码，表示将源
的结果加 2。每步完成特定的运算，通过在本步骤中引用上一步的处理结果，层层递进，
就可以完成非常复杂的数据处理任务。单击过程步骤的名称，还可以方便地回看中间步骤
的处理结果。

技巧： 在多数情况下或者仅使用操作命令的情况下，步骤变量的引用都是按顺序引用的。但实际上我们可以在后面的步骤中引用前面已经创建好的任意多个步骤，从而形成更加灵活的数据处理逻辑结构，如图 2-4 所示。

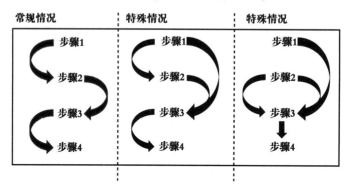

图 2-4　步骤变量引用逻辑结构示意

如何在处理数据的过程中创建新的步骤呢？主要有两种方法：第一种方法是通过使用菜单栏功能，对数据的每次操作都会自动以上一步的结果数据为基础进行处理，然后将新的处理结果存放在新的步骤中并排在末尾；第二种方法是利用公式编辑栏上的 fx 按钮，创建一个基于上一步骤的新步骤，但是在该步骤中不存在任何运算，只是引用上一步的结果。如果需要对其进行处理，则需要用户手动编写 M 函数代码，如图 2-5 所示。

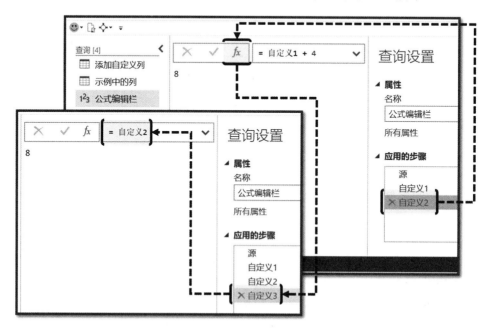

图 2-5　利用公式编辑栏上的 fx 功能创建新的步骤

说明：公式编辑栏上的对错按钮（✕、✓）可以决定是否保留当前编辑的 M 函数代码，类似于 Excel 公式栏的功能；而右侧的倒三角按钮用于临时拓展公式编辑栏的公式范围至固定的 5 行，无法进一步增多。

2.1.4 高级编辑器

最后一处使用 M 代码的地方是高级编辑器，这是编写 M 代码的主力场所，也是麦克斯推荐的编写 M 代码的地方。在这里可以查看某个完整的 M 代码，同时还配备了多种编码辅助功能，不像公式编辑栏会限制代码的显示，在这里可以自由调整代码结构，更有利于代码的格式化。

在 Power Query 编辑器中启动高级编辑器的方法如图 2-6 所示。首先，在左侧查询管理栏中选中需要查看的目标，然后单击"主页"选项卡"查询"功能组下的"高级编辑器"按钮即可查看运行代码。从图 2-6 中可以看到，代码中包含提取混合文本中的字符串的若干步骤。

注意：选中查询的步骤很重要，因为在 Power Query 中，M 代码是存储在单个查询中的，不同的查询包含的 M 代码不同且都是独立的。

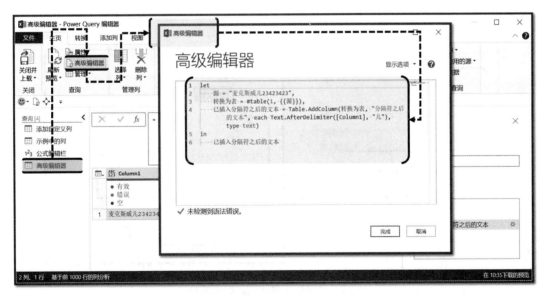

图 2-6 在高级编辑器中使用 M 函数语言

以上便是在 Power Query 编辑器中 M 代码的 4 个使用场景。通过对 Power Query 使用场景的了解，我们知道 M 代码的核心作用就是可以代替 Power Query 的菜单操作，通过代码来指定对数据的处理逻辑。而在这 4 个使用场景中，最重要的是高级编辑器的使用，具体怎么用，以及哪些辅助功能可以帮助我们更好地进行编码，下一节内容见分晓。

2.2　高级编辑器的使用

上一节的目标是了解 M 函数语言在 Power Query 编辑器中的 4 个使用场景，由此我们终于看到了开发环境的"庐山真面目"。本节将带领大家一起来设置自己的高级编辑器，让它变得更加人性化。

2.2.1　快速启动高级编辑器

在 2.1.4 小节中，单击"主页"选项卡"查询"功能组下的"高级编辑器"按钮可以启动高级编辑器。但是这个按钮可能会在使用不同的命令时隐藏（可能会切换到其他选项卡）。下面跟着麦克斯一起添加快速启动高级编辑器的按钮，如图 2-7 所示。

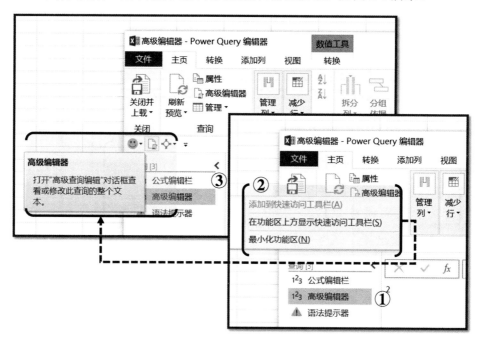

图 2-7　设置快速启动高级编辑器按钮

如图 2-7 所示，右键单击"高级编辑器"按钮，在弹出的快捷菜单中选择"添加到快速访问工具栏"命令，即可在编辑器顶部或菜单栏底部的快速访问工具栏中看到"高级编辑器"按钮。通过这个按钮，我们可以在任何选项卡下快速开启高级编辑器编辑代码，大家一定要上手操作一下哦。

说明：选择右键快捷菜单中的"在功能区上方显示快速访问工具栏（S）"命令可以调整快速访问工具栏的位置，用法和 Excel 的快速访问工具栏类似。其他功能也可以按照类似的方法进行设置，但对于 M 函数语言来说最重要的便是高级编辑器，其他功能可以通过代码来实现，因此可以不用添加。

2.2.2　辅助编码功能

本小节我们将学习 4 个辅助编码功能的设置和使用，这 4 个辅助编码功能分别是：显示行号、显示空格、显示缩略图和启用自动换行。麦克斯的建议是将这 4 个功能全部开启。设置方法是：单击高级编辑器右上角"显示选项"下拉按钮，然后勾选所有的复选框即可，如图 2-8 所示。接下来让我们逐个了解这些辅助编码功能的作用。

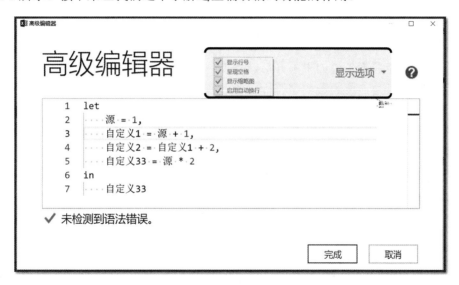

图 2-8　启用辅助编码功能

1．显示行号

显示行号功能可以为代码编辑栏自动添加行号，建议开启这个功能，效果对比如图 2-9 所示。显示行号的作用是：帮助我们更准确地判定代码的总量（行数）；在讨论代码时，所有人都可以准确地找到对应代码的位置。例如代码中某个位置有问题，麦克斯可以说"注意观察第 N 行代码的结尾是否缺少了关键的步骤分隔逗号"。

未开启显示行号　　　　　　　　　　**开启显示行号**

```
let
    源 = 1,
    自定义1 = 源 + 1,
    自定义2 = 自定义1 + 2,
    自定义33 = 源 * 2
in
    自定义33
```

✓ 未检测到语法错误。

```
1  let
2      源 = 1,
3      自定义1 = 源 + 1,
4      自定义2 = 自定义1 + 2,
5      自定义33 = 源 * 2
6  in
7      自定义33
```

✓ 未检测到语法错误。

图 2-9　启用显示行号功能的效果对比

2．显示空格

显示空格功能并不是说如果不开启该功能，那么代码中的空格会全部隐藏。显示空格功能会将原本只是占位的透明字符标记为浅灰色的小点，建议开启该功能，效果对比如图 2-10 所示。显示空格标记的作用如下：

- 更加方便格式化代码过程中不同行代码的缩进对齐，同时加强我们对于"列"的位置感知。
- 可以更容易发现在字符串中因为误操作而输入的空格字符，减少出错率。

未开启显示空格功能　　　　　　　　**开启显示空格功能**

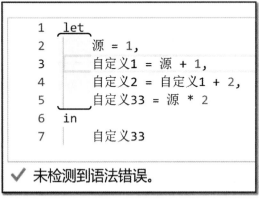
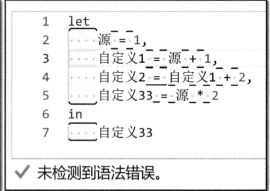

图 2-10　启用显示空格功能的效果对比

3．显示缩略图

显示缩略图功能对代码本身不会产生任何影响，它就像是代码的缩略图，可以通过滚动条帮助我们在较长的 M 代码中快速地定位目标代码段，建议开启该功能，效果对比如图 2-11 所示。

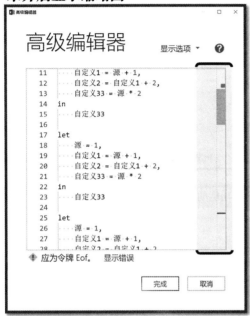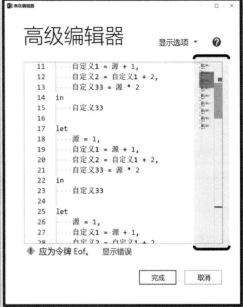

图 2-11　启用显示缩略图功能的效果对比

如图 2-11 所示，开启缩略图功能后，在高级编辑器窗口右侧会出现当前查询的 M 函数代码的完整缩略图。在本例中麦克斯将前面演示用的代码进行了多次复制，方便大家在缩略图中看到代码的外部轮廓。

显示缩略图的作用如下：

- 实现快速代码段的定位，将光标移动到缩略图上后会对当前窗口视图中显示的代码段范围进行突出显示，并且可以在缩略图中通过单击、上下拖动滚动条，完成代码的移动和跳转。
- 如果在代码中出现了语法错误，系统会以"红色小方块"的形式在缩略图的滚动条中给予提示，我们可以通过缩略图快速定位发生错误的位置。

4. 启用自动换行

启用自动换行功能可以将过长的代码行根据高级编辑器的当前宽度自动换行，而且不会影响代码的正常执行。建议开启该功能，效果对比如图 2-12 所示。该功能避免了因为行内代码过长未换行，未完整在窗口内显示而引发的代码错误。

说明：由自动换行功能产生的新行不属于真正增加的新行，因此左侧的行号并没有增加，只是对显示方式进行了调整。

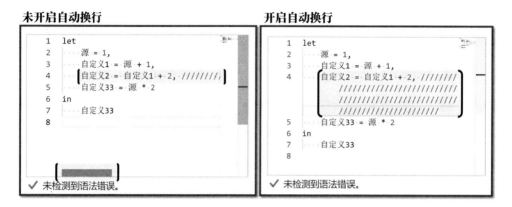

图 2-12 启用自动换行功能的效果对比

2.2.3 语法检查器

高级编辑器除了可以在代码的显示设置和跳转等方面为我们提供帮助之外，还提供了代码语法方面的辅助功能，语法检查便是其中之一。高级编辑器中内置了语法检查器，它可以对用户编写好的代码进行基础的语法检查，如果发生错误则会在编辑区下方进行提示，并可以快速定位到错误位置，方便对代码进行调整。

如图 2-13 所示，左图为通过语法检查的正确代码，右图为错误代码（错误原因是在代码第 5 行"自定义 33 = 源 * 2"后添加了冗余分隔符"逗号"）。可以看到，在编辑区下方，语法检查器给出了带感叹号的警告提示，可以单击右侧的"显示错误"链接，系统会定位到错误位置，方便进行检查和修改。

技巧：遇到警告提示，一定要单击"显示错误"链接定位到错误位置的附近进行代码检查和修改，待通过语法检查后再保存代码。在本例中，错误出现的位置恰好就是定位的位置，但很多时候真正的问题可能在定位位置的前面或者后面几行代码中，因此在纠错过程中不要只检查系统定位的代码。

除此之外，关于语法检查器还需要补充一个细节，可能部分读者已经在前面的例子中发现了。只要代码没有通过语法检查，存在对应的错误点位置，在编辑栏右侧的垂直滚动条中就会自动出现一个红色小方块，这个小方块其实代表的就是"显示错误"的位置，而同样在垂直滚轴中出现的黑色横杠则代表代码的结尾位置。

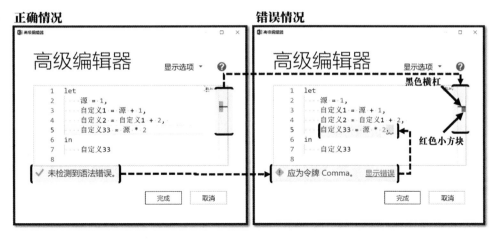

图 2-13 启用语法检查器的效果

2.2.4 M Intellisense 语法提示器

本小节我们再来认识一个重要的功能——M Intellisense 语法提示器（直译是 M 智能感知）。千万不要被这个"高冷"的名字所迷惑，它所实现的功能其实和 Excel 工作表函数的语法提示器一样。M 函数语言有更多的函数，同时函数参数的数量也更多，对参数类型的要求也更加严格，因此语法提示器就显得尤为重要了，甚至可以说是一个不可或缺的辅助编码功能，可以极大地方便我们对函数学习和使用。

如图 2-14 所示为在 Power Query 编辑器中触发语法提示器的场景。有几点需要特别说明：

- 在 Power Query 编辑器中不只是高级编辑器，只要是在手动书写 M 函数语言的地方使用函数都会触发语法提示器（如高级编辑器、公式编辑栏和自定义列公式编辑区域等），这可以帮助我们更加轻松地完成公式的编写。
- 语法提示器的作用是提示当前使用的某个函数的相关语法，因此在输入完函数名称后需要输入参数时，语法提示器便会弹出。
- 语法提示器的提示内容包括函数名称、输入参数及类型、输出类型、基本作用说明。

说明：除了语法提示器外，当输入 M 函数语言时，我们可以像 Excel 工作表函数一样进行"记忆式输入"。例如，想要输入函数 List.Sum，只需要输入 List.Su，系统便会自动提供与其相关的函数名称列表，我们可以在其中选择目标函数然后将函数名称自动补充完整，无须输入完整的函数名称，降低了记忆函数名称的难度。使用演示如图 2-15 所示。

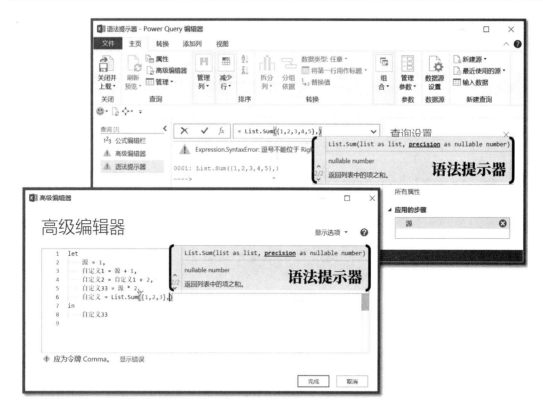

图 2-14　在 Power Query 编辑器中使用语法提示器

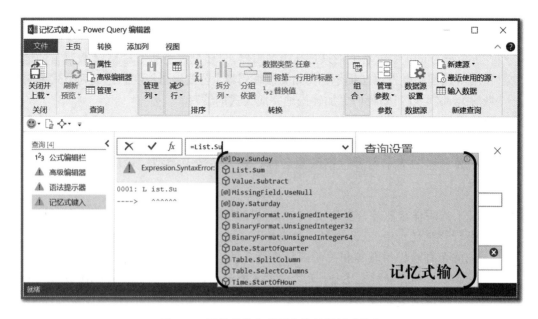

图 2-15　函数名称和变量名称的记忆式输入

如果在尝试使用上述功能时发现并没有正确地弹出语法提示器，那么可以参照图 2-16 进行 Power Query 设置，开启 M Intellisense 语法提示器。具体操作是：依次选择"文件" |"选项和设置"|"查询选项"命令，弹出"查询选项"窗口，选择"Power Query 编辑器"项，然后勾选"公式"下的"在公式栏、高级编辑器和自定义列对话框中启用 M Intellisense"复选框即可。

📖技巧：部分使用 4K 等高分辨率屏幕的用户，可能在 Power Query 编辑器中查看代码时觉得文字过小，此时可以使用快捷键"Ctrl+Shift++（加号）或 Ctrl+Shift+-（减号）"对文字进行放大或缩小显示（同时按 3 个键触发）。

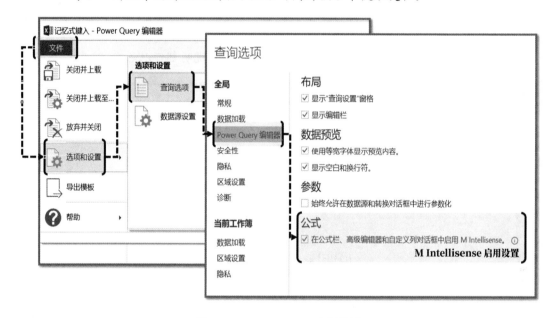

图 2-16　M Intellisense 启用设置

2.3　M 代码的基本结构和组成要素

通过前两节的学习，我们掌握了基础的 M 函数语言在 Power Query 编辑器中的出现位置，以及编码环境的设置，可以说已经建立了在 Power Query 编辑器中编写 M 代码的环境基础。本节我们将会解决大家都很好奇的一个问题：在真实案例中，M 函数语言代码是什么样的？它包含哪些要素？它是以什么形式组成的？

为了清楚地回答上述问题，本节我们将会拿出一个具体的代码示例，然后对其进行仔细观察和分析。

2.3.1　M 代码的整体结构

图 2-17 为一个 M 代码的范例，我们首先从整体上将其分为三个主要的部分，分别是：说明区、步骤区和结果区。每个区块的分工是非常明确的。

说明区的功能是对代码的主要目的及相关背景情况进行说明，这部分信息的作用是方便后续进行代码维护，同时也方便其他相关人员使用公式代码。它的呈现形式为不会影响程序正常运行的"注释"，属于纯文字说明。一般会将标题、作者、版本、功能和日期等基本信息在这个分区中呈现。

说明：本例给出的代码遵循了相对比较严格的规范，在一些简单处理、不需要配合使用或需要反复多次使用的代码中，这些分区及附加说明都可以省略。这里作为演示，给出了一个良好的范例供大家参考。

图 2-17　M 代码的基本结构说明范例

步骤区和结果区则通过 M 函数语言中的 let 与 in 表达式（或称关键字）进行区分。其中，let 部分的所有代码归属于步骤区，用于获取数据和对数据按指定要求进行处理，而 in 关键字之后则属于结果区，用于组合步骤返回结果。

2.3.2　M 代码的组成元素

在 2.3.1 小节中我们看到了一个标准 M 代码的三个分区，它们各司其职，负责说明问题、处理问题和返回处理结果。大多数情况下，使用 M 函数语言处理数据问题的过程都位于"步骤区"，因此本小节我们将深入范例代码的步骤区，从细节处来了解代码构成元素。

图 2-18 为此前范例步骤区的部分代码截图，图上一共标记了 4 种不同的元素，代表组成所有 M 代码的基本要素，分别是数据、结构、注释和运算。

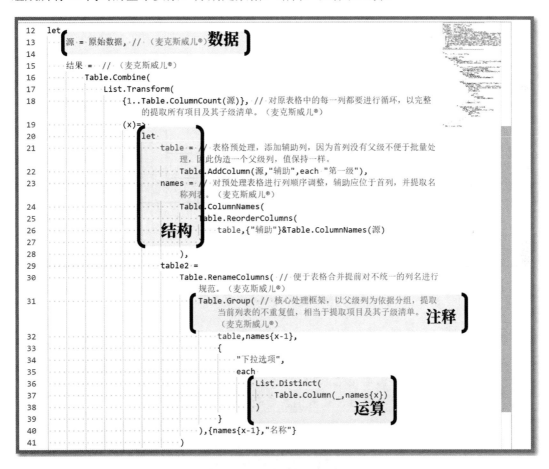

图 2-18　M 代码的组成元素

数据无须多说，所谓"巧妇难为无米之炊"，对于数据整理任务而言，数据是必不可少的"食材"，因为任何 M 代码在其步骤区的起步阶段一定会引入数据。这些数据可能会从外部不同的数据存储介质中导入，也可能是简单的常量序列。

结构和运算部分可以统一理解成"处理逻辑"，即处理"食材"的方法。之所以细分为结构和运算两部分，是因为一部分直接参与运算，而另一部分是组成这些运算的元素，因此被划归为"结构"部分。例如，划分步骤和返回结果的 let…in 结构，它本身不参与运算，但它可以组织不同的代码共同完成任务，担任"黏合剂"的角色。

"注释"元素属于锦上添花，类似整体代码框架里的"说明区"，它不是必要选项，但在关键节点进行注释可以为后续的代码修改和维护提供极大的便利。

2.3.3　M 代码结构和要素总结

我们将前面所讲的分区及元素进行组合、连接和融合，可以总结出一个完整的关于 M 代码结构及其要素的框架图，如图 2-19 所示。

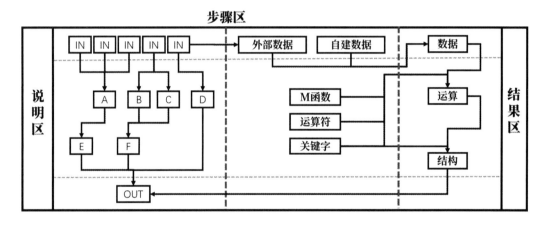

图 2-19　M 代码结构及其要素框架

说明：图 2-19 从左到右依次是说明区、步骤区和结果区，代表一个标准代码的 3 个组成部分。其中，步骤区最复杂，由数据、结构、注释和运算四大元素组合而成。这些概念完全不需要记忆，理解即可，它们可以帮助我们建立框架性思维和看到不同代码之间的共通性，让我们在后面几章的学习中融会贯通。

2.4　M 函数语言的四大知识板块

本节我们要讨论的问题是：在 M 函数语言的世界里到底有哪些知识点？它们之间有何关联？可以形成什么样的知识框架？对于 M 函数语言，一种比较清晰的"拆解"方法（麦克斯总结的）便是将它分为四大知识板块，这四大板块分别是：数据类型、运算符、关键字和函数。其实细心的读者也发现了，这四大知识板块分别对应的就是上一节所说的代码基本组成要素，如图 2-20 所示。下面我们逐一对它们进行简单介绍。

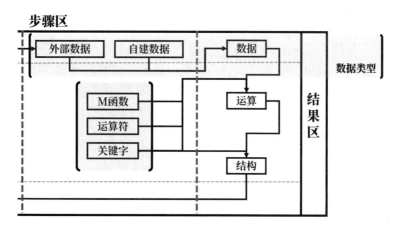

图 2-20　M 函数语言的四大知识板块

1．数据类型

M 函数语言的核心功能是完成数据整理任务，因此必然少不了数据。而数据在不同的应用软件和语言中的存储形式也不同。在 M 函数语言或者说在 Power Query 中也设计了不同的"数据类型"，用于存放对应形式的数据，这其中有在绝大多数数据处理技术中都能看到的"文本、数字、逻辑"，也有特殊设计的复合结构数据类型"列表、记录、表格"，共计 15 种。了解这些数据类型就好像了解"盛装食材"的容器，这样才能为后面的清洗、切块、改刀做好准备，具体将会在第 3 章中展开讲解。

2．运算符

有 Excel 函数公式书写经验或编程经验的读者对于运算符都不会陌生，它的作用是执行一些高频且简单的运算或部分特殊运算。其中有最常见的四则运算符（+、-、*、/）和逻辑比较运算符（>、<、=）等。在 M 函数语言中也存在一批这样的运算符，帮助我们完成简单的运算任务。更多关于运算符的相关知识，将在第 4 章中展开讲解。

3．关键字

关键字也称为"表达式"，它可能是四大类知识板块中最易令人迷惑的一个分类。因为在 Excel 函数公式中还没有这种特性，它更像是"编程语言"独具的特性（还记得我们曾经提过 M 函数语言同时具备函数特性和语言特性吗？这里体现的便是语言特性）。

麦克斯在这里建议大家将关键字理解为具有特殊含义和功能的一些"标识符"即可，系统在运行代码时看到这些标识符便会执行特定的操作。例如，看到 let…in 结构，划分了步骤区和结果区，其中的 let 和 in 就属于关键字。在第 5 章中我们将会学习更多种类丰富的 M 函数语言关键字。

4．函数

最后一个知识板块是"M 函数"。在 Excel 中就包含 400 多项种类繁多的函数，因此大家可能对这个概念一点也不陌生。在 M 函数语言中，函数的概念和使用逻辑与 Excel 基本相似，但在很多方面做出了调整和强化。例如，在 M 函数语言中，函数总量达到了 24 大类共计 700 多项，方便我们对不同的数据类型几乎可以执行任意操作；在 M 函数语言中，部分函数本身就带有类似 Excel 的"数组公式"的循环特性，甚至逻辑结构更高级，可以使用迭代和递归。

关于函数的其他细节，在这里就不多说了。总而言之，函数可以帮助我们对不同种类的数据进行各种运算处理（可以理解为升级版的运算符），对它的学习可以说占据 M 函数语言学习的"半壁江山"。因此从第 6 章开始，我们将会重点介绍函数的基础知识及各类高频函数的基本使用。

📖 **说明**：四大知识板块在代码结构中发挥的作用，如图 2-21 所示。

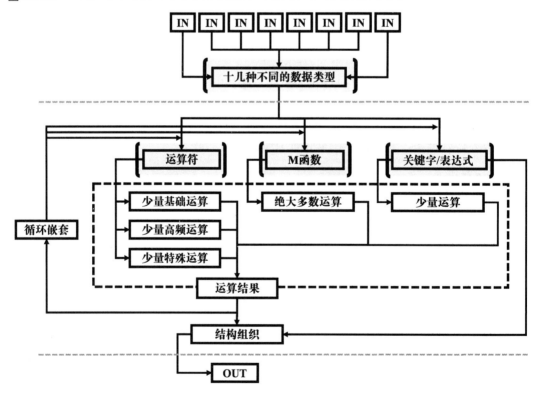

图 2-21　四大知识板块在代码结构中发挥的作用

2.5　本章小结

　　本章我们围绕"初识 M 函数语言"这个主题展开介绍了 M 代码的使用场景、高级编辑器的使用、M 代码示例结构分析及 M 函数语言的知识框架。虽然本章的内容只是一些基础知识，但是它对打好基础很重要。

　　从第 3 章开始，我们将正式进入四大知识板块的学习。第一站我们将会抵达数据类型的"王国"，了解 M 函数语言的数据类型的作用和使用事项。

第 2 篇
基础语法

▶▶ 第 3 章　数据类型

▶▶ 第 4 章　运算符

▶▶ 第 5 章　关键字

第 3 章　数　据　类　型

通过前两章的学习和准备，我们终于到达了核心"景点"。首先要看的就是用于盛装数据的"容器"——数据类型，这也是我们完成一切数据处理任务的基石和起点。在 M 函数语言中，数据类型共有 15 种，并且对数据类型的使用要求非常严格，因此需要严格区分并理解每种类型的特性。在接下来的旅程中，麦克斯将分别介绍 15 种数据类型，帮助大家建立对数据类型的认识并掌握区分不同数据类型的方法。

本章共分为五个部分：第一部分从整体上了解 M 函数语言中数据类型的大体分类，进行更为细致的二级知识框架的搭建，并进行简单的背景说明和信息补充；第二部分到第五部分会依次介绍数据类型的几个大类，它们分别是基础类型、泛日期时间类、特殊类型和最为重要的复合结构型数据。

本章的主要内容如下：

- M 函数语言的数据类型的概念及分类。
- M 函数语言对数据类型的要求。
- 每种数据类型的作用、特征和特殊特性。
- 不同类型的数据构建及相关的基础运算。

3.1　数据类型分类

因为 Power Query 是用于数据整理的 ETL 工具，因此在数据种类的划分方面比较严格（相比 Excel 工作表函数和 PBI 的 DAX 函数而言）。为了满足这种严格管控的需求，在 M 函数语言中设计了支持的合法数据类型共计 15 种。因为数量比较多，所以本节将先讲解其二级分类，方便大家更好地理解和记忆。

3.1.1　数据类型的二级分类

根据微软官方提供的 M 函数语言的说明文档，M 函数语言认可的合法数据类型共有 15 种，如表 3-1 所示，其中既包括常见的文本、数字和逻辑类型，也有 Power Query 特别设计的列表、记录和表格类型。

表 3-1 M函数语言数据类型汇总

序 号	类 型	名 称	范 例
1	Null	空值	null
2	Logical	逻辑	true false
3	Number	数字	0 1 −1 1.5 2.3e−5
4	Time	时间	#time(09,15,00)
5	Date	日期	#date(2013,02,26)
6	DateTime	日期时间	#datetime(2013,02,26, 09,15,00)
7	DateTimeZone	日期时间时区	#datetimezone(2013,02,26, 09,15,00, 09,00)
8	Duration	持续时间	#duration(0,1,30,0)
9	Text	文本	"hello"
10	Binary	二进制	#binary("AQID")
11	List	列表	{1, 2, 3}
12	Record	记录	[A = 1, B = 2]
13	Table	表格	#table({"X","Y"},{{0,1},{1,0}})
14	Function	函数（方法）	(x) => x + 1
15	Type	类型	type { number } type table [A = any, B = text]

表 3-1 仅供参考，目前阶段我们只需要了解这 15 种类型即可。为了便于查看，我们重新对这 15 种数据类型进行相关性分组，形成 M 函数语言数据类型的二级分类图示，如图 3-1 所示。从图 3-1 中可以看到，所有数据类型被分为四个大类，分别是基础类型、泛日期时间类、特殊类型和数据容器，下面对每种二级分类进行简单介绍。

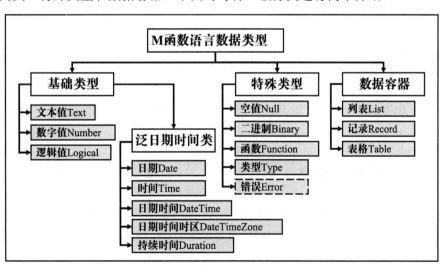

图 3-1 M 函数语言数据类型的二级分类

1．基础类型

基础数据类型指常规的数字、逻辑、文本，它们是在其他数据处理分析软件或程序中常见的存储形式，可用于存储对应类型的数据，在 3.2 节中将给大家演示它们的构建和特性。比较特别的是第二个二级分类泛日期时间类，其本质上也属于基础数据类型，但是因为其成员众多，所以独立进行讲解。

2．泛日期时间类

泛日期时间类属于日期和时间类型的数据，专门用于存储该类数据，其成员众多，可满足世界各地准确表达时间、存储时间数据的需求。泛日期时间类本身也属于基础数据类型。另外，泛日期时间类型、基础类型与特殊类型这三大数据类型可以理解为"单值"类型，即一个值就是一个数据点，与复合结构型数据一次性存储多个数据点不同。

3．特殊类型

特殊数据类型包括在 M 函数语言中需要使用，但是表达特殊含义的一些数据，它们出现的频次比较低。在该分类下包含空值 Null（表示空无一物没有数据）和二进制 Binary（表示某个文件的二进制形式数据，需要翻译解析后才可以使用）等类型。

需要特别说明的是，在二级分类图中，在特殊类型下麦克斯特意增加了一项在官方文档清单中并未出现的数据类型 Error，用虚线框表示。它是一种特殊的数据，会在代码出现运算错误时返回。

4．数据容器

数据容器也称为复合结构型数据，包含列表、记录和表格"三件套"。数据容器的主要作用是可以存储多个数据类型不统一的数据点，并且支持任意类型的相互嵌套，这与单值类型的数据是不同的。数据容器也是使用 M 函数语言进行数据整理的核心数据类型，后续要学习的高频函数也是基于这三种数据容器类型拓展而来的。

3.1.2　数据类型的重要性

很多人在学习 M 函数语言时会提出这样一个问题：为什么要专门学习数据类型，它有这么重要吗？这个问题非常好，它的答案是非常重要。

多数人都有使用 Excel 工作表函数处理简单的数据问题的经验，当我们在学习工作表函数时，只需要知道该函数的作用和放置什么参数就可以利用该函数的功能解决问题，因此感觉工作表函数非常简单。虽然 M 函数语言的名称中也包含"函数"，但是它并不像工作表函数那样可以忽略数据类型的差异，原因就是 M 函数语言对数据类型的使用非常严格。

举个例子，在工作表函数中，如果需要将文本 1 和数字 1 进行相加，我们只需要在公式编辑栏中输入 "=1+"1"" 即可返回正确的结果 2，但是，如果你在 Power Query 编辑器公式编辑栏中输入上述公式，则很不幸地会获得一个"错误值 Error"，无法正确运行。如图 3-2 所示，错误信息显示无法将数字类型和文本类型的数据相加。

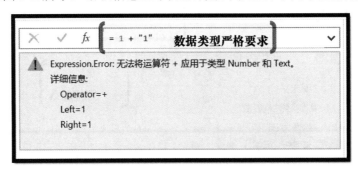

图 3-2　M 函数语言对数据类型要求严格

类似上述例子还有很多，但不论千变万化最终的形式如何，问题的关键是在使用运算符、关键字和函数时要提供正确的匹配类型数据。在后面的学习过程中这一点麦克斯还会多次强调。

3.2　基础数据类型

从简单到复杂，本节我们学习基础的三种数据类型：文本、数字和逻辑。

3.2.1　文本类型

文本（Text）类型数据顾名思义就是用于存储文本字符串的数据类型。与数字类型一样，它也是常见的数据类型，是组成复杂数据结构的最小单元。我们平时见到的数据有可能百分之八十以上都是以数字类型和文本类型为基础进行存储的。

1．文本类型数据的构建

在 Power Query 中要想构建文本类型的数据，可以直接在某查询的公式编辑栏中输入文本，如 ABC，系统会默认将其识别为文本字符串进行存储，如图 3-3 所示。

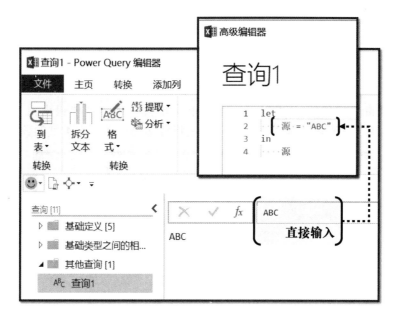

图 3-3　在空查询中直接输入创建文本

可以看到，在空查询公式编辑栏中输入 ABC 后，系统自动将其转化为文本进行存储。因为直接从编辑栏及数据预览区域无法直接判定其类型，所以打开高级编辑器，查看其查询代码可以确认第 2 行代码"源"中存储的是文本 ABC（其两边的双引号是识别文本类型的关键）。正因为直接输入的方法不能明确判定值类型，在日常使用中麦克斯建议的构建方法是：所有的文本字符串都以双引号包裹，确认其文本属性，以免引起不必要的错误。

2．文本类型数据的特性

文本类型数据负责存储字符串，常见的有中英文字段、代码形式的数据（JSON/XML）、编号信息等，不限制长度，都可以添加到文本类型中。其中有一类比较特别的数据叫作"文本型数字"。现实中经常会出现这种文字和数字混合使用的情况。例如，每位学生都有一个学号，考虑到简洁性，一般直接使用自然数字对所有同学的学号进行编码。那么这个学号信息是文本还是数字呢？正确的做法是根据使用场景进行设置，这里因为学号的特性是编码而不是计算，因此应当使用文本类型构建和存储学号信息，而非数字类型。此时得到的学号数据我们通常称为"文本型数字"。严格地说，它属于文本类型，但是其中存储的是一个个数字字符。大家在选择数据类型时也需要考虑实际情况。

为何要提出这样的问题呢？一是在实操中必然会遇到类似问题，因此有必要先提醒一下大家，以避免可能会发生的错误；二是这涉及文本类型数据的特性，即不限长度，可以拼接但无法计算。错误地设置数据类型可能会导致后续的运算也出现问题。例如，学校认为以纯数字进行学号编码略显草率，因此决定在编码前添加代表年级的 A、B、C 字母，此时如果我们将数据设置为文本类型，就可以直接使用公式"="A"&"123""对数据进行修改。如果我们使用的是数字，直接进行拼接"="A"&123"，会返回错误（前面提到的 Power Query 对数据类型的严格要求）。

如图 3-4 所示，原始数据为两行一列的表格，其中，首行数据为文本类型"123"，次行数据为数字型 123，经过添加自定义列的拼接后，两项学号编码只有文本类型的数据拼接正确，数字类型的数据拼接结果会产生错误，无法正确完成。

　技巧：你发现了吗？表格中文本类型和数字类型的数据默认对齐方式是不同的，文本数据是默认左对齐，数字数据是默认右对齐，这是一个区分文本数据与数字数据的小技巧。在 Excel 工作表中也存在类似的设置，这是多数数据处理软件默认遵循的规则。

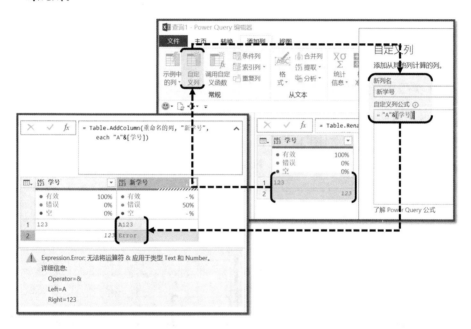

图 3-4　文本类型数据的特性

3.2.2　数字类型

数字（Number）类型用于存储数字数据，构成与文本同等重要的一种类型。

1. 数字类型数据的构建

数字类型数据的构建不需要任何特殊的字符，在输入时只要满足数学中对于数字形式的定义，即可被系统正确识别为数字类型进行存储，如 1、1.1、-2.3、0.30 和 5e2 等。

说明：除了常见的整数、正数、负数和小数外，系统还接受以科学记数法的形式构建和输入数据，如图 3-5 所示，其中的 5e2 便是科学记数法形式构建的数据，表示 5×10^2，结果为 500。

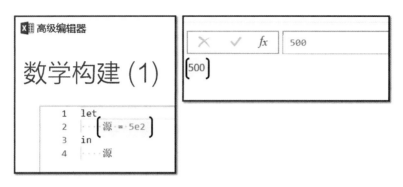

图 3-5　数字类型数据的构建

2. 数字类型数据的特性

与文本类型数据的高自由度，可以是任意字符串不同，数字类型的数据存储必须要满足数学中对于数字的要求，如图 3-6 所示，因为误操作而多输入了一位小数点，因此无法被系统正确识别为数字，而是转换为文本进行存储。

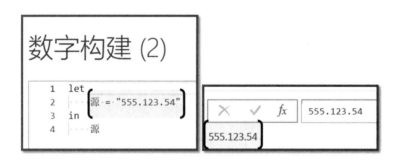

图 3-6　数字构建要遵循数学规范

除此以外，在 Power Query 中可以存储的数字精度相较于 Excel 只能存储 15 位有效数字有了很大的提升。如图 3-7 所示为默认状态下的数字精度保存情况，可以看到，图中原始数据提供了共计 4 组 0～9 的数字，在结果中显示出了前 3 组数据。

说明：此处仅作为展示使用，具体运算时应考虑实际情况。Power Query 对于数字存储提供了一些不同精度的细分类型，如 Int8、Int16、Int32、Int64 和 Double 等，可以根据自己的需要进行转化、计算和使用，更多信息可以参看官方文档中对数字类函数的说明。同时 Power Query 中的部分函数也会提供运算时的精度控制参数来满足实际计算需求，如 List.Sum 函数的第二参数可以输入 Precision.Double 等手动控制运算精度。

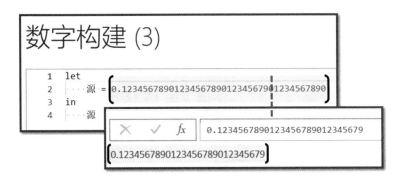

图 3-7　默认状态下拥有高精度的数字存储特性

3.2.3　逻辑类型

逻辑（Logical）类型的值很简单，只有两种，分别是逻辑真值 true 和逻辑假值 false，表达逻辑上的是与否。该种类型常用于在数据表中表达开和关状态等二选一的情况，如是否迟到、是否发货等。

1．逻辑类型数据的构建

在 Power Query 中构建逻辑值非常简单，直接输入 true 或 false 即可，如图 3-8 所示。逻辑类型数据之所以不会被系统认为是单纯的文本值，是因为系统赋予了这两个单词特殊的含义，在运行代码时会优先进行检测和匹配。

📖**技巧**：如果在实操中需要输入字符串 true 或 false，则可以在其两边添加双引号，将其转换为文本数据。

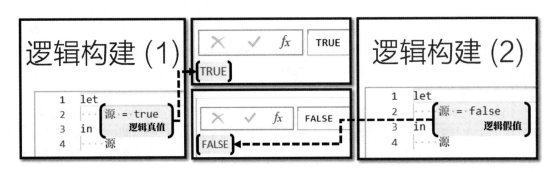

图 3-8　逻辑类型数据的构建

2．逻辑类型数据的特性

因为 M 函数语言是严格区分大小写的，因此在构建逻辑数据的时候，虽然 TRUE、True 和 true 在字符内涵上表达的都是相同的含义，但是能被系统认可的只有 true 这种全小写形式的逻辑真值，否则无法正确识别。逻辑假值的构建与其类似，如图 3-9 所示。

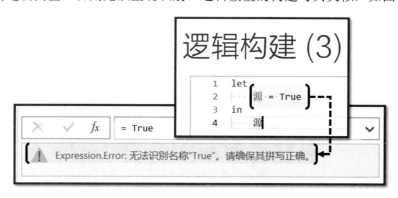

图 3-9　合法逻辑值要求全小写

说明：部分读者可能会有疑问，图 3-8 逻辑值构建结果显示的单词均为全大写，为何也可以正确运行。这里需要区分一下代码的编写和显示，为了更利于数据的查看，它们之间会存在一定的差异，但是书写时应全部小写。最后额外说明一个特例，感兴趣的读者可以自行尝试。假如在空查询的公式编辑栏中输入 True，系统也会正确识别为逻辑真值，因为系统自动进行了校正，如果查看高级编辑器中的 M 代码会发现，系统实际的记录值为 true。

3.2.4　基础类型的相互转换

通过前面三节的介绍，我们掌握了 3 种基础数据类型的构建方法和特性，还记得我们此前遇到的那个问题吗？文本可以拼接，数字可以计算，如果反过来的话，系统就会报错而无法运行。虽然在数据的存储过程中按照合理的逻辑就不会有任何的冲突，但是在我们进行数据整理的过程中，经常需要对文本进行计算、对数字进行拼接。解决这类问题需要类型转换函数。

例如，文本 1 与数字 1 直接相加无法完成，我们可以使用类型转换函数 Number.From 将其中的文本转换为数字之后再进行运算。再比如前面举的数字学号拼接文本年级代号无法完成，我们可以利用类型转换函数 Text.From 将其中的数字转换为文本之后再进行拼接，如图 3-10 所示。

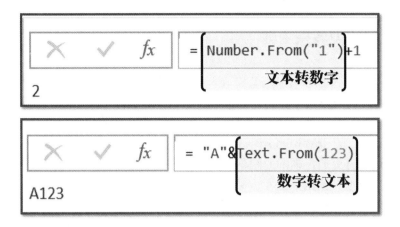

图 3-10　基础类型之间的相互转换

📋 说明：在对函数的讲解过程中麦克斯都会提供一张对应的表格，其中包含函数的名称、作用、基本语法结构和注意事项，帮助读者学习时进行查询。如表 3-2 和表 3-3 所示为函数 Text.From 和 Number.From 的基本用法说明。

表 3-2　Text.From函数的基本用法

名　　称	Text.From
作　　用	将其他类型的单值数据转换为文本类型
语　　法	Text.From(value as any, optional culture as nullable text) as nullable text，第一个参数输入目标待转换的值，第二个参数可选，用于设定输入地区编码，输出类型为文本类型
注意事项	类型转换的能力很强，但不是无限的。一般可以接受数字、逻辑、二进制和所有泛日期时间类型数据的输入并可将其转换为文本。具体情况无法一一罗列，建议在实操中面对不确定的转换结果时，可以先使用空查询测试转换结果后再使用

表 3-3　Number.From函数的基本用法

名　　称	Number.From
作　　用	将其他类型的单值数据转换为数字类型
语　　法	Number.From(value as any, optional culture as nullable text) as nullable number，第一个参数输入目标待转换的值，第二个参数可选，用于设定输入地区编码，输出类型为数字类型
注意事项	类型转换能力很强，但不是无限的。可以接受文本、逻辑（真值转换为1，假值转化为0）和所有泛日期时间类型数据的输入并可将其转换为数字，其他情况会返回错误。具体情况无法一一罗列，建议在实操中面对不确定的转换结果时，可以先使用空查询测试转换结果后再使用

3.2.5　什么是类型转换函数

上一小节是我们第一次使用类型转换类 M 函数，所以有必要进行一些简单的介绍。首先，根据我们之前的约定，M 函数的正式使用将在第六章介绍，但是知识的相互联系是复杂的立体网络形态，因此在必要的时候麦克斯会使用一些简单的 M 函数进行辅助讲解和演示（如此前见过的 Text.Remove、Text.Select 和 Text.From/Number.From），在具体的函数讲解章节中还会有更加详细的介绍。

这里重点对类型转换函数进行介绍。其实从函数角度来说，类型转换函数与其他 M 函数没有任何差别，都遵循相同的设计和使用规范。但是因为类型转换函数的作用特殊，并且几乎在所有以数据类型为对象的函数中都会存在，它们在不同数据类型之间起着"桥梁"的作用，如 3.2.4 小节中的 Number.From 及 Text.From 便是其中的一员。

如果我们将不同种类的数据类型想象成一座座小岛，数据则作为"岛民"居住在对应的岛屿上。因为 M 函数语言对数据类型的要求很高，在数字岛的居民才允许运算，在文本岛的居民才允许拼接，每种岛有其自己的特色。如果没有类型转换函数作为桥梁，方便不同岛屿的居民相互移动交流，我们就没有办法利用其他岛屿的特色来完成更加复杂的数据整理任务，因此类型转换函数是非常重要的。

📖**技巧**：类型转换函数有一个普遍特征，就是其名称包含关键词 To 或 From，可以利用此特征进行辨认和记忆。因为类型转换函数的作用比较单一，所以学习使用时可以举一反三。还有一些特殊的函数在处理数据的过程中自带数据类型转换的特性，这部分函数的名称以功能描述为主，并不包含 To 或 From 关键词。例如，Text.Combine 函数将一个列表的文本相连合并为一个文本值，此过程发生了列表类型到文本类型的转化。因为这种特性并没有在函数名中体现，因此需要使用者自行体会，在 M 函数中有不少函数都具有这种"隐式"的类型转换特性。

3.3　泛日期时间类数据

除了常规的文本、数字和逻辑"三件套"，满足基础数据的存储需求自然离不开日期时间数据，大量的商业数据和试验数据都需要记录时间的维度。因此本节我们来介绍在 Power Query 中如何对日期时间数据进行存储。

泛日期时间类数据分为 5 种，以适应不同的日期时间数据存储需求，它们分别是日期、时间、日期时间、日期时间时区和持续时间。这 5 种类型统称为泛日期时间类数据。

3.3.1　日期

第一种泛日期时间类型是日期（Date），这是一种只包含日期信息，不包含时间等其他信息的数据类型。与在 Excel 中只需要输入符合规范格式的日期数据，Excel 便会按照日期格式进行相应处理不同，在 M 函数语言中构建日期值，需要使用特殊的函数"#date"，如图 3-11 所示。

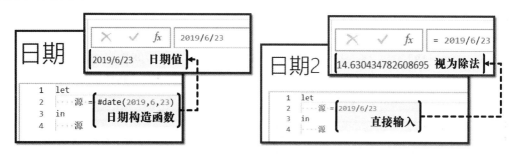

图 3-11　构建日期值

在函数#date 中依次输入年、月、日分量即可完成对数据的构建，如果直接输入"2019/6/23"等字样，则会被系统视为除法，进行两次除法运算后得到一个数字。

🔔**注意：** 虽然在公式编辑栏中显示的都是"2019/6/23"，但其内涵是不同的，需要在高级编辑器中才可以看到二者区别。另外，如果直接在空查询的公式编辑栏内输入日期格式的数据，则系统会自动使用日期函数完成日期值的构建。因此，虽然公式编辑栏具备一定的自动化功能，但其自动化程度并不完全在我们的掌控之中，麦克斯推荐大家只在高级编辑器中编写 M 函数公式代码。如表 3-4 所示为#date函数的基本用法说明。

表 3-4　#date函数的基本用法

名　　称	#date
作　　用	使用年、月、日分量信息构建日期类型数据
语　　法	#date(year as number, month as number, day as number) as date，第一个参数输入年份，第二个参数输入月份，第三个参数输入天数，输出为日期类型的数据
注意事项	单纯的日期数据构建函数，其拥有众多类似的兄弟函数，用于构建其他泛日期时间类型数据，如#date和#time等，使用方法也相似。在使用该函数时需要注意，所有添加的年月日分量数据信息，均应当是真实的年月日组合，否则会返回错误，如图3-12所示

图 3-12　构建日期类型数据的常见错误

3.3.2　时间

第二种泛日期时间类型数据是时间（Time），它用于存储时间信息，不包含任何其他如日期、时区、时长等信息分量。在 Power Query 中构建时间数据同样需要借助函数来完成，时间构建函数为#time，构建范例如图 3-13 所示。

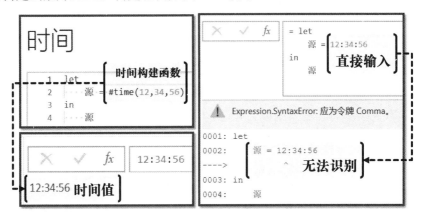

图 3-13　构建时间值

在图 3-13 中，左图为使用时间构建函数分别提供时、分、秒分量信息完成的正确的时间构建演示，右图为直接录入时间数据的演示。可以看到，虽然输入的数据满足时间值的一般格式要求，但是其无法被系统识别为文本，连语法检测都没有通过。

如表 3-5 所示为#time 函数的基本用法说明。

表 3-5　#time函数的基本用法

名　　　称	#time
作　　　用	使用时、分、秒分量信息构建时间类型数据
语　　　法	#time(hour as number, minute as number, second as number) as time，第一个参数输入小时数，第二个参数输入分钟数，第三个参数输入秒数，输出为时间类型的数据
注意事项	单纯的时间数据构建函数，其拥有众多类似的兄弟函数，用于构建其他泛日期时间类型数据，使用方法也相似。在使用该函数时需要注意，所有添加的时、分、秒分量数据信息均应是真实的时分秒组合，否则会返回错误，这里不再演示

注意： 至此我们已经是第二次使用以 "#" 号开头的函数了，不知道大家有没有发现一个细节，此类函数与常规的函数名称首字母大写不同，要求全部小写。这个是规定，也是很多人在使用此类函数时最容易出现的一个错误。以后见到#开头的函数名，一定要记得小写。

3.3.3　日期时间

第三类泛日期时间类型数据是日期时间（DateTime），也就是我们平时在 Excel 中经常使用的 "完整版" 的日期时间数据，即在一个数据中同时包含日期和时间信息。同样构建此类数据也需要使用专门的函数#datetime，构建演示如图 3-14 所示。

注意： 日期时间数据类型的名称为 DateTime，这并非笔误，而是这类数据的官方名称便采用了驼峰命名法，每个单词的首字母都应当大写，中间不使用任何分隔符。这一点和前面所说的 "#" 类函数全小写类似，也是很多初学者容易出现的错误。例如，日期时间类函数下的函数 DateTime.From，如果不注意，很容易写为 Datetime.From，从而导致无法正确生效。

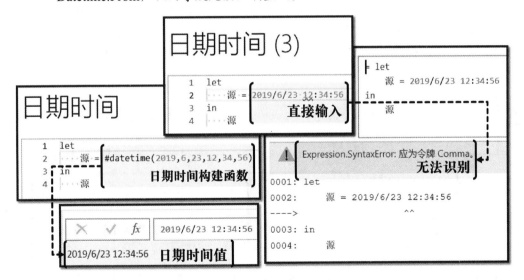

图 3-14　构建日期时间值

在图 3-14 中，左图使用日期时间构建函数依次输入年、月、日和时、分、秒信息作为参数，完成日期时间数据的构建，右图为直接输入后系统无法识别，同前面时间值的构建问题类似。

如表 3-6 所示为#datetime 函数的基本用法说明。

表 3-6　#datetime函数的基本用法

名　　称	#datetime
作　　用	使用年、月、日和时、分、秒分量信息构建日期时间类型数据
语　　法	#datetime(year as number, month as number, day as number, hour as number, minute as number, second as number) as any，第1~6个参数依次输入年份、月份、天数、小时数、分钟数和秒数，输出为日期时间类型的数据
注意事项	单纯的日期时间数据构建函数，其拥有众多类似的兄弟函数，用于构建其他泛日期时间类型数据，使用方法也相似。在使用该函数时需要注意，所有添加的年、月、日和时、分、秒分量数据信息均应是真实的时间组合，否则会返回错误，这里不再演示

3.3.4　日期时间数据的本质

在前面的 3 个小节中我们学会了 3 种基础的泛日期时间类型数据的作用和构建方法，但是并没有重点提及它们的特性。这是因为对于所有泛日期时间类型数据而言，它们的特性相似度很高，因此需要了解一个核心的问题：日期时间数据的本质是什么？

其实在 Power Query 中，日期时间数据的处理逻辑与在 Excel 中类似：它们都用数字为所有的日期进行了编号，每增加一个数字代表增加 1 天，时、分、秒则按照时间规范进行小数的均分。因此通常我们都会将日期时间数据视为是一种"异化"的数字类型数据。为了说明这一点，我们可以将之前构建的日期时间数据使用 Number.From 函数进行转化，以查看对应的数字，如图 3-15 所示。

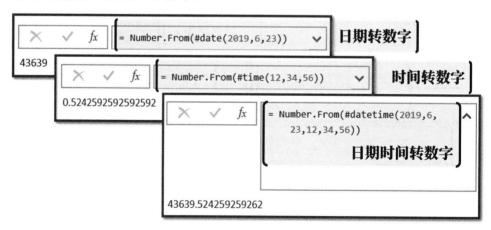

图 3-15　泛日期时间类型数据的数字本质 1

2019 年 6 月 23 日这一天的编号是数字 43639，中午 12 点 34 分 56 秒则表示经过了当天的百分之 52.4259……如果将上述两者合并，则得到的日期时间点则恰好是二者相加，为 43639.524259……

同时通过逆向过程，我们也可以看到更加全面的泛日期时间类型数据的本质，如使用 Date.From、Time.From 和 DateTime.From 函数将数字转化为对应的日期，如图 3-16 所示。

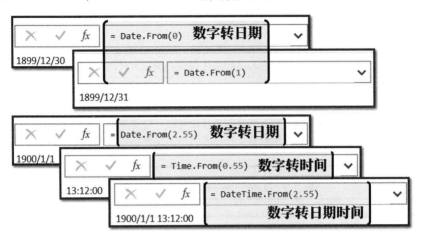

图 3-16　泛日期时间类型数据的数字本质 2

通过 3 个泛日期时间类型数据的类型转换函数，我们成功地将不同的数字转化为泛日期时间类型的数据。可以看到，在 M 函数中，第一次转换是将日期时间的起始编号 0 设置为 1899 年 12 月 30 日（这与 Excel 不同），并向后以单位 1 为步长进行天数的递增。第二次转换则可以理解为图 3-15 的对应逆过程，满足我们的预期，其中需要注意两点：第一点，0.55 的对应时间计算为半天加十分之一个半天，因此是 12 小时加 72 分钟，得到 13 点 12 分整的结果，其他时间与数字的计算对应均分即可；第二点，整数部分加小数部分可以表示完整的日期和时间数据。如表 3-7 至表 3-9 所示为 3 种泛日期类型转换函数的基本用法说明。

表 3-7　Date.From 函数的基本用法

名　　称	Date.From
作　　用	将其他类型的数据转换为日期类型的数据
语　　法	Date.From(value as any, optional culture as nullable text) as nullable dat，第一个参数输入待转化的值，第二个参数用于输入地区文化代码，输出为日期类型的数据（可能为空值）
注意事项	类型转化能力很强，但不是无限的。一般可以接受文本、日期时间、日期时间时区和数字类型数据的输入并可将其转化为日期类型，否则会返回错误。具体情况无法一一罗列，建议在不确定转化结果时，可以先进行测试，确认结果后再正式使用该函数。特别说明：如果为该函数输入小数作为参数，那么只会将其整数部分转换为日期；M函数语言支持对负数值进行日期转换，感兴趣的读者可以自行尝试

表 3-8　Time.From函数的基本用法

名　称	Time.From
作　用	将其他类型的数据转换为时间类型的数据
语　法	Time.From(value as any, optional culture as nullable text) as nullable time，第一参数输入待转化的值，可选第二参数输入地区文化代码，输出为时间类型的数据（可能为空值null）
注意事项	类型转化能力很强，但不是无限的。一般可以接受文本、日期时间、日期时间时区和数字类型数据的输入并可以将其转化为时间类型数据，否则返回错误。具体情况无法一一罗列，建议在实操中面对不确定的转化结果时，可以先使用空查询测试转化结果后再使用。特别说明：如果希望将数字转化为时间，则输入值范围必须限制在0～1之间，否则会返回错误

表 3-9　DateTime.From函数的基本用法

名　称	DateTime.From
作　用	将其他类型的数据转换为日期时间类型的数据
语　法	DateTime.From(value as any, optional culture as nullable text) as nullable datetime，第一个参数输入待转化的值，第二个参数用于输入地区文化代码，输出为日期时间类型的数据（可能为空值null）
注意事项	类型转化能力很强，但不是无限的。一般可以接受文本、日期、时间、日期时间、日期时间时区和数字类型数据的输入并可将其转化为时间类型，否则会返回错误。具体情况无法一一罗列，建议在实操中面对不确定的转化结果时，可以先使用空查询测试转化结果后再使用。特别说明：如果将日期或时间类型数据转换为日期时间格式，因为缺少部分信息，系统会自动以默认值进行填充，如0号日期和正午12点

3.3.5　日期时间时区

了解泛日期时间类型数据的本质是异化的数字类型后，我们继续学习剩余的两种类型时就可以举一反三，轻松掌握了。第四种泛日期时间数据类型是日期时间时区（DataTimeZone），从名称上就可以发现它与"日期时间类型"很相似，但是增加了"时区"维度，用于存储时区信息。该类型数据的主要作用是统一世界各地的"当地日期时间数据"，方便在各个国家和地区之间进行日期时间数据的使用。构建此类数据也需要使用特定的函数#datetimezone来完成，使用演示如图 3-17 所示。

依次在构建函数中输入年月日、时分秒和时区的时分信息即可完成对日期时间时区数据的构建，新增的时区信息会附着在日期时间数据信息后，并使用空格作为分离。#datetimezone 函数的使用与其他构建函数类似，如表 3-10 所示，这里不再演示直接录入的错误情况。

图 3-17　构建日期时间时区值

表 3-10　#datetimezone函数的基本用法

名　　称	#datetimezone
作　　用	使用年月日、时分秒及时区时分分量信息构建日期时间时区型数据
语　　法	#datetimezone(year as number, month as number, day as number, hour as number, minute as number, second as number, offsetHours as number, offsetMinutes as number) as any，第1～6个参数依次输入年份、月份、天数、小时数、分钟数和秒数，第7与第8参数输入时区的小时与分钟分量信息，主要输出日期时间时区类型数据
注意事项	单纯的日期时间时区数据构建函数，其拥有众多类似的兄弟函数，用于构建其他泛日期时间类型数据，使用方法也相似。在使用该函数时需要注意，所有添加的年月日、时分秒、时区分量数据信息，均应当是真实的组合，否则会返回错误。特别说明：时区信息能够接受的范围应满足14 ≤ 时区小时 + 时区分钟 / 60 ≤ 14。例如，北京时间位于东八区，应当输入正8作为小时数，0分钟作为分钟数

在使用日期时间时区数据时不同时区的数据如何统一呢？为了解决这个问题，下面我们以两个日期时间时区数据进行演示，如图 3-18 所示。

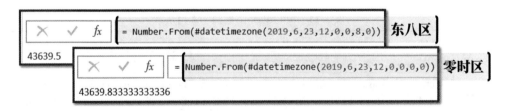

图 3-18　多时区时间数据的统一问题

原始数据为两个位于不同时区的相同时间点，均为 2019 年 6 月 23 日正午 12 点，但第一个值位于东八区，而第二个值位于零时区，时间晚了 8 个小时。将两个值转化为数字后可以看到二者之间的差值恰好等于 0.3333 天（8 个小时），这个差异便是时区设置造成的。理解这里面的计算原理，需要明确一个关键点，系统时间的计算是依照与当前系统设置的地区完成的。例如，麦克斯的计算机系统便是中文/中国（zh-CN）地区并遵循东八区的时区，与第一个值相同，因此计算结果没有任何偏移，为 43639.5。但第二个时间值位于零时区，当零时区位于时间点 2019 年 6 月 23 日正午 12 点时，麦克斯的当前时间要向后推移 8 个小时，因此得到 2019 年 6 月 23 日晚间 20 点，计算结果为 43639.8333。

3.3.6　持续时间

泛日期时间类型的最后一种类型为持续时间（Duration）。这种类型可以说与此前的四个兄弟姐妹都格格不入，因为它是用于存储"时间段"的数据类型，而此前的四种类型全部存储的都是"时间点"。构建持续时间类型数据同样需要使用对应的构建函数#duration，其使用演示如图 3-19 所示，基本用法说明如表 3-11 所示。

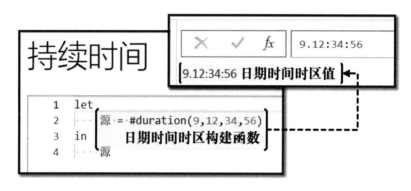

图 3-19　构建持续时间值

如图 3-19 所示，依次为构建函数提供"天、时、分、秒"分量信息即可完成对持续时间类型的构建。注意在持续时间中，时、分、秒的显示格式与时间类似，但持续天数信息与时、分、秒之间则使用句点"."进行分隔。

表 3-11　#duration函数的基本用法

名　　称	#duration
作　　用	使用天、时、分、秒及时区时分分量信息构建持续时间类型数据
语　　法	#duration(days as number, hours as number, minutes as number, seconds as number) as duration，4 个参数分别为时间持续的天数、小时数、分钟数和秒数，输出持续时间类型的数据
注意事项	在使用该函数时所有添加的天、时、分、秒分量数据信息均应是真实的组合，否则会返回错误。另外，天数允许为负数，表示逆向的时间差

📋 **说明**：持续时间类型数据本质上也是数字，转换方式与前面演示的例子类似，可以使用专用的类型转换函数 Duration.From 来完成。例如，持续时间 9.12:00:00 转换后会返回 9.5，单位为天。

3.3.7　泛日期时间类型数据的运算

通过前面内容的学习，我们已经了解了 5 种泛日期时间类型数据的基本情况，知道了如何辨认它们以及如何构建一个对应的数据点。但还有几个重要的问题：它们能不能运算？能接受哪些类型的运算？运算只能限制在同类型范围内吗？带着这些问题我们开始本小节的学习。

首先，泛日期时间类型可以接受运算，但是限制条件比较多，而且只接受某些特定的运算组合。为什么会造成这种情况呢？我们可以先做个"思维试验"，想象一下在现实情况下我们需要哪些泛日期时间类型的运算。例如：两个日期时间之间的差值是需要的，但是两个日期时间点之间的求和则是无意义的；时间点与时间段的加减运算是需要的，但是时间段的倍增倍减也是有意义的。通过这样简单的想象就能发现，这种特性并非 PQM 的开发团队人为进行的限制，而是实际只需要一部分运算，另一部分无意义的运算是不需要的。

因此麦克斯的建议是，无须特别去记忆泛日期时间类型数据的运算与否，我们可以根据是否有实际意义去判断，有实际意义的运算通常都是可行的。如果实际应用中不能确定，可以使用空查询进行简单测试后再应用。一些常见的泛日期时间类型数据之间的运算如图 3-20 所示。

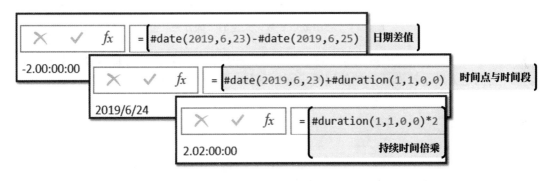

图 3-20　常见的泛日期时间类型间的运算

如图 3-20 所示为 3 种常见的泛日期时间类型数据运算的范式，分别为时间点之间计算差值，时间点平移指定的时间段，持续时间的倍乘。需要注意的是：根据计算顺序时间点差值可能为负值；除了示例中演示的日期与持续时间加减外，其他时间点类型数据也可以与持续时间段进行类似运算。

3.4　特殊的数据类型

完成了常规数据类型的学习，下面学习更为独特的特殊数据类型，包括空值、二进制、函数（方法）、类型和错误 5 类，如图 3-21 所示。

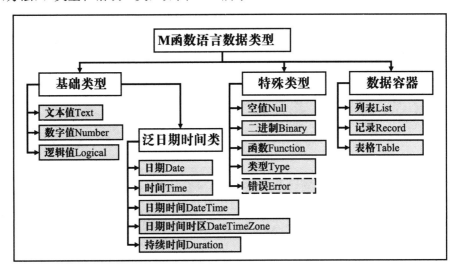

图 3-21　M 函数语言数据类型的二级分类

总体来说，特殊类型的数据并非像文本、数字和逻辑值一样作为存储数据信息的主流类型，它们是为满足特殊场景的使用需求而出现的。接下来让我们一起学习吧。

3.4.1　空值

第一个介绍的是大家比较熟悉的空值（Null），它是一类特殊的数据类型，不存储任何数据。正因为这种不存储任何数据信息的特性反而表示它存储了一个名为"空"的信息，它能够告诉我们某个单元是否真的没有任何内容。

1. 空值的构建

在 M 函数语言中，使用全小写的 null 构建空值，不需要任何函数，如图 3-22 所示。

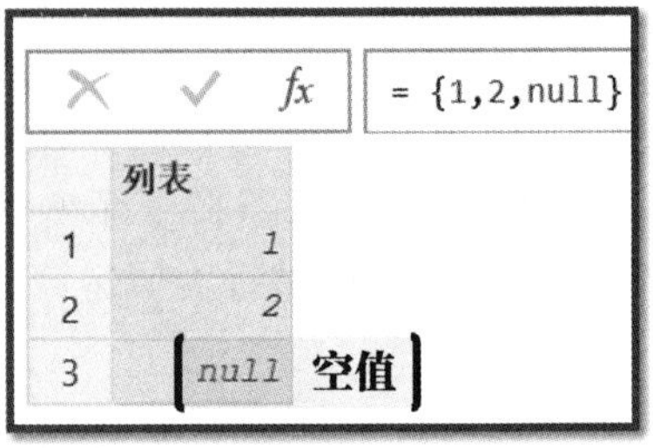

⚠注意：空值类型的名称叫作 Null，首字母大写是类型名称的要求规范，而在 M 代码的编写过程中，只有全小写的 null 才会被正确识别为空值。

图 3-22　构建空值 null

2. 空值的特性

空值在我们日常处理数据时会高频地出现，有几项数据与真正的空值非常相似但它们完全不具备空值的特性，因此需要清楚地区分，避免错误。

如图 3-23 所示为几种看上去与空值非常相似的"伪空值"，它们是日常使用时需要严格区分的，从上至下依次为：空值、空文本、空格文本和 null 文本。其中，只有首项 null 为合法空值，其余均为伪空值。例如，中间两项虽然在单元格中看不到任何数据信息，好像是"空无一物"，但是实际上它们依旧属于文本类型，与正规的空值没有任何关系。第 4 项虽然显示的为"null"，但使用双引号包裹构建的值全部都是文本值，因此它也不属于空值。这些伪空值全部具备都是文本值的特性，但不具备空值的特性，在实操中要注意区分，避免错误。那么空值有什么样的特性呢？

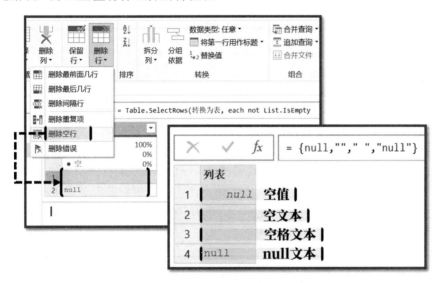

图 3-23　区分易混淆的伪空值

首先，空值代表 Power Query 中真正意义的"无"，很多菜单命令也只依托于空值实现，如常见的向下填充、值替换和删除空行等，这是其他伪空值不具备的特性。其次，空值本身的运算极为独特，总结概括便是它接受与大多数类型的数据运算，但运算结果基本上都是空值 null 本身。换句话说，你还是别拿空值去运算了。一些关于空值的运算演示如图 3-24 所示。在实际使用时也应尽量避免空值运算，一般是先对数据集中的空值等特殊值进行清理，然后再运算，尽量保证空值不参与运算，以免出现不在考虑范围内的运算结果而引发错误。

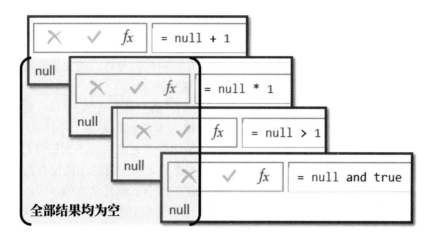

图 3-24　空值的运算特性

3.4.2　二进制

特殊类型中的二进制（Binary）格式的数据是比较特殊的一类，因为日常使用不多，这里简单了解即可。首先它是一种特殊的文件形式，计算机中的所有文件和程序等本质都是 0 和 1 的字符串组合。Power Query 在读取所有的外部数据时，第一件事便是以二进制的形式将数据引入 Power Query 编辑器，此时数据在 Power Query 中的存储形式便是二进制。

如果要读取二进制数据中的信息，需要使用特定的"解析器"对它进行翻译，将它转化为可以读取和使用的表格（Power Query 中的解析器一般是"数据获取类"的 M 函数）。除此之外，二进制数据一般不参与其他运算。关于二进制数据的示例演示，如图 3-25 所示。

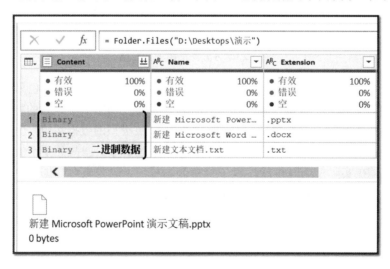

图 3-25　二进制数据示例演示

使用函数 Folder.Files 从本地路径下获取文件夹下的所有文件的目录及其对应的二进制数据。在获取的表格首列 Content 中可以看到，所有的文件都以二进制形式存放在单元格中等待解析和使用。

说明：二进制类型数据的应用场景非常有限，主要应用在读取数据和解析数据之前，在常规的数据整理过程中不会出现，简单了解即可。需要注意的是，虽然 Power Query 可以读取所有文件的二进制形式的数据，但是并不能从所有类型文件中获取目标信息。这取决于 Power Query 提供的解析函数种类是否囊括该类文件，相关函数可以在官方文档中的 Data Accessing Functions 分类下查询。

3.4.3 方法类型

方法（Function）类型也称为函数类型，它是一种非常独特的数据类型，和我们之前见到的所有数据类型都不同，因为它是用于存储"过程"的数据类型。这里再强调一下，第 3 章介绍的绝大部分数据类型都是存储"结果"的数据类型，只有方法类型是用于存储"过程"的数据类型。

怎么理解这件事呢？就拿简单的"求和"过程来举例。例如，现在有数据 1、2、3，对它们进行求和，得到的结果是 6，将其存放到数字 Number 类型的容器中。在这个过程中不只输入数据和输出结果具有信息量，运算过程本身也是一种信息，汇总这个"动作"本身也是一种信息。如果我们后续还希望使用汇总这个动作，则需要将这个"过程"使用方法类型数据存储起来，得到的结果就是 M 函数 List.Sum。实际上在 M 函数语言中，700 多个预制函数的数据类型全部为 Function 类型，如图 3-26 所示。

图 3-26 M 函数使用 Function 类型进行存储

预制的 M 函数是开发组固化的，我们没有办法去修改。除此之外，在 M 函数语言中允许用户自定义函数，而自定义函数也是对于"过程"的描述，因此同样是使用 Function 类型进行存储。在后面学习更多不同种类的 M 函数的使用时，我们会看到很多函数的参数类型要求必须是 Function 类型，其含义便是要求输入自定义规则的函数。

说明：关于自定义函数的编写，会在第 5 章中进行讲解。

3.4.4　类型

类型（Type）类数据用于存储描述数据类型的信息。这个解释有点绕口，举个例子来说明。例如我们前面学过的基础类型文本、数字和逻辑，如果想在 M 函数语言编辑器中表示这 3 种类型，可以使用对应的类型名称 text、number 和 logical，这些类型名称本身就属于类型数据，因为其中存储了描述这些数据类型的基本定义。一种典型的使用类型数据的方式是配合类型运算关键词 is，实现数据类型的判定，如图 3-27 所示。

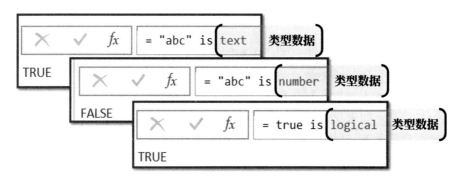

图 3-27　数据类型的判定

说明：上述关于类型数据的解释并不算是最准确的，在后面的篇章中会对类型数据展开更多的介绍。表 3-12 为 M 函数语言原始类型汇总。

表 3-12　M函数语言原始类型汇总

序　号	类　　型	名　　称	说　　明
1	type any	任意型	所有类型都从属于任意型
2	type text	文本	文本数据类型
3	type number	数字	数字数据类型
4	type logical	逻辑	逻辑数据类型
5	type date	日期	日期数据类型
6	type time	时间	时间数据类型

（续表）

序 号	类 型	名 称	说 明
7	type datetime	日期时间	日期时间数据类型
8	type datetimezone	日期时间时区	日期时间时区数据类型
9	type duration	持续时间	持续时间数据类型
10	type null	空	空值数据类型
11	type binary	二进制	二进制数据类型
12	type function	方法	方法数据类型
13	type type	类型	类型数据类型
14	type list	列表	列表数据类型
15	type record	记录	记录数据类型
16	type table	表格	表格数据类型
17	type anynonenull	任意非空	任意非空数据类型
……	……	……	……

3.4.5 错误值

错误值（Error）虽然没有出现在官方文档的数据类型中，但是它的行为表现与数据类型比较相似，因此麦克斯推荐大家可以将其视为是一种简单的数据类型来理解。

错误值是当 M 函数语言公式运算无法正确执行时返回的"替代值"，如前面示例中出现的"数字 1 与文本 1 相加"，如图 3-28 所示。它只有 Error 一种情况，同时因为错误值本身就代表终止运行的错误，因此它几乎无法参与任何运算。遇到错误值时，我们应当逐步检查错误来源，保证代码的正确运行。

图 3-28 错误值示例

说明：实操中会出现部分错误值是预期内会出现的情况，因此有少部分的函数可以针对错误值进行处理。在第 5 章中会具体介绍出现错误值的处理方法。注意，错误值并不是绝对无法参与运算。

3.5　复合结构型数据

欢迎来到本章的最后一节，通过前面的学习，我们认识了 M 函数语言中种类繁多的数据类型，对数据类型的作用和概念有了比较完整的了解。本节我们一起来学习更加高级的数据组织形式，这也是 M 函数语言最有特色的数据存储"三大件"——列表（List）、记录（Record）和表格（Table）。它们也是数据类型，但是它们有个特别的名称"复合结构性数据类型"，麦克斯喜欢称为"数据容器"。这个"复合"体现在哪里呢？就是它们不仅可以存储一个单值数据，而且可以批量存储数据，类似于在其他程序或编程语言中的数组的概念。同时，数据容器拥有非常高的嵌套灵活性，可以任意嵌套 M 函数语言中的数据类型，包括它们自己。下面让我们一起来看下数据容器的其他特性吧。

3.5.1　列表

首先来看一下列表（List）类型。很多人在使用过 Power Query 操作命令后会认为在列表、记录和表格中，"老大哥"应该是表格，因为到处都有它，也都离不开它。但实际上真正的"大师兄"是列表，它的绝技是"七十二变"。为什么这么说呢？这个问题后面再跟大家解答，下面我们先来了解一下列表的基础知识。

1．列表数据的构建

列表数据无法直接通过输入完成构建，需要借助"引用运算符"花括号进行构建。例如，我们希望获得一个列表包含元素 1、2、3，那么应当在公式编辑栏或高级编辑器中输入"={1,2,3}"，如图 3-29 所示。

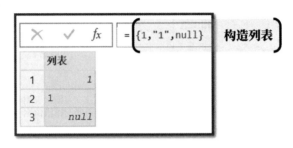

图 3-29　构建列表 List

花括号"{}"及其内部数据整体被称为"列表 List",其中,每个独立的数据点称为列表元素,每个元素之间使用英文状态下的逗号进行分隔。最终得到的列表中所包含的元素个数称为该列表的长度。

说明:没有任何元素的列表称为空列表,使用"={}"构建。

2．列表数据的特性

列表作为数据容器最重要的特性便是"嵌套特性"(这也是所有数据容器都具备的一种特性):列表内的元素可以是任意类型的数据。例如图 3-29 所示的列表就包含数字、文本和空值 3 种类型的不同数据,同时我们还可以在列表中嵌套其他类型的数据容器,如图 3-30 所示为典型的"列表列"数据。

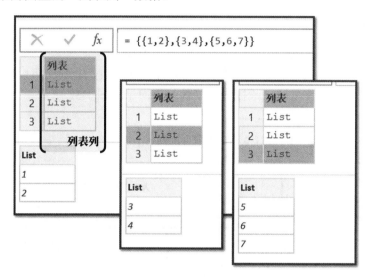

图 3-30　构建列表列数据

如图 3-30 所示,列表列数据的本质依旧是列表类型,并没有新增任何的数据类型,它只是一个完全由列表数据组成的列表的简称。这类数据的构建使用的便是列表的嵌套特性。也可以在嵌套的过程中混合不同的数据容器,但最常见的依旧是上述 3 种嵌套形式。因为 M 函数语言是对数据进行批量整理的 ETL 工具,数据集统一性越高,批处理的效率自然会越高。

说明:列表列是列表嵌套数据中最常用的一种形式,很多函数的参数要求便是列表列类型,因此一定要重视这个概念。

除此以外,列表也包含一些特性,如不限制元素个数,可以根据自己需要的数量进行构建,列表本身是有序的,如图 3-31 所示为同元素不同序的多个列表对比结果。这些特性大家熟悉即可，可以在以后的练习中掌握。

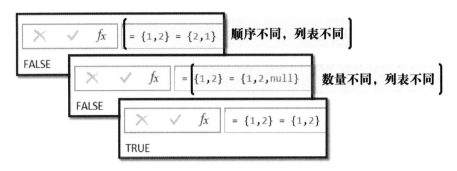

图 3-31　同元素不同序的多个列表对比结果

3．列表数据的基础运算

下面我们讲解两个最高频的基础运算：提取与连接。

如果我们需要将列表中指定位置的元素提取出来独立使用，那么可以使用"引用运算符"花括号加索引位置序号来完成提取，具体使用演示如图 3-32 所示。

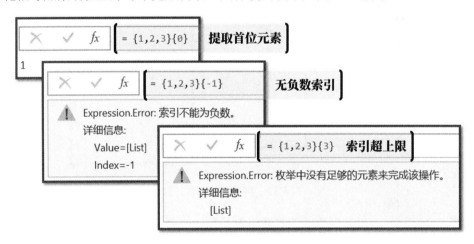

图 3-32　使用索引号提取列表元素

在列表数据后添加花括号，并在其中输入目标需要提取元素在列表中的索引号即可完成列表元素的提取，如"={1,2,3}{1}"会返回列表中的第 2 个元素 2。如果提供的索引号超过了合理的上下限范围则会报错，无法运行。

💭 **注意**：我们平时提到列表元素时会说第 N 项元素，但在提取过程中，列表内的元素索引都是以"0"开始的，因此提取首位元素时应当在列表后添加{0}，而非{1}，这是很多初学者容易忽略的地方。

如果我们想要连接多个列表，将多个列表的元素合并为单个列表，则可以使用连接运算符"&"。和在 Excel 中不同，Power Query 中的连接运算符不只用于文本字符串的拼接，也可以用于数据容器的拼接。使用演示如图 3-33 所示。

原始数据为 3 个独立的列表，通过用连接符将它们拼接在一起可以得到一个完整的列表数据，其中的元素顺序取决于拼接的顺序。

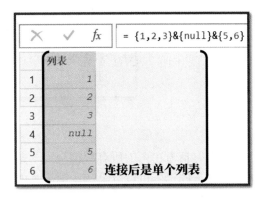

图 3-33　使用连接符融合多个列表

4．列表的"江湖地位"

最后我们来回答一下前面遗留的问题：列表为什么会成为所有数据类型里的"大师兄"。首先声明的是：地位是相对的，并非其他类型出现的频次低，其作用就小，处理一个综合、复杂的问题，各个部分的衔接配合是必不可少的。麦克斯的意思是：因为列表数据类型通常在数据整理过程中占据核心的"中枢"位置，其拥有批量盛装数据、灵活类型转换和循环批处理的能力，因此会成为我们解决问题的很好的"抓手"。相对于单值数据类型而言，列表结构更丰富，数据量更大；相对于其他数据容器而言，列表灵活度最高，上可升表格，下可提单值，中间还可以完成灵活丰富的批量操作。如果拿取经徒弟三人组作类比，那么大师兄当之无愧是列表，其灵活多变能力强大；二师兄则是表格，可存储的数据庞大，且配套的函数功能也是最多的；记录则是沙师弟，其必不可少但只在少数特殊情况下出现。

这里只是给大家一个宽泛的解释，要想深入理解它们各自的优劣，需要在掌握基础理论之后通过大量的数据整理案例进行练习和思考。

3.5.2　记录

如果我们将列表视为表格中的一列，那么记录类型的数据则可以看作表格中的一行，它表达的是拥有多个维度和多个字段值的一组数据。先来看看它的构建。

1．记录数据的构建

一条记录数据有多组"键值对"。"键"是指字段名称，"值"表示数据，"键值对"则代表相互匹配的字段名称和值的组合。键值对是组成记录数据的最小单元，将多组键值对拼接起来即可完成记录数据的构建。在 M 函数语言中构建记录同样需要使用"引用运算符"，但是与列表的构建有些许差异，这里使用的是"方括号[]"，记录数据的构建如图 3-34 所示。

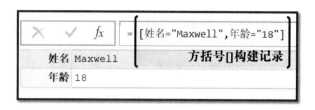

图 3-34　记录数据的构建

　　包括方括号在内的所有数据视为一条完整的记录，记录内部则分为多个键值对，使用英文状态下的逗号进行分隔。在键值对内部，等号左侧为字段名称，右侧为值。按照上述格式进行代码的编写即可完成记录的构建。如果记录内部不包含任何键值对，则将该记录称为空记录，用"=[]"构建。

　　注意：构建记录编写键值对时，等号左侧的字段名称默认为文本类型，因此直接输入期望的字段名即可，无须额外的双引号对。等号右侧是值，其构建必须严格遵循数据类型的规范要求，如果为文本值则必须添加双引号对，如果为列表则必须添加花括号对，这是初学者易错的地方。

2. 记录数据的特性

　　记录数据的核心特性与列表数据一样，支持各类数据的灵活嵌套。需要特别注意的是，无论记录数据如何嵌套，其最外层的键值对框架是永远不会变化的。后续的嵌套只能在"值"的位置嵌套其他类型的数据，字段名称无法嵌套。

　　如图 3-35 所示为在基础记录的姓名字段值，嵌套拥有两个元素的列表。将这个列表替换成其他类型的数据也是可以的，甚至可以是已经嵌套的多层数据容器。唯一需要注意的是在值里面的代码应遵循对应数据类型的合法规范。

图 3-35　记录数据的值嵌套特性

除此之外，记录也拥有一项非常独特的特性便是"无序性"。通过前面的学习我们知道，对于列表而言，元素的顺序也是列表信息的一部分。相同元素但不同排列顺序的列表不是相同的列表。对于记录而言，键值对的排列顺序对记录没有任何影响，如图 3-36 所示。

图 3-36　记录数据的无序性

📖说明：造成这种差异的核心原因是列表元素的提取依靠索引号，如果顺序发生变化则会导致相同索引号提取的元素不同，因此顺序在列表中非常重要。但对于记录而言，数据的提取依据的是字段名称，因此顺序的重要性较低。

3. 记录数据的基础运算

关于记录的基础运算，我们同样先讲解两个最高频的应用：提取与合并。

想要提取记录中的字段值，我们可以使用引用运算符"[]"，使用方法与列表元素提取类似，在记录后添加方括号并在括号内指定需要提取的键值对字段名称，使用演示如图 3-37 所示。

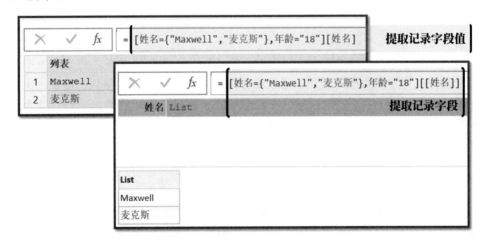

图 3-37　提取记录中的字段及字段值

在原记录后方添加"[姓名]"，可以提取该记录"姓名"字段的值，这是基础用法。如果添加的是"[[姓名]]"，那么提取出来的结果不只包括值而且包括字段名称的完整"键值对"，其数据类型依旧是"记录"，这是高级用法。一定要注意区分两种用法在返回结果和返回类型上的差异。

第二种基础运算：合并记录。我们同样使用连接运算符"&"，使用演示如图 3-38 所示。

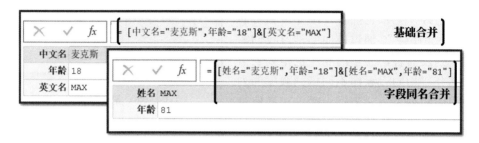

图 3-38　合并多条记录数据

图 3-38 共演示了两种合并记录的情况，第一种属于常规状态下将两个或多个记录利用连接符合并，所有记录中的键值对都会合并存放在一条记录中，字段的顺序与合并顺序一致。第二种情况较为特殊，出现了同名字段。当存在字段名称冲突时，以最后的字段值为准显示在结果中（后面的记录字段会将前面的同名字段覆盖）。

🔔注意：虽然在合并多条记录时系统可以自适应地处理同名字段的情况，但是在单条记录中严格要求所有字段名不能相同，因为字段名称是提取记录数据信息的关键值。

3.5.3　表格

最后一种数据容器就是"肚量"最大的表格（Table）类型了。在之前的介绍中我们把列表视为表格中的某列数据的呈现，记录视作为表格中某行数据的呈现，足以看出表格类型的有容乃大。在实操中，表格所起的作用也很大，除了在中间的数据整理环节为了能够对数据更加灵活地处理，我们会使用列表以外，多数情况下数据的呈现尤其是输入与输出数据时，都会采用表格的形式来呈现。

1.　表格数据的构建

在 M 函数语言中构建表格数据时不能像列表和记录那样使用简单的引用运算符来完成，而是需要借助表格构建函数#table，具体使用演示如图 3-39 所示。

⊞ ABC123 姓名		▼	ABC123 年龄		▼
● 有效	100%		● 有效	100%	
● 错误	0%		● 错误	0%	
● 空	0%		● 空	0%	
1	MAX			18	
2	麦克斯			81	

= #table({"姓名","年龄"},{{"MAX",18},{"麦克斯",81}})　构建表格

图 3-39　构建表格数据

表格构建函数#table 需要接受两个参数才可以生效，第一个参数为标题行列表数据，使用列表数据指定表格的各列标题；第二个参数用于指定表格内容，可以自定义，但需要使用"列表列"进行指定，列表列的每个子元素均为列表，这些列表包含不同行的数据值。

如表 3-13 所示为#table 函数的基本用法说明。

表 3-13　#table函数的基本用法

名　　称	#table
作　　用	完成表格数据的构建
语　　法	#table(columns as any, rows as any) as any，第一个参数用于控制目标表格列数及列标题名称，需要以列表形式提供各列标题名称，第二个参数用于提供构建表格所需的数据，接受列表列形式的参数，列表列中的每个子列表代表表格中的一行数据，该函数输出表格类型的数据
注意事项	虽然表格数据的获取一般是从工作簿中或其他外部数据源直接导入，不需要手动构建，但是在处理数据的过程中常常会需要我们以特殊的形式呈现，因此学习手动构建表格是非常有必要的。使用时注意：可以使用该函数构建空表格、空标题表格和空内容表格；即使是单行数据，第二个参数也要求必须为列表列格式，否则无法正确识别，如图3-40所示

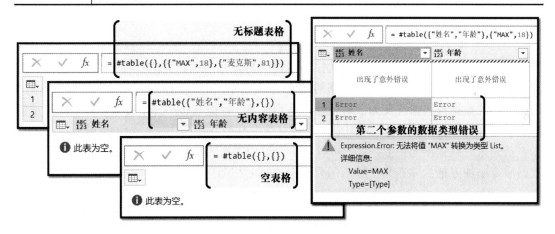

图 3-40　表格构建函数的使用注意事项

2. 表格数据的特性

表格与列表记录一样都属于复合的结构性数据，因此也拥有高度灵活的嵌套能力。我们可以在表格的数值区域任意嵌套其他类型的数据。

如图 3-41 所示，我们在原表格的基础上深入两层进行连续嵌套。在基础表格的首行首列单元格中嵌套一张新的表格，并在此嵌套表格的首行首列单元格中进一步嵌套另一张独立表格。嵌套的自由度是非常高的，甚至可以说没有什么限制，根据实际情况进行构建即可，这也是使用 M 函数语言处理数据会非常清晰和简明的一个原因。

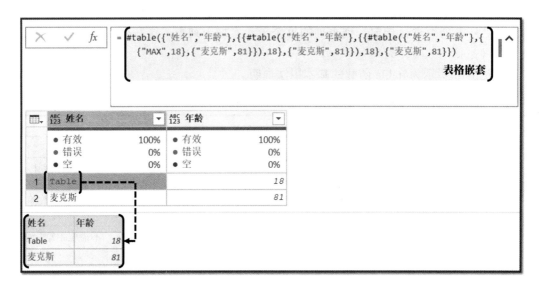

图 3-41　表格的嵌套特性演示

3．表格数据的基础运算

基础运算方面，我们同样先向大家演示提取与合并两种计算。

对于表格数据的提取，因为数据的结构从单列的一维数据升级为了二维的表格数据，因此基础的数据提取情况变为 3 种，分别是列提取、行提取和单元格提取。虽然同样是使用引用运算符"{}"和"[]"来完成，但是复杂度有些许提升。

首先来看列数据的提取，我们可以将这个过程类比为从记录数据中提取字段，在表格数据后方添加方括号并在其中输入需要提取的列名称即可，如图 3-42 所示。

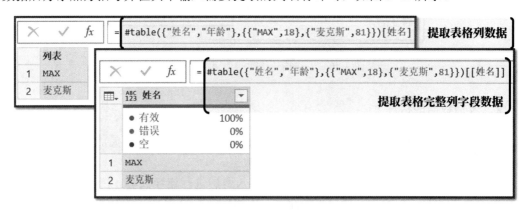

图 3-42　提取表格列数据方法演示

与记录数据的字段提取类似，表格列数据的提取也分为两种模式，一种是在单层方括号提取表格中指定列的数据，结果类型为列表，包含该列的所有值数据，无标题信息，这种模式在实操中会高频使用。另外一种高级模式使用较少，即可以使用双层方括号提取表格的完整列字段中的信息，结果类型不变依旧为表格，其包含列标题与该列的所有数据值。

表格行数据的提取可以仿照列表数据的索引号提取法，提取表格中指定位置的行数据，如图 3-43 所示，使用方法基本类似，但新增了一种模式。

图 3-43　提取表格行数据方法演示

如图 3-43 所示，第一种演示方法类似于提取列表元素，我们只需要在表格后面使用引用运算符"{}"并配合行索引位置序号即可完成对表格指定位置的行进行提取。而第二种方式则可以指定满足条件的行直接提取，如添加"{[姓名="麦克斯"]}"的后缀，系统会自动提取原表格中字段"姓名"值等于"麦克斯"的行记录（该方式的使用频次相对较低，一般会使用性能更强的 M 函数替代）。

💬注意：在使用第二种提取方式时，记录格式指定的行条件必须能够锁定唯一的结果行，否则会返回如图 3-44 所示的错误值，无法完成提取任务。

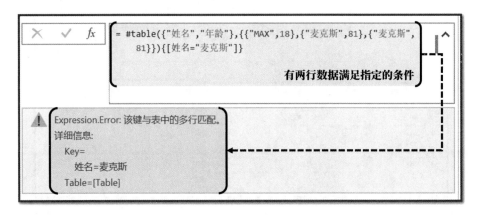

图 3-44　提取表格行数据错误：无法锁定唯一行

最后一类提取则是通过锁定行列两个方向上数据，完成对表格中某个指定单元格数据的提取。常规的提取有两种思路，先行后列或先列后行，如图 3-45 所示。

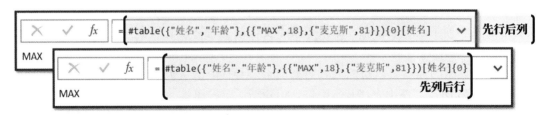

图 3-45　提取表格中的单元格数据

想要提取表格中的单元格数据，可以综合此前提取行或列的方法，按照先行后列或者先列后行的顺序提取数据，类比学习可以快速理解。但是麦克斯在这里特别提醒一点，不要将这个过程理解成一个整体，将其理解为依次提取行和列两个独立步骤会更容易理解，示意如图 3-46 所示。

图 3-46　提取表格中的单元格数据的思路

第二种基础运算是表格的合并，使用连接运算符&完成，使用演示如图 3-47 所示，两张相同结构的表格可以直接合并。

图 3-47　表格的连接运算

如图 3-47 所示，直接将两张表格使用连接符&连接即可完成多表的融合，最终返回的表格包含按顺序连接的所有表格的记录数据。

注意：进行表格连接时，务必注意这里完美拼接的前提条件是"两张表格"的结构完全相同。如果是不同结构的表格，也可以使用连接符进行连接，但是可能会出现数据缺失的情况，如图 3-48 所示。

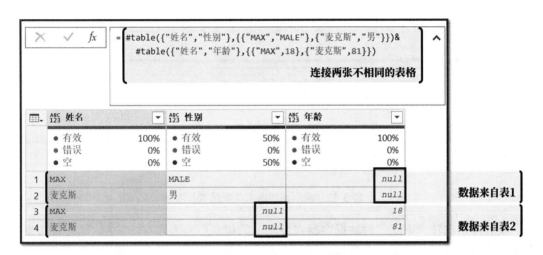

图 3-48　连接不同结构的多张表格

3.5.4　三种数据容器的比较

通过前面的学习，我们已经掌握了 Power Query 中最核心的 3 种复合结构性数据类型的构建、特性和基础运算。这个学习过程是完全串行的，所以这里我们对它们进行简单的横向对比，加深大家的印象，在后面学习数据容器类函数的时候能够更快速、轻松地上手。

首先是"外貌"问题，在多数情况下麦克斯相信大部分读者不会混淆这 3 种数据类型。但是存在一些特殊情况，如单列的表格和列表对比、单行的表格和记录对比等情况可能会对我们的判定造成一些干扰，导致识别错误。因此麦克斯准备了几个小练习（如图 3-49 所示），大家可以来尝试辨认一下它们的"真身"。

不知道你有没有猜对呢？答案会在本章的最后公布。总体上这些数据只是稍微有些迷惑性，之所以这样做是希望加深大家对这三种类型的熟悉程度，因为在后面的旅程中它们还有很多"戏份"。能够清晰、准确辨别，可以给后面的学习提供便利，避免不必要的错误，尤其是当我们在学习数据容器相关类型转换函数的时候，迷惑性还会大大增强。

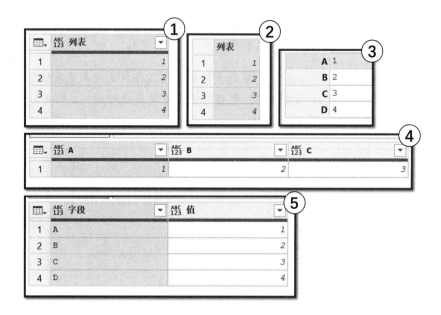

图 3-49 辨别图中所有数据的类型

我们再来比较一下这三种数据容器在性能上的相似点和不同点。首先，这三种数据容器作为数据容器可以接纳多个数据，其中，表格可以在两个维度上存储大量数据。其次，因为数据容器都具备嵌套功能，所以这三种数据容器的相互嵌套在数据整理过程中会经常出现。我们再来看看不同点。这三种数据容器可以理解为"本是同根生"的三兄弟，但是在能力方面各具特色。它们的不同点主要集中在对待数据的方式上：列表是这三种数据容器中最简洁的形式，因此非常适合数据的循环批处理工作；记录数据的特点是为一组数据中的每个值都进行了命名，因此灵活性大大下降，但能够帮助我们更快速地完成目标值的提取工作；表格可以存储大量数据并且便于观看和理解，因此常作为数据整理的输出结果。

3.6 本 章 小 结

到这里了有没有长舒一口气的感觉？有就对了，说明你的大脑吸收了新的知识有些疲惫，需要更多的氧气提供动力。不过麦克斯也不得不承认，数据类型的学习有些乏味，而且因为类型种类繁多显得有一点点"冗长"。但这是我们掌握知识的主要途径，很难完全地避免这些不适，就好像搭建房屋时需要准备大量的砖块和混凝土，然后再一点点地将它们堆砌成期望的样子。我们所学习的数据类型的相关知识类似砂石等材料，有了它们才可以搭建起自己的房屋。

最后，让我们一起来盘点一下在本章中我们收获了哪些知识果实吧。本章的核心内容是数据类型，我们将 M 函数语言的 15 类数据分为四组：基础、泛日期时间、特殊和数据容器。前两者用于存储最常见的文本、数字、逻辑和日期时间数据，特殊类型则用于数据处理过程中的特殊场景，而数据容器则是不同种类数据混合存储的大容器。对于这些概念的理解便是我们在这一章中的收获。如果大家并没有全部消化和吸收也没关系，在下一章中将会重点对 M 函数语言的运算符进行讲解，有了运算符，我们便可以对各种数据类型进行运算，对数据执行更加多样的操作了（3.5.4 小节的练习答案如图 3-50 所示）。

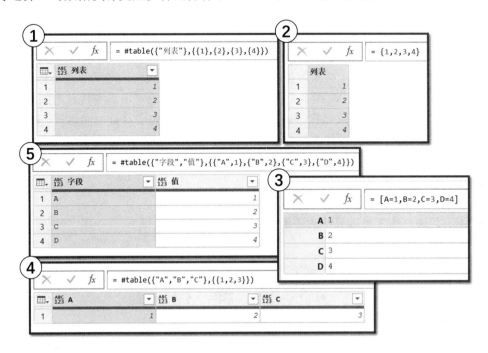

图 3-50　类型辨别小练习答案

第 4 章　运　算　符

欢迎来到运算符的学习。大家还记得第 2 章讲解的 M 函数语言的四大知识板块吗？最基础的是数据类型，其用于存放数据，这一点在第 3 章中我们已经了解了。其余的三项分别为：运算符、关键字和 M 函数。其中，运算符独具特色，用于实现日常的运算，使用运算符不需要写复杂的函数名称，利用简单的符号就可以完成对数据的运算，非常高效。这种设计无论是在 Excel 的工作表函数还是在其他的程序语言中都很常见。例如，在第 3 章中我们曾经使用过的连接符 "&"、引用符 "[]/{}" 等就是其中的成员，本章我们将从运算符的角度来学习数据的运算。

本章的主要内容如下：

- M 函数语言的各类运算符的使用。
- 运算优先级介绍。

4.1　注　释　符

第一种运算符我们讲解最简单的注释运算符（//和/**/）。顾名思义，注释运算符的唯一作用便是在不影响其他部分代码正常运行的前提下，为 M 函数语言代码添加注解说明。在我们学习常规代码案例的一般结构时，其中的 "说明区" 便是以注释的形式将代码的作用、作者和时间等基础信息进行补充说明的。

4.1.1　添加行注释

在 M 函数语言中，添加注释有两种途径。第一种是行注释，使用两个连续斜杠 "//"进行标记，位于该标记后的所有内容均被视为注释内容，跳过执行，使用演示如图 4-1 所示。

如图 4-1 所示，在源步骤代码后使用注释符 "//"，当前行后的所有代码均会被视为注释（系统会自动对注释以浅绿色进行特殊标记），不参与代码执行。

图 4-1　添加行注释

🔔**注意：** 也许大家会疑惑，图 4-1 中的注释占据了两行，第二行的内容同样并未执行。这好像与行注释的定义有所出入，这是为什么呢？原因是在高级编辑器中开启了辅助编码功能"自动换行"，因此当注释内容较多时系统会帮助我们自动换行。但要注意的是，这仅仅是一种外在形式，如果仔细查看左侧的代码行号会发现，折叠的注释行并没有代码的真实行数增加，行号在 2 和 3 中间空出了一行。最后总结一下：行注释是针对单行的注释，当注释内容较多时，系统会自动换行，但实际上系统依旧将其视为单行。

4.1.2　添加段落注释

第二种注释方式为段落注释，这种注释可以更方便地为我们提供多行内容的编写，不像行注释那样有单行数据的限制。只要使用注释符组合"/*"和"*/"，我们便可以在其中进行自定义的编写，所有编写的内容均会被视为注释内容，没有任何限制。使用演示如图 4-2 所示。

🔔**注意：** 严格地说并不是没有任何限制，在段落注释内部不要出现额外的段落注释结束符"*/"，否则系统会误判从而提前结束段落注释（绝大多数情况下不会出现这个问题）。

如图 4-2 所示，我们在代码前面使用段落注释开始和结束符号对完成了段落注释的添加，在其中我们可以任意换行来书写对应的注释，即使发生行号变化（左侧行号递增），也不会影响正常代码的运行。段落注释一般在代码的头部或中间分段处进行代码段的作用说明，对于单行代码的注解推荐使用行注释。

图 4-2　添加段落注释

4.1.3　注释的隐藏用法——代码调试

虽然注释的功能是为 M 代码添加附加说明，但是一般也会对没有问题的 M 代码应用注释，这是为什么呢？因为注释除了可以添加附加信息外，也可以理解为**"将代码无效化的工具"**。这就给调试 M 代码提供了便利。例如，代码分为 A、B、C 三部分，如果想要检查哪一段代码有错误，那么可以依次注释其中的一段，然后独立运行其余的代码，通过结果来判定错误出现在哪一段代码中，这便是注释的隐藏用法——代码调试。

📖技巧：手动添加行注释符 "//" 比较烦琐和低效，因此在使用注释符对代码调试时，通常使用注释快捷键 "Ctrl + /" 进行批量行注释和取消行注释，使用演示如图 4-3 所示。

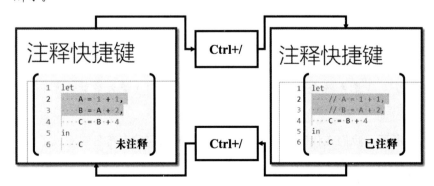

图 4-3　行注释快捷键的使用

4.2 文 本 符

本节继续讲解针对文本数据的运算符（" "）。

相信大家对引号对（" "）的作用已经不陌生了，它的基本应用便是构建文本类型的数据，这一点在学习文本类型数据时便已经清楚了，因此这里不再过多介绍。本节主要拓展一下文本符的特性，讲解它的另外一个功能。

4.2.1 构建复杂的变量名称

前面讲过，M 函数语言处理数据的过程分为若干个不同的步骤，通过组合这些步骤来完成数据的整理任务。例如在高级编辑器中，我们只需要输入步骤的名称再加上等号，并配合自定义的 M 代码即可完成步骤的构建。但是有一种特殊情况，就是在步骤的名称中存在空格等其他特殊字符时，不能直接使用该步骤名，需要将步骤名称构建成"#"特殊的步骤名" "的形式，使用演示如图 4-4 所示。

图 4-4　构建复杂的变量名称

从下向上看，第一张图显示的是基础的步骤命名，任意的中文字符及英文字符都可以成为步骤的名称，可以正常构建；在第二张图中，因为新添加的步骤名称中包含特殊字符——冒号，因此该步骤名称无法被正确构建，语法检查器提示标识符无效；最后一张图是在问题处添加"包裹外套"#号，与双引号将完整的步骤名称包括，这样系统就可以正确识别该步骤名了。

注意：除了在构建步骤名称时可以使用#号进行纠正外，在其他步骤中引用包含特殊字符的步骤数据时也需要添加该"包裹外套"#号才可以正确识别。同样，在引用其他包含特殊字符的查询时，也需要进行上述处理才可以正常建立关联。

4.2.2　特殊字符的输入

一般地，在文本符双引号对中输入目标字符即可完成文本数据的构建。除此之外还有一些特殊的构建情况需要说明。

1. 特殊符号

在文本类型数据中输入特殊字符如换行符和制表符等时，需要借助特殊的字符构建结构"#(字符代号)"，我们也可以将其视为一种特殊的文本构建运算符，使用演示如图 4-5 所示。

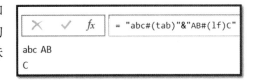

图 4-5　在文本数据中构建特殊的字符

可以看到，我们在常规的文本数据中使用运算符" #(字符代号)"完成了特殊字符的构建和插入。在第一段文本中插入的是制表符，在第二段文本中插入的是换行符。这两个是最常用的特殊字符。其他常见的特殊字符如表 4-1 所示。

注意：特殊字符的构建是基于"文本数据类型"的，因此所有特殊字符的构建必须在文本字符串环境中进行（即在双引号对中使用），否则结构"#(字符代号)"无法被正确识别。

表 4-1　常用的特殊字符

序　号	特 殊 符 号	代　码	范　例	说　明
1	制表符	#(tab)	= "AB#(tab)CD"	在字符AB与CD之间插入制表符
2	换行符	#(lf)	= "AB#(lf)CD"	在字符AB与CD之间插入换行符
3	回车符	#(cr)	= "AB#(cr)CD"	在字符AB与CD之间插入回车符
4	星号	#(2605)	= "AB#(2605)CD"	在字符AB与CD之间插入星号
……	……	……	……	……

说明：特殊字符的输入其实有一个官方的名称"字符转义序列"。这个名称听起来不太好理解，其实就是将文本字符串中的部分特殊格式的文本赋予特别含义，在 M 函数语言中使用的结构便是"#()"。系统看到该结构后会将其内容执行翻译，并将结果加入文本中。除了上述所说的不可见字符外，其他任意字符的输出都可以通过查询 Unicode 字符编码表中字符对应的 4 位十六进制编码实现。

2．插入双引号

双引号作为文本构建运算符是一种特殊的字符，不能直接在字符串中输入和显示。如果需要插入双引号，可以遵循以下两种方式，如图 4-6 所示。

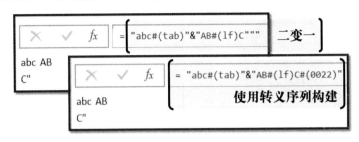

图 4-6   在文本数据中插入双引号

第一种方式为在文本字符串中输入一组双引号对，会被系统自动翻译为单个双引号字符进行显示，与在 Excel 中的特性是相同的。第二种是使用前面插入特殊符号的方法进行手动构建，在目标位置输入 "#(0022)" 即可完成双引号的插入，因为双引号本身也可以认为是一种特殊符号。但是第二种方法需要知道目标字符在 Unicode 编码表中的位置，并获得其十六进制代码才可以构建，因此推荐使用第一种方法。

说明：双引号在 Unicode 编码表中排在第 34 位，因此转化为十六进制得到 0022。进制的转换需要运算，因此提取目标值并不方便。在后面的内容中会引入一种通过十进制编号获取 Unicode 字符的函数。

3．关于Unicode编码方式的补充

因为后面我们还会多次用到 Unicode 编码，所以在这里对 Unicode 编码方式做一个简单的介绍，帮助部分不了解相关知识的读者更好地学习后续内容。

Unicode 编码方式是一种对计算机中所有字符进行编码的机制，可以理解系统后面隐藏了一张字符对照表，其中包含全世界所有地区的语言文字可能会用到的字符，并且已经按照特定的顺序排列，还赋予了每个字符一个独一无二的数字编码。读者可以在互联网上搜索这张表格，其中包含几万个字符。这里只简单列出其中的一部分供读者参考和理解，如表 4-2 所示。

表 4-2   Unicode编码表（部分）

十进制编码	十六进制编码	字　　符	释　　义
……	……	……	……
32	0x20	(space)	空格
33	0x21	!	叹号

（续表）

十进制编码	十六进制编码	字　符	释　义
34	0x22	"	双引号
35	0x23	#	井号
36	0x24	$	美元符
37	0x25	%	百分号
38	0x26	&	和号
39	0x27	'	闭单引号
40	0x28	(	开括号
41	0x29	)	闭括号
42	0x2A	*	星号
43	0x2B	+	加号
44	0x2C	,	逗号
45	0x2D	-	减号/破折号
46	0x2E	.	句号
47	0x2F	/	斜杠
48	0x30	0	字符0
49	0x31	1	字符1
50	0x32	2	字符2
51	0x33	3	字符3
52	0x34	4	字符4
53	0x35	5	字符5
54	0x36	6	字符6
55	0x37	7	字符7
56	0x38	8	字符8
57	0x39	9	字符9
58	0x3A	:	冒号
59	0x3B	;	分号
60	0x3C	<	小于
61	0x3D	=	等号
62	0x3E	>	大于
63	0x3F	?	问号
64	0x40	@	电子邮件符号
65	0x41	A	大写字母A
66	0x42	B	大写字母B
67	0x43	C	大写字母C

十进制编码	十六进制编码	字　符	释　义
68	0x44	D	大写字母D
69	0x45	E	大写字母E
70	0x46	F	大写字母F
71	0x47	G	大写字母G
72	0x48	H	大写字母H
73	0x49	I	大写字母I
74	0x4A	J	大写字母J
75	0x4B	K	大写字母K
76	0x4C	L	大写字母L
77	0x4D	M	大写字母M
78	0x4E	N	大写字母N
79	0x4F	O	大写字母O
80	0x50	P	大写字母P
81	0x51	Q	大写字母Q
82	0x52	R	大写字母R
83	0x53	S	大写字母S
84	0x54	T	大写字母T
85	0x55	U	大写字母U
86	0x56	V	大写字母V
87	0x57	W	大写字母W
88	0x58	X	大写字母X
89	0x59	Y	大写字母Y
90	0x5A	Z	大写字母Z
91	0x5B	[	开方括号
92	0x5C	\	反斜杠
93	0x5D	]	闭方括号
94	0x5E	^	脱字符
95	0x5F	_	下画线
96	0x60	`	开单引号
97	0x61	a	小写字母a
98	0x62	b	小写字母b
99	0x63	c	小写字母c
100	0x64	d	小写字母d
101	0x65	e	小写字母e

（续表）

十进制编码	十六进制编码	字　符	释　义
102	0x66	f	小写字母f
103	0x67	g	小写字母g
104	0x68	h	小写字母h
105	0x69	i	小写字母i
106	0x6A	j	小写字母j
107	0x6B	k	小写字母k
108	0x6C	l	小写字母l
109	0x6D	m	小写字母m
110	0x6E	n	小写字母n
111	0x6F	o	小写字母o
112	0x70	p	小写字母p
113	0x71	q	小写字母q
114	0x72	r	小写字母r
115	0x73	s	小写字母s
116	0x74	t	小写字母t
117	0x75	u	小写字母u
118	0x76	v	小写字母v
119	0x77	w	小写字母w
120	0x78	x	小写字母x
121	0x79	y	小写字母y
122	0x7A	z	小写字母z
123	0x7B	{	开花括号
124	0x7C	|	垂线
125	0x7D	}	闭花括号
126	0x7E	~	波浪号
……	……	……	……

　　有了这张表格，计算机就能够通过唯一的编码号，在所有地区和语言里准确地获得目标字符。M 函数语言中的字符也采用了这种编码方式。我们可以利用该编码方式提供的字符编码，完成文本字符的排序，字母、中文、数字序列的构建，特殊字符输入和字符提取等任务。

4.3 连 接 符

第 3 类运算符为连接符，就是我们在前面已经熟练掌握的&符号。在很多数据工具及程序语言中将该符号称为文本连接符。在 M 函数语言中，连接符的作用被拓展了，可以连接包括文本在内的其他若干数据类型。&符号的基本用法大家已经熟悉了（不熟悉的可参考数据类型基础运算的章节），这里我们只是从运算符的角度展示其各种使用场景，如图 4-7 所示。

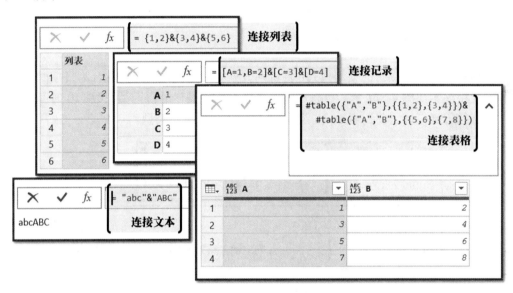

图 4-7　连接符的使用

说明：可能部分读者也注意到了，虽然我们可以使用连接符 "&" 来完成多个数据点的拼接，但是每次只能拼接两个。如果要继续拼接或者完成批量拼接，则需要手动添加，这在处理大量数据的时候并不方便。因为大批量的数据运算并不是运算符的主要工作而是 M 函数的工作。例如，对于大批量的连接任务，如果是在文本中，则可以使用 M 函数 Text.Combine；如果是在列表中，则可以使用 M 函数 List.Combine；如果是在记录中，则可以使用 Record.Combine；如果是在表格中，则可以使用 Table.Combine。下面具体讲解一下运算符和 M 函数语言的关系。

4.3.1　运算符与 M 函数语言的关系

在 M 函数语言的四大知识板块中，后三项（运算符、关键字和 M 函数）用于对各种类型数据进行运算处理。除了关键字之外，在使用 M 函数语言整理数据的过程中主要是通过运算符和 M 函数来完成的。二者都是数据处理和运算的工具，有什么差异呢？

首先，使用 M 函数语言整理数据的过程就是将一个个独立的运算连接起来，而这一个个运算可以使用不同的要素去完成，如运算符或 M 函数，就目的而言，运算符和 M 函数可以说没有任何差异。之所以要对二者进行区分，是从工程实操的角度考虑的。对于运算符而言，它只有一个符号，不需要任何参数，因此使用非常简便，可谓是拿来即用，适合完成一些不复杂且高频出现的运算，如两个数据点之间的拼接。而 M 函数需要指定名称和参数才可以发挥作用，但是其自定义程度更高，能够解决更复杂的问题，如批量处理 N 个数据点的拼接。

4.3.2　融合日期与时间类型数据

最后补充一种连接符的使用模式：将日期数据与时间数据连接并融合为日期时间类型数据，使用演示如图 4-8 所示。可以看到，直接将手动构建的日期类型数据和时间类型数据使用连接符连接即可将二者融合，数据类型变为日期时间类型。

图 4-8　使用连接符融合日期和时间数据为日期时间类型

🔊注意：在 Excel 函数公式中，因为对数据类型的要求并不严格，并且系统的自纠错能力较强，因此直接使用空格连接日期和时间数据会被系统正确识别为一个整体。但在 M 函数语言中不允许类似事情发生。

4.4　算　术　符

结束了对文本的操作，我们进入数字领域。最基础的运算就是四则算术运算（加、减、乘、除），任何数据工具都必须具备进行基础运算的功能，在 M 函数语言中使用"+、-、*、/"四种符号来表示算术运算。可能有读者会问：次方、幂运算和绝对值这些也是常见的数学运算，在 M 函数语言中有吗？当然有，不过 M 函数语言将它们视为不常见的高级运算，将相关的功能部署到了 M 函数中，无法通过运算符来实现。简单总结一下就是：在 M 函数语言中，数学运算只有简单的四则运算可以通过运算符快速完成，其他运算需要通过 Number 类 M 函数来完成。

接下来让我们一起来看看算术运算符是如何工作的吧。

4.4.1　加法与减法

1．加法运算符和减法运算符的使用

两个数据点的相加或相减，可以使用加法运算符"+"或减法运算符"-"来完成。因为是二元运算符，所以在运算符的两侧添加数据即可，使用演示如图 4-9 所示。

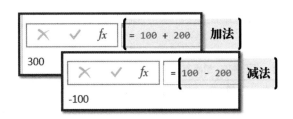

图 4-9　加法与减法运算符的使用

2．一元运算符和二元运算符

运算符根据参数数量可以分为 N 元运算符，如加减运算符接收前后两个参数完成加法和减法运算，因此视作二元运算符。但在表示正负数时我们同样可以使用加减运算符，如 -1 和 +20，此时加减运算符为一元运算符，如图 4-10 所示。在 M 函数语言中，大多数运算符都是二元运算符。

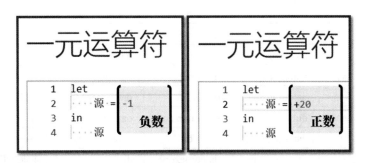

图 4-10　加减法运算符的一元形态

📑**说明**：在这里再次强调一下运算符与 M 函数的差异，如果只需要两值相加则可以使用运算符，如果是多值批量相加则需要使用 M 函数 List.Sum。

3．在其他数据类型中使用加减法

M 函数语言对数据类型的要求非常严格，例如前面经常用来举例的数字 1 与文本 1 的相加会因为数据类型不同而无法执行。这也是为什么在理论的开始，麦克斯用了一章的篇幅带领大家认识了 M 函数语言的所有数据类型，目的是在后面的使用中少走弯路，少犯错。

运算符对数据类型的要求很严格。在使用运算符的时候必须在其允许的范围内。对于加减法运算符而言，数字之间的加减法运算是最常规和典型的运用。但实际上并非如此。对于泛日期时间类型数据，同样可以使用加减法运算。M 函数语言支持的加减法运算类型如表 4-3 所示。读者可以简单浏览一下，不需要记忆，了解 M 函数语言支持的运算方式即可。

表 4-3　M 函数语言支持的加减法运算类型

序　号	运　算	左运算元	右运算元	结果类型	含　义
1	x + y	number	number	number	数字相加
2	x + y	date	duration	date	日期平移
3	x + y	duration	date	date	日期平移
4	x - y	date	duration	date	日期反向平移
5	x - y	date	date	duration	日期差
6	x + y	time	duration	time	时间平移
7	x + y	duration	time	time	时间平移
8	x - y	time	duration	time	时间反向平移
9	x - y	time	time	duration	时间差
10	x + y	datetime	duration	datetime	日期时间平移
11	x + y	duration	datetime	datetime	日期时间平移
12	x - y	datetime	duration	datetime	日期时间反向平移
13	x - y	datetime	datetime	duration	日期时间差
14	x + y	datetimezone	duration	datetimezone	日期时间时区平移
15	x + y	duration	datetimezone	datetimezone	日期时间时区平移
16	x - y	datetimezone	duration	datetimezone	日期时间时区反向平移
17	x - y	datetimezone	datetimezone	duration	日期时间时区差
18	x + y	duration	duration	duration	持续时间之和
19	x - y	duration	duration	duration	持续时间之差
……	……	……	……	……	……

通过表 4-3 可以看出，加减运算符的使用情况总结一下便是：泛日期时间类型中的时间点与时间段的加减运算（时间点的平移）；两时间点的时间差计算；持续时间段的求和与差计算。

4.4.2 乘法与除法运算

1．乘法运算符和除法运算符的使用

两个数据点相乘或相除，可以使用乘法运算符"*"或除法运算符"/"来完成。它们同样是二元运算符，因此直接在运算符的两侧添加数据即可，使用演示如图 4-11 所示。

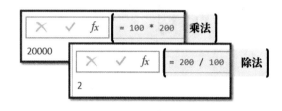

图 4-11　乘法与除法运算符的使用

2．在其他数据类型中使用乘法和除法

虽然乘法和除法运算符在其他数据类型中也可以使用，但是大多数数据类型的乘除运算并没有实际意义，M 函数语言支持的乘除法运算类型如表 4-4 所示。

表 4-4　M 函数语言支持的乘除法运算类型

序　号	运　算	左 运 算 元	右 运 算 元	结 果 类 型	含　义
1	x * y	number	number	number	数字相乘
2	x / y	number	number	number	数字相除
3	x * y	duration	number	duration	持续时间倍乘
4	x * y	number	duration	duration	持续时间倍乘
5	x / y	duration	number	duration	持续时间倍除
……	……	……	……	……	……

🔔注意：虽然同类型数据的运算结果不会改变类型，但是在进行不同类型数据的运算时可能会发生改变，因为运算符不像函数，对输入和输出参数的类型有明确的要求，不注意这个隐含的类型转换容易发生错误。例如，数字与持续时间类型做乘法运算时，结果不是数字而是持续时间。

3．乘法与除法的特殊情况

在使用乘法和除法运算符的过程中，有 3 种特殊情况：无意义空值参与运算；零值作为除数导致无穷极值出现；"地板除"运算。这 3 种特殊的乘除运算演示如图 4-12 所示。

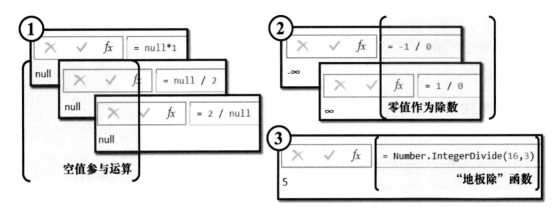

图 4-12　乘法与除法的特殊情况

图 4-12①演示的是"空值 null"参与运算的情况，恰如前面总结的规律，几乎在所有的运算符使用过程中，只要有空值参与就会导致计算结果直接返回空值。通常情况下我们会优先排除数据中的空值再运算。

📑说明：虽然这里演示的是乘除法运算符的运算，但是对于加减法及其他运算符运算都遵循相同的规律。

图 4-12②演示的是"零值"作为除数的情况，对应被除数的正负情况，结果会返回正无穷或负无穷。这是因为系统会将零值视为一个无穷小的值，所以任何非零常量除以无穷小的值时都会得到无穷大的值。虽然系统没有禁止运行和返回错误，但是麦克斯不推荐以零值作为除数进行运算（对于其他不满足数学定义的运算也同样不建议）。

图 4-12③演示的是常用的除法"地板除"，其实就是 Power Query 编辑器菜单中的"用整数除"功能，使用函数 Number.IntegerDivide 实现，其基本用法说明如表 4-5 所示。"地板除"的作用是按照常规除法将被除数与除数的运算结果"取整"，即舍弃小数部分，可以将它理解为除法运算与取整运算的快捷版本。

表 4-5　Number.IntegerDivide 函数的基本用法

名　　称	Number.IntegerDivide
作　　用	完成除法运算后再执行取整运算
语　　法	Number.IntegerDivide(number1 as nullable number, number2 as nullable number, optional precision as nullable number) as nullable number，第一个参数输入数字类型的被除数，第二个参数输入数字类型的除数，第三个参数为可选项，用于控制运算的精确位数，可选项有 Precision.Decimal 和 Precision.Double，输出类型为数字
注意事项	简单的单值运算函数，没有特别说明之处

4.5　比　较　符

介绍过算术运算符之后，本节接着介绍比较运算符。比较运算符负责两个数值之间的大小比较，比较结果使用逻辑值来表示。比较运算符一共有 6 种，分别是大于（>）、小于（<）、大于或等于（>=）、小于或等于（<=）、等于（=）和不等于（<>）。这些运算符可以运用到文本、数字、逻辑、泛日期时间、空值、列表、记录、表格等数据类型中。我们可以将其中的前四项分成一组，将后两项分成一组。其中：前四项是进行大小比较，应用范围比较小，基本只限于相同类型的比较；而后两项是进行"是否相等"的判定，应用范围比较大。

4.5.1　数字比较

首先来看最简单的数字比较，使用演示如图 4-13 所示。

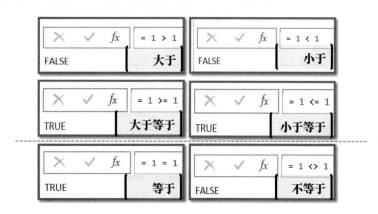

图 4-13　使用比较运算符进行数字大小比较

4.5.2　文本比较

除了常规的数字比较之外，文本之间进行比较也是比较常见的。很多读者会疑惑，文本不是数字，其大小是按照什么顺序进行排列的呢？这个问题类似于我们对某张表格的文本字段列进行升序或降序排列，问题的本质是一样的。

虽然文本从表面上看是一个个没有顺序的字符，但是在系统内部已经将每个可用的字符按照特定的顺序排序并编码了。对字符的比较，其实便是对其编码大小进行比较，这一点可以参考表 4-2。

1．单字符文本比较

首先让我们来看一下单字符文本比较，演示如图 4-14 所示。

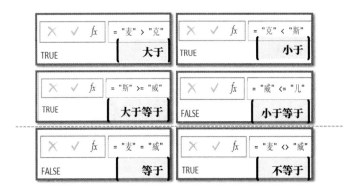

图 4-14　单字符文本比较运算

如图 4-14 所示为比较结果，为什么会呈现这样的结果呢？这里我们需要使用特殊的 M 函数 Character.ToNumber（其基本信息见表 4-6）将字符转化为数字后再次比较，结果如图 4-15 所示。

图 4-15　单字符对应的 Unicode 编码

通过简单的 M 代码，将字符串"麦克斯威儿"中的每一个字符都转化为对应的 Unicode 编码，并以表格的形式呈现出来。通过查看右侧的编码数值，再次比较，便可以理解图 4-14 所示的单字符比较结果。

📑说明：图 4-15 所示的代码以我们目前所掌握的知识无法理解，这里只是将其作为一个小示例，向读者展示 M 函数语言的作用及基本的工作场景。只要你学完本书，就可以轻松理解上述代码。

Character.ToNumber 函数的基本用法说明如表 4-6 所示。

表 4-6 Character.ToNumber函数的基本用法

名 称	Character.ToNumber
作 用	将单个字符转化为其对应的Unicode编码
语 法	Character.ToNumber(character as nullable text) as nullable number，只有一个参数，负责输入待处理的文本字符串，输出为数字
注意事项	1）虽然参数要求是文本类型，但是实际要求的是"单字符"的文本类型。如果提供的参数中包含多个字符，则结果可能会返回错误，即使没有返回错误，其提供的转化结果默认是字符串中的首字符对应的编码数字。2）空文本无法转换。3）M函数提供了一个反向的逆过程函数Character.FromNumber，其作用与该函数相反，用于将数字转化为字符。4）虽然该函数的名称使用了Character，但其分类依旧属于M函数Text文本函数类

2. 多字符文本的比较

了解了单字符文本比较后，我们来看看多字符文本比较，多字符文本比较的基本逻辑和单字符没有任何区别，都是按照单个字符在 Unicode 编码表中所代表的数字大小进行排序和比较。但多字符比较新增了一个默认的逻辑：按照字符串从左到右的顺序，逐一提取单字符完成比较。举例说明如图 4-16 所示。

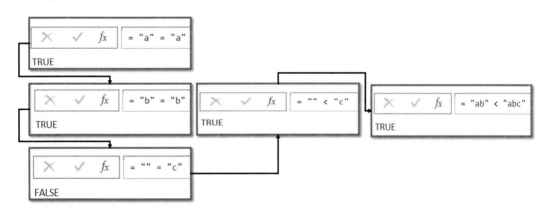

图 4-16 多字符文本比较逻辑演示

待比较的多字符为 ab 和 abc。按照从左到右的顺序依次提取待比较项中对应位置的字符，因此获得的第一组比较单字符为 a 与 a。因为结果相等无法判定二者大小，所以提取第二位字符进行比较，直至遇到对应位置字符不相等的情况，即"空文本"和 c。"空文本"相当于没有选手参赛，因此 c 自然就是大的，赢得了这次比较。

其他多字符文本之间的比较也遵循类似规则，简单理解便是：从左向右逐一比较，直至胜利。多字符文本比较逻辑流程如图 4-17 所示。

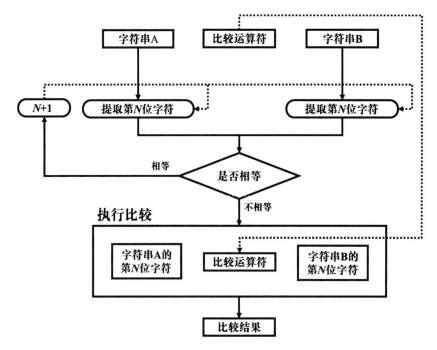

图 4-17　多字符文本比较逻辑示意

📑说明：当我们对表格中的文本列数据进行升序或降序排列时，本质上是进行多字符文本
的比较，因此遵循的规律是相同的，大家可以举一反三地理解。

4.5.3　逻辑值比较

除了数字和文本的比较之外，第三种比较情况是逻辑值的比较。因为逻辑值的种类只
有真值 true 和假值 false，所以情况比较简单，如表 4-7 所示。

表 4-7　M函数语言支持的逻辑值运算比较

序　　号	运　　算	左运算元	右运算元	结　　果	含　　义
1	x > y	true	true	false	真值不大于真值
2	x > y	true	false	true	真值大于假值
3	x > y	false	true	false	假值不大于真值
4	x > y	false	false	false	假值不大于假值
5	x >= y	true	true	true	真值大于等于真值
6	x >= y	true	false	true	真值大于等于假值
7	x >= y	false	true	false	假值不大于等于真值
8	x >= y	false	false	true	假值大于等于假值

序　号	运　　算	左 运 算 元	右 运 算 元	结　　果	含　　义
9	x < y	true	true	false	真值不小于真值
10	x < y	true	false	false	真值不小于假值
11	x < y	false	true	true	假值小于真值
12	x < y	false	false	false	假值不小于假值
13	x <= y	true	true	true	真值小于等于真值
14	x <= y	true	false	false	真值不小于等于假值
15	x <= y	false	true	true	假值小于等于真值
16	x <= y	false	false	true	假值小于等于假值
17	x = y	true	true	true	真值等于真值
18	x = y	true	false	false	真值不等于假值
19	x = y	false	true	false	假值不等于真值
20	x = y	false	false	true	假值等于假值
21	x <> y	true	true	false	真值不等于真值是错误的
22	x <> y	true	false	true	真值不等于假值
23	x <> y	false	true	true	假值不等于真值
24	x <> y	false	false	false	假值不等于假值是错误的

真假逻辑值的排列组合有 4 种，外加 6 种逻辑运算符，可得到 24 种组合情况，看似很多，但是只要记住"真值与假值是两个独立个体，且真值大于假值"即可推断得到表 4-7 中所有的运算结果。

4.5.4　泛日期时间类型比较

了解了数字比较、文本比较和逻辑值比较原理后，下面来看第四种比较，即泛日期时间类型之间的比较。前面我们已经了解了泛日期时间类型数据的本质就是数字，因此泛日期时间类型数据的比较其实就是对其背后数字的比较。所有泛日期时间类型的比较范式如表 4-8 所示。

表 4-8　Power Query M函数语言支持的泛日期时间类型运算比较

序　号	运　　算	左 运 算 元	右 运 算 元	结 果 类 型	含　　义
1	x op y	date	date	logical	日期数据之间的比较
2	x op y	time	time	logical	时间数据之间的比较
3	x op y	datetime	datetime	logical	日期时间数据之间的比较
4	x op y	datetimezone	datetimezone	logical	日期时间时区数据的比较
5	x op y	duration	duration	logical	持续时间数据之间的比较

每种相同的泛日期时间类型数据之间是可以进行比较运算的。唯一需要注意的是"不允许泛日期时间类型数据之间的跨类型比较"，否则会出现类型不匹配的提示，如图 4-18 所示为部分错误情况。

图 4-18　泛日期时间类型比较运算错误演示（部分）

4.5.5　数据容器类型比较

下面来看一下第五种比较运算情况，一般发生在复合结构的数据容器类型中。这种比较在实操中的使用频次较低，了解即可。我们可以使用比较运算符"="""<>"完成两种相同数据类型是否相等的比较，使用演示如图 4-19 所示。

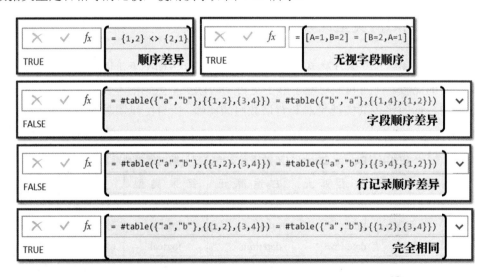

图 4-19　数据容器是否相等的比较

图 4-19 演示了比较两个数据容器是否相等的若干情况。其中，对于列表和记录的相等比较在介绍数据容器类型数据的特性时便已经演示过。注意，列表中元素的顺序差异会使整个列表数据有所不同，而记录则无视字段顺序。

对于表格是否相等的比较记住一点即可：两张表格需要在数据和结构上完全一样才会判定相等，行和列的顺序不匹配都视为不相等。

4.6 引 用 符

引用符其实就是构建和提取数据时所用的花括号（{}）与方括号（[]）。实际上它们有更加准确的学名，即 List indexer operator 列表索引运算符{}和 Record lookup operator 字段查找运算符[]，这里统一称为"引用符"。关于引用符的使用，前面已经介绍过，本节我们从运算符的角度做一个简单的回顾与总结。

1. 列表索引运算符{}

花括号的核心作用是构建列表类型数据，以及按索引提取列表或表格中的第 N 列（或行）数据，在对应的数据容器对象后直接添加即可，常见的使用模式总结如表 4-9 所示。

表 4-9　列表索引运算符的使用场景

序　号	作　用	范　例	含　义
1	构建列表List类型数据	= {1,2,3,4,5}	构建一个包含1～5数字的列表
2	提取列表中指定位置的元素	= {1,2,3,4,5}{2}	提取列表{1,2,3,4,5}中的第3位元素，返回3
3	提取表格中的指定位置行数据	= #table({"a","b"},{{1,2},{3,4}}){1}	提取表格中的第2行数据，返回记录[a=3,b=4]
4	提取表格中满足条件的行数据	= #table({"a","b"},{{1,2},{3,4}}){[a=1]}	返回表格中字段a的值为1的行数据，返回记录[a=1,b=2]
5	提取表格的单元格数据（行列）	= #table({"a","b"},{{1,2},{3,4}}){0}[a]	提取表格中首行字段a单元格中的值，返回1
6	提取表格的单元格数据（列行）	= #table({"a","b"},{{1,2},{3,4}})[a]{0}	提取表格中首行字段a单元格中的值，返回1

2. 字段查找运算符[]

方括号的主要作用是构建记录类型的数据，以及按字段名称提取记录或表格中的数据，使用时在对应的数据容器对象后添加方括号即可，常见的使用模式总结如表 4-10 所示。

表 4-10　字段查找运算符使用场景

序　号	作　用	范　例	含　义
1	构建记录Record类型数据	= [a=1,b=2,c=3]	构建一个包含3组键值对的记录数据
2	提取记录中指定字段的值	= [a=1,b=2,c=3][a]	提取记录[a=1,b=2,c=3]中字段a的值，返回1
3	提取记录中指定的键值对	= [a=1,b=2,c=3][[a]]	提取记录[a=1,b=2,c=3]中名称为a的键值对，返回只包含字段a的记录
4	提取表格中指定列数据	= #table({"a","b"}, {{1,2},{3,4}})[a]	返回表格中名称为a的值
5	提取表格中满足条件的行数据	= #table({"a","b"}, {{1,2},{3,4}}){[a=1]}	返回表格中字段a的值为1的行数据，返回记录[a=1,b=2]
6	提取表格的单元格数据（行列）	= #table({"a","b"}, {{1,2},{3,4}}){0}[a]	提取表格中首字段a单元格中的值，返回1
7	提取表格的单元格数据（列行）	= #table({"a","b"}, {{1,2},{3,4}})[a]{0}	提取表格中首行字段a单元格中的值，返回1

📑说明：引用运算符是所有运算符中使用频次最高的一类，因此一定要熟记表 4-10 中记录的使用方式，如果在后面的案例中发现不能快速记起每种方式的作用，务必返回本章节好好复习。

4.7　句　点　符

最后一类运算符称为句点运算符（.），它是一种小巧的、发挥特殊作用的运算符，主要作用有 3 个：当单句点出现在函数名称中时，用于分隔对象名称和功能名称；双句点进行自然序列的构建，使用演示如图 4-20 所示；三句点则用于省略代码的构建。本节对使用最频繁的双句点进行介绍。

4.7.1　双句点的使用原理

如图 4-20 所示为典型的四类序列，分别为数字、文本数字、英文字符和中文字符，它们全都是使用双句点运算符完成的构建。这里对其构建原理解释一下。首先看后面的三类，均为单文本字符列表。系统会将双句点前的字符设定为起点，将双句点后的字符设定为终点。然后在 Unicode 字符编码对照表（参考表 4-2）中定位起点和终点字符所在的位置，最后将两点之间（包括两点）的所有字符以列表的形式提取出来。

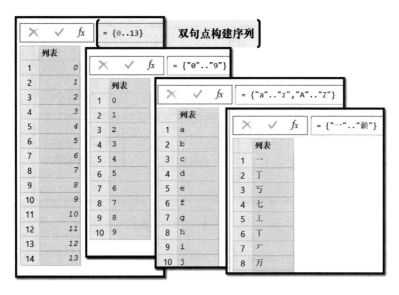

图 4-20　双句点运算符构建序列

🔔注意：在日常使用时，我们经常需要构建一个文本形式的序号，如 1、2、3 等。很多人可能会直接输入 " ={"1".."20"} " 来构建，这是不可行的。因为文本字符序列构建的原理是从 Unicode 代码表中定位抽取，而对照表中包含的数字字符范围为 0~9，超过这个范围就无法完成，如图 4-21 所示。

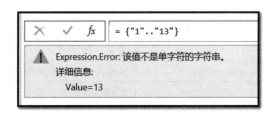

图 4-21　双句点运算符使用错误

再看图 4-20 所示的第一类：纯数字序列。对于该类序列，虽然使用的是双句点运算符完成的构建，但是其基本原理与文本字符完全不同。纯数字序列是在实操中出现频次最高的一种序列。构建这类序列非常灵活，只需要提供目标序列的起点和终点数字（整数），系统便会自动按照步长为 1 依次递增的格式完成构建。

4.7.2　双句点的特殊情况

数字序列在日常操作中使用最频繁，下面介绍几种构建数字序列的特殊情况，如图 4-22 所示。

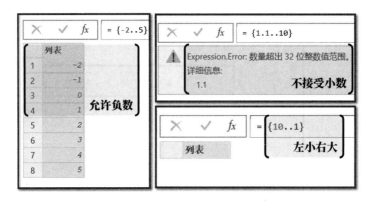

图 4-22　双句点运算符数字序列构建的特殊情况

图 4-22 演示了 3 种特殊的构建场景：

- 系统允许使用负数配合双句点运算符完成数字序列的构建，构建的结果依旧是从起点依次按照单位 1 为步长向终点递增；
- 双句点运算符构建的序列不允许有小数，该规范遵循即可；
- 双句点运算符的默认构建逻辑是从左到右、从小到大进行递增，而在构建序列时输入的起点和终点数据也应当遵循该规范，否则会出现不存在交集，构建的列表为空的情况。

日常高频使用的构建列表如表 4-11 所示。

表 4-11　高频使用的构建列表汇总

序　号	序 列 名 称	序 列 代 码	说　明
1	数字序列	{1…999}	最常用的序列，多段之间可以使用逗号分隔
2	文本数字序列	{"0"…"9"}	区别是结果数值类型为文本
3	大写字母	{"A"…"Z"}	构建包含所有大写字母的列表
4	小写字母	{"a"…"z"}	使用{"A"…"z"}可以一次性表示大小写字母，但并非只有52个字符，因为大小写字母之间还存在若干其他字符。因此推荐写为{"A"…"Z","a"…"z"}
5	汉字字符	{"一"…"顡"}	这两个字符为Unicode编码中汉字的起止位置字符，构建序列几乎囊括所有中文汉字字符。其中，"顡"念yù，属于生僻字，无法通过拼音输入，可以使用快捷键输入，方法为按住Alt键的同时在小键盘上输入数字40869，然后松开Alt键即可
6	符号	{" "…"~"}	空格至波浪号的常用字符中包括大量的符号、字母表和数字
7	中文标点	{"，","。","、","！","？","《","》","（","）"}	常用的中文标点在编码中存储较为分散，可以通过单独输入的方式来使用
8	……	……	……

4.8　运算优先级

通过前面的学习，我们对 M 函数语言中主要的运算符已经有所了解。本节我们来探讨一个综合性的问题：如果多种运算符掺杂在一段 M 函数代码中，谁先运算？运算优先级如何？

这个问题很重要并且会影响运算结果。举个简单的例子，即使不在 M 函数语言范畴内，我们进行简单的四则运算时遵循的规则"先乘除后加减"其实就是对运算优先级的约定，即乘除运算优先于加减运算。如果不进行约定，则算式"1 + 2 * 3"的运算结果就无法确认是 7 还是 9。M 函数语言的各类算符的优先级说明如表 4-12 所示。

表 4-12　M 函数语言运算优先级

优　先　级	分　　类	运　算　符	说　　明
1	原始算符	i	变量/值
1	原始算符	@i	递归运算符
1	原始算符	(x)	括号运算符
1	原始算符	x[i]	字段提取
1	原始算符	x{y}	索引行提取
1	原始算符	x(...)	函数调用
1	原始算符	{x, y,…}	列表构建
1	原始算符	[i = x,…]	记录构建
1	原始算符	...	暂无省略
2	一元运算符	+x	正值
2	一元运算符	-x	负值
2	一元运算符	not x	逻辑非运算
3	元数据运算符	x meta y	关联元数据
4	乘除运算符	x * y	乘法
4	乘除运算符	x / y	除法
5	加减运算符	x + y	加法
5	加减运算符	x - y	减法
6	大小比较运算符	x < y	小于
6	大小比较运算符	x > y	大于
6	大小比较运算符	x <= y	小于等于
6	大小比较运算符	x >= y	大于等于
7	相等比较运算符	x = y	等于

（续表）

优　先　级	分　　类	运　算　符	说　　明
7	相等比较运算符	x <> y	不等于
8	类型约束	x as y	约束x为类型y
9	类型判定	x is y	测试x是不是类型y
10	逻辑与运算	x and y	逻辑与运算
11	逻辑或运算	x or y	逻辑或运算
……	……	……	……

　　如表 4-12 所示，各类运算符按优先级从高到低排序，优先级数值相同的运算符拥有相同的优先级顺序。因为表 4-12 中的运算符数量较多，死记硬背难度很大，效果也不好，因此不建议大家强行记忆，大概了解即可。在实操时，如果不确定多个运算符之间的运算优先顺序，可以使用"括号运算符()"进行强制提前运算。总体来说，优先级的大致顺序为：构建调用、一元运算、四则运算、比较、类型、逻辑运算。

　　这里需要特别说明的是括号运算符"()"，它是所有使用 M 函数语言的使用者必须要使用的运算符，它的唯一功能就是控制各种要素的运算顺序，优先运算括号内的表达式，并列的括号则按照从左往右的顺序完成运算。例如前面提到的计算式"1 + 2 * 3"通过括号改造后得到"(1 + 2) * 3"或"1 + (2 * 3)"，这样就可以很清晰地知道运算顺序，从而得到预期的计算结果。

📄说明：还有一些运算符在本章中并没有给出，因为它们在实操中的使用频次并不高，我们将会在进阶卷的学习中补充介绍。

4.9　本　章　小　结

　　至此，我们已经学习了 M 函数语言的两大知识板块，勉强算是完成了一半的旅程，整体来说本章的内容比数据类型要简单一些。从下一章开始，我们将正式进入关键字的学习，看到更多更具实际意义的 M 函数语言的应用案例。

　　最后，让我们一起来盘点一下在本章中我们收获了哪些知识果实吧。本章的核心内容是运算符，依次介绍了七大类运算符，包括注释、文本、连接、算术、比较、引用和句点。通过对这些运算符的学习，我们了解了不同类别的运算符的使用原理，下一章我们将会重点介绍 Power Query M 函数语言中关键字/表达式的相关内容。

第 5 章 关 键 字

欢迎来到关键字的世界。关键字又称为表达式，是 M 函数语言四大知识板块的第三个板块。关键字用于定义特殊作用的一些"单词"。虽然从表面上看它像一个普通的步骤名称或单词，但是这些"单词"被列入了关键字中，因此需要区别对待。

M 函数语言的关键字数量并不多，大概 20 个，并且经常成组出现，非常容易记忆。关键字主要负责搭建代码结构、建立条件判定分支结构、进行错误处理、创建自定义函数、完成逻辑运算和类型约束等工作。它的功能和运算符完全不同，关键字负责的任务类型更多样和特殊。本章我们将会按照关键字的作用分组地进行讲解。

本章将分为 6 个部分讲解，每部分会重点介绍一组关键词的作用及实操经验，其中包括 let…in 代码结构关键字、if…then…else 条件分支结构关键字、and/or/not 逻辑运算关键字、try…otherwise 错误处理关键字、each/_ 自定义函数简写关键字和 is/as 类型运算关键字。在进行常规关键字讲解时会对自定义函数的编写方式及作用，以及关键字和运算符的关系进行特别讲解。

本章的主要内容如下：
- M 函数语言的各类关键字的使用。
- 自定义函数的多种编写方式。
- 运算符与关键字的关系。

5.1 结构 let…in

第一组关键字是曾经与我们有过"一面之缘"的 let…in 表达式组，在介绍 M 函数语言代码例子时曾提到过，它的核心作用是搭建代码框架，在 let 关键词后面创建处理数据的若干步骤，在 in 关键词的后面组合步骤并输出结果。但事实上，let…in 表达式在实操中的作用不只这一点，下面让我们一起来仔细看看吧。

5.1.1 let…in 表达式的使用场景

1. 不可或缺的代码结构

let…in 表达式的基本使用场景是搭建代码框架，这是 let…in 表达式最基础也是最重要的作用。举个例子，在学习数据类型时，我们经常会在空查询的公式编辑栏中输入类似 "= "abc"&"123"" 的公式。如果此时直接开启该查询的高级编辑器会发现，虽然我们没有编写步骤，但系统自动为刚才输入的那一串代码补全了结构，其中所使用的正是 let…in 表达式，如图 5-1 所示。

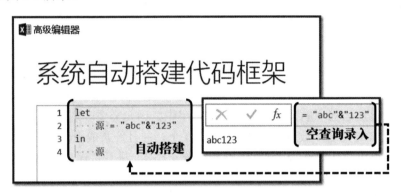

图 5-1　系统自动搭建代码框架

可以说，几乎所有的 M 代码都依赖于 let…in 表达式来搭建代码框架。

步骤内代码的书写非常简单，规范为 " 步骤名称 = 代码内容 "。特殊的步骤名称可以使用 " #"包含特殊字符的步骤名" " 结构创建，代码内容按照 M 函数语言逻辑自由编写即可，如 A = List.Sum({1,2,3})*2。同时，最外层 let…in 结构的步骤与操作界面 UI 应用的步骤栏一一对应，如图 5-2 所示。

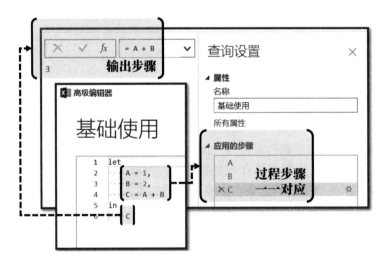

图 5-2　let…in 结构步骤输出与查询步骤输出保持一致

2．常见的一种典型的错误

下面介绍一个新手在使用时最容易犯的错误：步骤分隔的逗号使用太多了或太少了。通常情况下，处理问题的 M 代码不是一步就能解决的（即使可以，麦克斯也推荐拆分为多个步骤来解决，目的是增加检查点，方便纠错）。因此在 let 关键字后，存在多个步骤就是极其常见的情况。而 let…in 表达式则要求在步骤区域中，所有步骤之间使用英文状态下的逗号","进行分隔。注意！再次强调是"步骤之间"，而不是每个步骤后都需要添加逗号，最后一个步骤之后是不需要添加的。多步骤结构代码分隔错误的演示如图 5-3 所示。

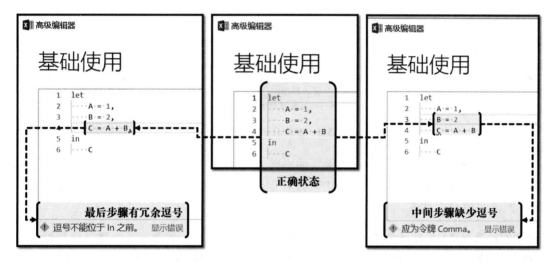

图 5-3　let…in 结构多步骤之间要求添加逗号分隔符

如图 5-3 所示，在每个步骤前添加逗号作为分隔符才可以使代码正确运行，无论是在最后一个步骤后添加了多余的逗号，还是在各步骤之间缺少了应有的逗号，都会因为无法通过高级编辑器的语法检测而产生错误。

📖注意：为了美观起见，逗号分隔符一般会跟随在每个步骤之后，不会独立成行，很多使用者习惯性在最后一步之后也添加逗号，从而引发错误，这一点一定要注意。

3．多样化的输出选择

对于基础使用的最后一部分，我们来说一说 in 关键字后面的输出。在常规情况下，默认以 let 关键字部分的最后一个步骤作为输出，但实际上输出的位置可以通过自定义编写代码来设定，如图 5-4 所示。

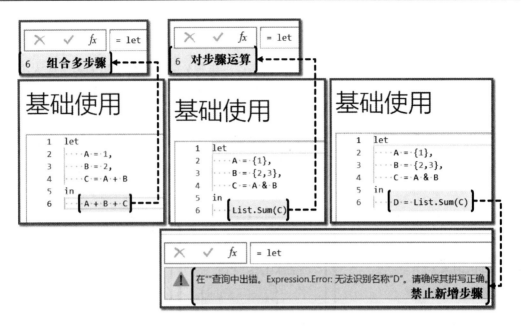

图 5-4　多样化的输出选择

左边的两个图分别演示了 in 关键字输出时引用 let 关键字的多个步骤及进行函数运算的情况，这些都是允许的，可以自由发挥，但是不允许在 in 关键字输出部分创建新的步骤，只能写组合表达式。

说明：虽然 M 函数语言在输出部分提供了更多的可能性，但是麦克斯建议保留输出的最后一个步骤作为结果。原因是在 in 关键字输出时执行的所有运算无法像 let 关键字部分的步骤一样检查运算结果和过程，如果出现了错误则难以清除。而所有的运算都置于步骤区，可以通过在 UI 界面中切换不同的步骤来查看中间节点的计算情况，更利于代码的纠错与维护。

5.1.2　let…in 表达式的嵌套特性

与数据容器可以嵌套任意的数据类型一样，let…in 表达式也具备嵌套特性。但是 let…in 结构的嵌套目的已发生变化，我们不再希望通过它来完成整体代码的搭建，而是利用嵌套构建的分步结构来提高代码的编写效率。let…in 表达式嵌套优势表现在 3 个方面：使代码的整体脉络更加清晰；减少冗余代码的重复编写；利用步骤定义包含数据或过程的变量。

1. 简单的嵌套范例

首先让我们来看一个 let…in 结构嵌套的简单范例，如图 5-5 所示。

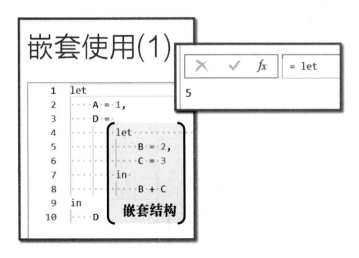

图 5-5 let…in 结构嵌套的简单范例

在外层 let…in 结构的步骤区域,我们可以再次嵌套新的 let…in 结构。在上述范例中,我们在新的 let…in 结构中定义了 B 和 C 两个步骤,并计算了 B+C 的结果返回给 D,然后回到外层输出步骤 D 的结果,因此得到了 5。

这个过程的关键在于 let…in 结构是一个整体。因此我们在理解内部嵌套的 let…in 运算顺序时,需要先把内部 let…in 结构的结果计算出来,然后再将结果传递到外部的对应步骤中,按照外部结构定义的逻辑继续运算。

说明: 不论内部还是外部,计算逻辑都是类似的,都是按步骤处理后返回指定的结果。但是对于嵌套,应重点注意内部和外部的连接是内部结果返回外部的步骤。同时也可以将内部嵌套的 let…in 结构视为开辟了一个独立的小空间,步骤 D 的真正代码是 let…in 结构的输出,至于内部如何运算则取决于内层嵌套的 let 部分。

2. 更清晰的代码脉络

前面我们简单提到了 let…in 嵌套结构的几个核心作用,可能对读者还比较抽象。在理解了嵌套的基本使用后,我们再用更有针对性的范例来讲解它的优势。

let…in 结构嵌套的第一个核心作用是使代码结构更加清晰。在目前阶段,因为范例代码都非常简单,不存在复杂的运行逻辑,因此这个特性并不明显。但是要知道,M 函数语言代码的常规长度大约是在 500 个字符左右,而复杂问题的处理甚至会出现上千字符乃至更多字符的情况。如果全部使用简单的步骤结构去描述处理逻辑,则只有单线的主框架。这对于单个步骤内可能会出现的复杂情况没办法很好地去规范化(有时候单个步骤内包含大量的函数嵌套),因此在步骤内使用 let…in 嵌套结构可以大大降低复杂步骤代码的理解难度,使代码思路更清晰,方便后续的修改、调整和维护。

3. 减少冗余代码的编写

嵌套 let…in 结构的第二个优势是可以减少冗余代码的编写，示范如图 5-6 所示。

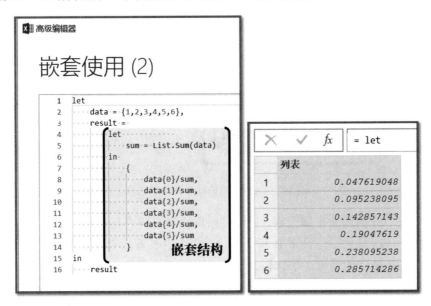

图 5-6　使用 let…in 嵌套结构减少冗余代码的编写

我们定义了一个 1～6 行的列表数据，目标是计算每个值相对于列表总和的占比情况。因为每次占比的计算都需要列表总和的结果，因此我们在结果 result 步骤中嵌套了 let…in 结构，并在 let 部分将总和作为一个步骤进行存储，然后在 in 的部分重复使用，完成计算。可以想象一下，如果不进行步骤的定义，直接书写结果代码会是什么样呢？是不是相同的计算总和的代码要重复书写多次呢？

如图 5-7 所示，没有进行 let…in 结构嵌套将总和定义为步骤变量的话，计算总和的这个步骤就执行了 6 次，代码也需要重复编写 6 次，效率很低而且完全没有必要。因为本例的环境简单，所以表面上可能影响不大，但是在实操中可能求和的这个过程被一个更为复杂的综合过程替代，到那时重复编写就会变得费时、费力。因此，如果你在编写代码时发现有些过程需要重复编写，此时就可以考虑使用 let…in 嵌套结构来减少冗余代码的编写。

说明：在上面的示例中不一定必须使用 let…in 结构，可以将求和定义为外部 let…in 结构的一个步骤，也可以完成类似的效果。在真实的使用场景中有时因为上下文环境的变化而不得不在步骤的内部嵌套 let…in 结构，这个可以通过对实操案例的练习慢慢体会，目前理解即可。

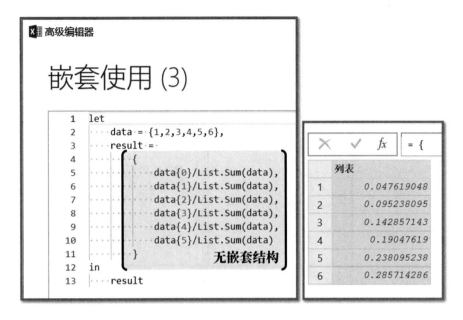

图 5-7　不使用 let…in 嵌套结构

4．利用步骤定义包含数据或过程的变量

　　let…in 结构嵌套的最后一个优势是我们可以利用步骤定义包含数据或过程的变量。这涉及对 let…in 结构步骤的理解。通常情况下，对于最外部的 let…in 结构而言，我们会认为 let 关键字部分的若干环节是一个个独立的"步骤"。然而对于内部的 let…in 嵌套结构而言，一般不称为步骤，而是有一个更准确的名称叫作"变量"。

　　为什么会有这种称呼上的转变呢？核心的原因是使用目的发生了本质的变化。外层的步骤不用多说，使用 let…in 结构的主要目的就是搭建代码框架，利用步骤一点一点完成对数据的处理。对于内部而言，其实大多数情况下即便不使用 let…in 嵌套也能够很顺利地完成任务，但是在结构和效率方面不是很"完美"。因此对于内部嵌套的 let…in 结构而言，其实是利用 let 部分定义了多个临时存储"数据"或"过程"的变量。就像图 5-6 所示的案例一样，我们开辟了一个名为 sum 的空间，并在其中存储了"对 data 列表的求和结果"数据，方便后续反复使用，这个 sum 的本质就是一个数据变量。

　　那么另一种"过程变量"又是什么呢？其实就是平时我们所说的自定义函数。关于自定义函数将会在后面具体介绍，目前不用纠结细节的理解，掌握 let…in 结构的步骤区可以定义"过程变量"即可。学习完自定义函数的编写后，再回头阅读这一部分内容，就能够彻底掌握数据变量和过程变量的区别了。定义过程变量示范如图 5-8 所示。

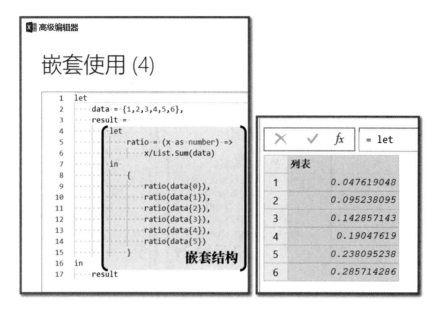

图 5-8　在 let…in 嵌套结构中定义自定义函数过程变量

我们需要求解列表中各元素占总和的比例情况。我们对代码做了一些修改，在内嵌的 let…in 结构中定义一个自定义函数（名为"ratio"的过程变量），它记录了一个过程，这个过程可以计算输入的数字对数据总和的占比。在 in 部分的代码中可以看到调用该过程快速求解比例的场景。

5.1.3　let…in 表达式的作用域

关于 let…in 表达式还需要强调一个问题："作用域"。它反映的是 let…in 表达式中各部分的工作范围。这是一个比较复杂的问题，简单了解其基本规则可以帮助我们有效地避免因乱调用而产生的错误。

1．步骤的作用域

对于简单的单层 let…in 结构而言，在 in 关键字部分可以任意调用 let 关键字部分的所有步骤（5.1.1 小节已演示过）。但是在 let 关键字后的各步骤里也可以随意调用 let 部分的结果吗？这个可不可以调用的问题，我们就称为作用域问题。这里先来看一下步骤的作用域，如图 5-9 所示。

在三个步骤 A、B、C 中，在 B 步骤中无论是引用位于它前面的步骤 A 还是位于它后面的步骤 C 进行计算，得到的结果都是正确的。如果直接调用当前的步骤 B 则会返回错误，因为在当前步骤中调用当前步骤属于循环调用，因此会提示错误。

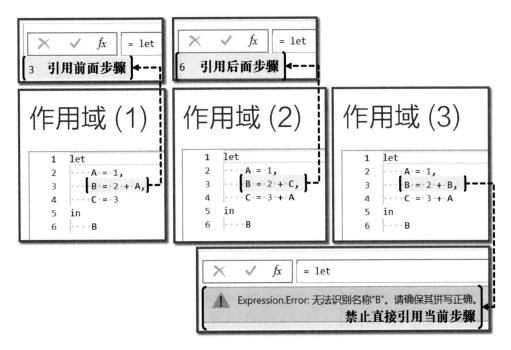

图 5-9 步骤的作用域

📖 **说明**：可以使用递归运算符@执行循环调用，这属于进阶技术，将在进阶卷中讲解。

可能这个结果会让你觉得"惊奇"，为什么后面的步骤结果也可以被前面的步骤调用？M 函数语言的计算顺序是怎样的呢？这一点大家不需要特别纠结，其实系统会自动根据各个步骤的引用关系判定 let 关键字部分的变量组的计算顺序，然后将结果返回。虽然 M 函数语言具有这样的特性，但是不推荐大家按照自己的喜好随意编写顺序，应当按照数据处理的逻辑顺序从前往后进行编写，并且所有的引用必须来自前面步骤得到的结果。这样能够保证思路清晰，不容易出现互斥的循环引用逻辑（如图 5-10 所示），从而导致程序无法运行。

2. 嵌套let…in结构的作用域

了解了单层 let…in 结构的作用环境，我们来看看嵌套结构的新特性。这里我们就不卖关子了，直接给出结论：**外层不论是变量步骤还是结果，均不允许使用内层嵌套构建的变量；而内层不论是变量步骤还是结果，均可以使用外**

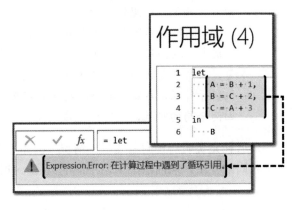

图 5-10 循环引用问题

层 let…in 的步骤变量，使用演示如图 5-11 所示。

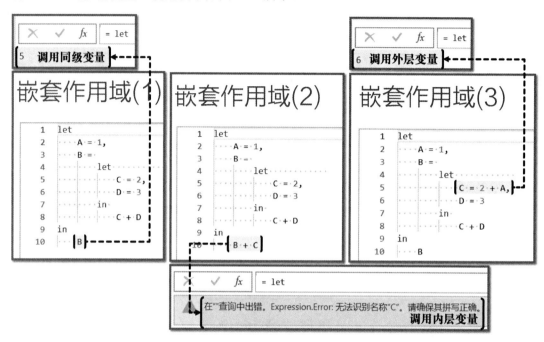

图 5-11　嵌套 let…in 结构的作用域

图 5-11 演示了 3 种情况。其中，第一种情况是常规的两层 let…in 结构的嵌套，输出结果直接返回同级别的步骤。第二种情况是外层输出直接引用内层嵌套的步骤，提示错误"无法识别名称"，无法调用。最后一种情况是在内层嵌套的步骤区引用外层步骤变量完成计算，结果正确。

📖说明：这种内层嵌套调用外层变量的场景，与在当前查询步骤中调用其他查询结果的场景非常相似。这里特别说明一下，在当前查询步骤的任意位置都可以使用 Power Query 编辑器其他查询步骤的"名称"功能，直接调用其结果数据参与本次查询的运算。我们可以这样理解：将外层定义的步骤变量视为覆盖面积更广的全局变量，而内层定义的只是本地变量，适用范围自然没有外层的全局变量广。如果我们位于外层，那么并不知道内层的定义情况，因此无法引用；如果我们位于内层，因为全局的特性，则可以完成引用。

最后补充说明一种同名变量的情况。例如，我们在外层结构和内层结构中定义了两个名字相同的变量，从而造成引用不清的问题，如图 5-12 所示。

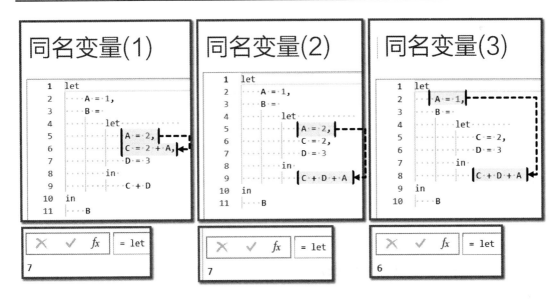

图 5-12 同名变量问题的引用原则

图 5-12 演示了两种出现同名变量的场景。通过结果可以看到，在内外层均有同名为 A 的变量步骤时，内部用于实际计算的均为就近同级别的 A 变量值。只有当同级没有同名变量 A 时，才会提取外层的变量 A 用于计算。

说明：图 5-12 并未演示在外层使用同名变量的情况，基于前面所说的外层无法引用内层变量的规则，因此即使出现同名变量也不会产生歧义，外层只会读取外层的变量，如图 5-13 所示。

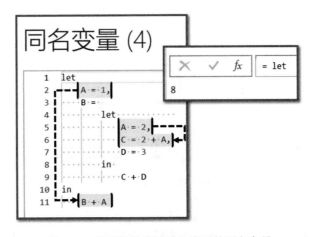

图 5-13 外层结构无法读取内层的同名变量

虽然解决上述同名问题很简单，只需要换个变量名称即可清晰地引用，但是这种同名变量的命名方式在实际使用中并不推荐。因为 M 代码的体量不算很大，所以建议使用准确且不重复的名称对变量进行命名。

🔔**注意**：同名变量问题只出现在嵌套使用中，同级别的 let…in 步骤区不允许出现同名变量。

5.2　条件分支 if…then…else

本节介绍第二组条件分支语句 if…then…else，它可以帮助我们进行逻辑判断并根据判断结果选择执行的语句分支。条件分支的重要性不言而喻，可以说几乎没有任何一种计算机语言可以忽略这种结构。

5.2.1　条件分支结构的基础使用

条件分支结构关键字组的使用与 Excel 工作表的 IF 函数类似，但因为其是关键字组的形式，因此逻辑判断、真值分支和假值分支三部分需要分别写在关键词 if、then 和 else 之后且缺一不可，演示如图 5-14 所示。

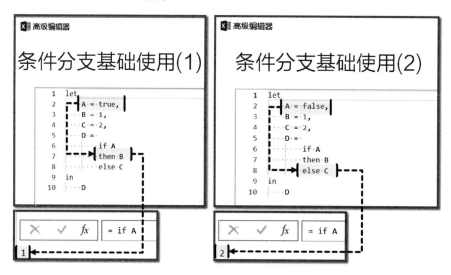

图 5-14　条件分支结构的使用

我们可以在 let…in 结构步骤区的表达式部分使用条件分支结构关键词组，其中，if 关键词后用于书写条件判断逻辑，要求必须返回逻辑值真或假。然后根据条件判断返回的逻辑值情况，决定执行分支结构中 then 关键字或 else 关键字部分的表达式。图 5-14 左图为条件判断成立，进入 then 分支返回步骤 B 的值 1，而右图为条件判断失败，进入 else 分支返回步骤 C 的值 2。

以上便是条件分支关键字组 if…then…else 的基本用法。虽然用法比较简单，但是在构建条件分支时要注意以下细节：

- if…then…else 分支结构的3个关键字缺一不可，并且M函数语言不提供类似于elseif 的简写嵌套形式；
- 在 if 关键字后的表达式务必返回逻辑值，否则无法正确进入分支；
- if…then…else 关键字的核心作用是搭建逻辑上的"分支结构"，真假分支后的代码按照实际需求编写即可，没有任何限制。

注意：if…then…else 条件分支各部分关键词语句后不需要像步骤一样添加逗号分隔符。

5.2.2　条件分支结构的嵌套特性

与 let…in 结构类似，条件分支结构 if…then…else 同样拥有嵌套特性。我们可以根据实际需求不断添加嵌套的分支结构，形成复杂的逻辑树结构，如图 5-15 所示。

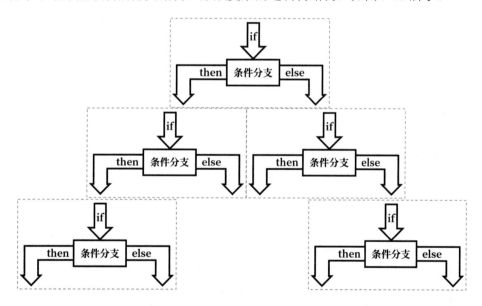

图 5-15　条件分支嵌套形成逻辑树结构

每个小矩形框内是一个条件分支结构的节点，我们可以在上层分支结构的真假逻辑分支语句内部继续嵌套条件分支结构，最终形成类似于树的复杂结构。内部的嵌套没有任何限制，可以在真假分支中都进行嵌套，也可以只在其中一条分支不断深入嵌套，形成不同形式的逻辑树，以应对不同的需求。有一点需要注意，虽然 M 函数语言支持在条件语句的 if 关键字后嵌套分支结构，但是一般不会出现这种情况，绝大多数情况是在真假分支语句中完成嵌套，如图 5-16 所示。

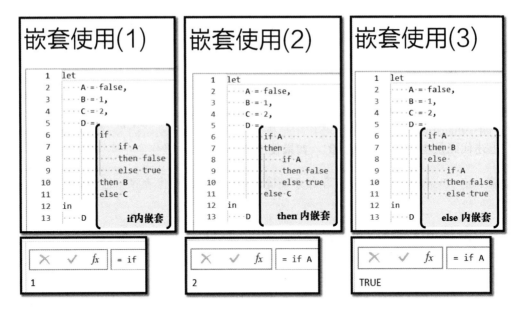

图 5-16　在分支结构的任意分支中均可进行分支结构嵌套

5.2.3　分支结构嵌套示例

本小节我们以"成绩划分等级"为例，演示条件分支结构嵌套的实际使用场景。假设已知一个班的学生成绩，希望按照分数线 90、80、60 和 60 以下将学生成绩分为优、良、中、差 4 个等级，演示如图 5-17 所示。

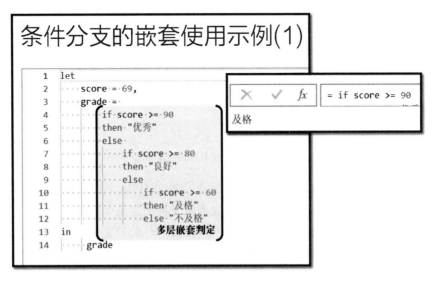

图 5-17　分支结构嵌套示例演示（手动编写）

分值 69 直接进入判定程序，首先判定其是否大于等于 90，如果不是则进入逻辑假分支。在假分支中存在第二层条件分支结构的嵌套，因此进行第二次判定，确认其是否大于等于 80，如果不是则再次进入逻辑假分支。在假分支中存在第三层条件分支结构的嵌套，因此进行第三次判定，确认其是否大于等于 60 分，如果是则进入第三层的真分支，返回"及格"。以上便是逻辑树的运行过程，其他分值遵循完全相同的判定流程，但因为分值差异，具体进入的分支情况会有所不同。

上述代码是麦克斯手写获得的，如果使用 Power Query 操作命令实现类似的效果，然后再去查看系统自动编写的 M 函数语言代码会发现，代码结构和手动编写的几乎一样，如图 5-18 所示。

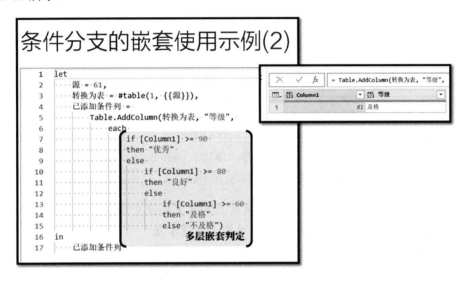

图 5-18　分支结构嵌套示例演示（系统生成）

5.3　逻辑运算 and/or/not

5.2 节介绍了在 M 函数语言中创建条件分支结构所用的关键字组 if…then…else。其中，if 条件部分要求返回逻辑值真或假，以控制执行的分支语句。在这个逻辑判断过程中，简单地设置真假逻辑值或单条件的比较运算是无法满足需求的。如果想要完成更加复杂的逻辑判断，就需要使用逻辑运算关键字组 and/or/not。

5.3.1　逻辑运算关键字的使用

逻辑运算关键字有 3 个，分别是与运算（and）、或运算（or）和非运算（not）。这 3

个关键字的运算非常容易理解，而且所有的组合数量并不多，如表 5-1 所示。

表 5-1　逻辑运算符

序　号	运　算	左运算元	右运算元	结　果	含　义
1	x and y	true	true	true	逻辑与运算
2	x and y	true	false	false	逻辑与运算
3	x and y	false	true	false	逻辑与运算
4	x and y	false	false	false	逻辑与运算
5	x or y	true	true	true	逻辑或运算
6	x or y	true	false	true	逻辑或运算
7	x or y	false	true	true	逻辑或运算
8	x or y	false	false	false	逻辑或运算
9	not x	/	true	false	逻辑非运算
10	not x	/	false	true	逻辑非运算

通过表 5-1 可以看到，共有 10 种组合，其中，与和或运算分别是 4 种，非运算是 2 种。记忆它们也非常简单，只需要记住：与运算只有两边都为真结果才为真；或运算只要有一边真结果就为真；非运算是一元运算符，将输入的逻辑值反向，真值变假值、假值变真值。不熟悉的读者多尝试几次即可，如图 5-19 所示。

📑 **说明：** 逻辑运算关键字 and/or/not 的使用方式和运算符没有什么区别，本质上是"披着关键字外衣的运算符"，对比着学习可以快速掌握。

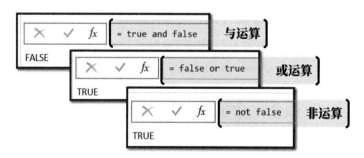

图 5-19　与、或、非逻辑运算使用演示

5.3.2　多条件综合判定应用

在实际应用中，逻辑运算常常使用比较运算符来完成具体的判定。例如在 5.3.1 小节的成绩等级划分示例中，如果要求标记分数在 80～90 分之间的同学，那么在 if 条件部分需要同时判定分数是否：既大于等于 80 又小于 90，这就需要使用逻辑"与"运算，如图

5-20 所示。

图 5-20 多条件综合判定的应用

📋说明：除了列举的示例外，还有很多综合应用的场景。不论如何变化，本质上都是逻辑
运算关键字的嵌套使用或配合其他运算符执行多条件的判定，根据实际情况编写
代码即可。

5.4 运算符与关键字的关系

通过前面三小节，我们学习了三组关键字的使用，本节来解答一个疑问：关键字和运算符到底是什么关系？

学完了逻辑运算关键字组后你会发现，这些关键字的作用和运算符没什么两样。逻辑运算关键字在微软官方给出的文档中也被称为运算符。麦克斯在本书的整个知识框架中把它们称为"关键字"的原因是不希望大家将概念混淆。这里把所有使用符号完成的运算统一称为运算符运算，通过单词完成的功能或运算我们称其为关键字运算。这个分类依据可能不是最准确的，但比较清楚。每种概念、每个功能都有自己的特点，因此完美的分类是很难找到甚至是不存在的。读者不用过分纠结最完美的分类方式，分类的目的是帮助我们更加轻松地建立知识框架。

5.5 错误处理 try…otherwise

我们要介绍的第四组关键词 try…otherwise 是一组专门处理错误值 Error 的关键字组，其功能类似 Excel 的工作表函数 IFERROR，可以实现屏蔽错误的功能。

5.5.1　错误处理关键字的使用

错误处理关键字的 try 部分用于检测某个表达式是否返回了错误值，而 otherwise 部分则用于设定当 try 判定出现错误时替代执行的表达式。换句话说，如果 try 语句没有发现任何错误，那么就正常执行 try 语句；否则执行 otherwise 语句，具体使用演示如图 5-21 所示。

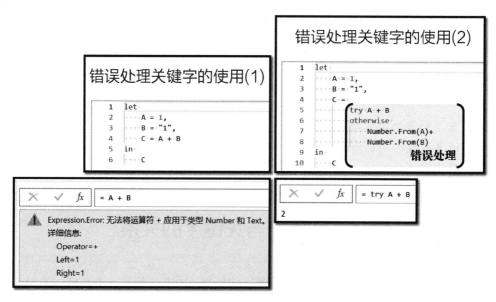

图 5-21　错误处理关键字的使用

如图 5-21 所示，左图为将不同类型的数据直接运算发生错误，为了防止变量 A 和 B 进行相加运算时出现错误，我们使用 try…otherwise 关键字进行错误处理。在 try 部分进行正常的 A、B 求和运算，如果没有发生错误则正常执行语句，如果发生错误则替代性地返回将 A 和 B 独立转化为数字后再求和的结果，成功将错误值屏蔽。

5.5.2　对于错误值的理解

在编写 M 函数语言代码的过程中如果出现了错误值，很多人的第一反应是把它们都清除掉，不要让它们影响代码正常运行。这个思路是没有问题的，如果错误确实影响代码的执行，导致无法得到正确的结果，那么这类恶性的错误值是必须要清除的。但是还存在其他的可能性，如错误值可能只在特定的条件分支出现，可能只在数据容器的局部出现，甚至可能是预料之中的错误。面对这些特殊情况，我们可能并不需要清除它们，可以置之不理或利用它的特性，将其转化为其他需要的形式。

5.6 自定义函数

可能读者会觉得奇怪，为什么这里突然讲解自定义函数？我们连 M 函数的使用还没有学。这是因为 5.7 节我们要学习简写自定义函数，因此需要先从整体上了解标准的自定义函数的作用、分类，以及编写方法。了解了这些知识才可以进行下一步的学习。至于自定义函数与 M 函数的关系，在学习 Function 方法类型时已经提过，在 M 函数语言中属于 Function 方法类型的数据分为自定义函数和系统预设的 M 函数两类。下面我们先学习自定义函数。

5.6.1 自定义函数的作用与分类

1. 自定义函数的作用

自定义函数的作用本质上和系统预设的 M 函数如 List.Sum 没有任何区别，都是接受参数输入，执行运算，返回类型的结果。但是相较于系统预设的 M 函数而言，自定义函数的运算逻辑是我们使用 M 函数语言的数据类型、运算符和关键字等构建的，因此其接受什么参数，运行的细节、发挥的作用和返回的数据类型等我们都一清二楚，不清楚的只是封装在各类运算符、关键字和 M 函数内部的运算逻辑。总之，利用自定义函数能够创建大量适应实际场景的运算逻辑，它是解决复杂问题必不可少的一类函数。

我们可以把编写 M 函数的过程理解成搭积木。你可以认为微软的开发团队就是积木的设计人员，程序员使用更加原始精细的材料，铸模生产封装好的组件（在这里就是各种运算符、关键字和 M 函数等）。而我们的任务就是利用这些"小零件"按照模型（问题），找到拼装的方法。在这个过程中，我们利用小零件拼接出来的大桥、树木和围栏等可能需要重复使用，这个时候就需要使用自定义函数将这些组合的搭建过程保存下来，下次搭建时只需要提供材料，自定义函数便会自动帮我们完成大桥、树木和围栏等组合的搭建，如图 5-22 所示。

2. 自定义函数的分类

自定义函数本身是不存在分类的。我们这里给出的分类主要是从自定义函数出现的位置即使用场景进行分类的，一共分为 4 种，分别是单查询自定义函数、步骤自定义函数、函数内自定义函数和简写自定义函数。

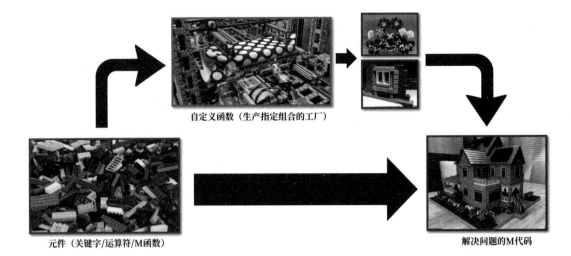

图 5-22　自定义函数的作用

5.6.2　自定义函数的编写

在本章之初学习 let…in 关键字组时麦克斯曾经提过一个概念。在嵌套 let…in 结构内部习惯性称步骤为"变量"。而这个变量又分为两大类，一类为数据变量，另一类为过程变量。数据非常好理解，把数据放到指定的数据类型中，再将这个数据存储进变量中就得到一个数据变量。那么过程变量是什么呢？与之类似，把定义好的过程存放到函数类型数据中，再将这个过程存储到变量中从而得到一个过程变量。创建这个过程变量的过程其实就是自定义函数的编写过程。

编写自定义函数时需要确认三项信息：自定义函数的名称（工厂的名称）、参数（需要给这个工厂提供什么生产材料）以及使用这些参数执行哪些运算，即运算规则（工厂的生产流水线包含哪些处理流程）。确认了这些信息后，我们就可以按名称指定一个工厂，并为它提供一些数据作为材料，按照指定的流水线生产我们想要的数据。总体来看，在这三项信息中，名称和参数可以在特定的环境下省略，但运算规则的定义是不能少的。自定义函数的具体编写方式如下：

1. 步骤自定义函数的编写

我们就以曾经见过的"步骤自定义函数"讲解如何编写自定义函数。如图 5-23 所示，麦克斯对前面的一个数据占比统计问题进行了简单改写，其中便包含一个定义在步骤中的自定义函数。

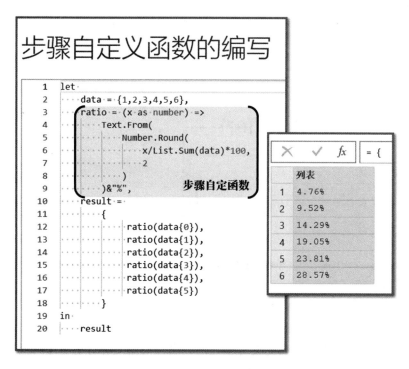

图 5-23　步骤自定义函数的编写

我们重点看自定义函数的编写区域。对于步骤自定义函数而言，三部分信息都需要完整呈现。其中，名称部分通过步骤名称可以完成定义；第二部分该自定义函数的输入参数需要按照规范"自定义函数名称 = (参数 1 名称,参数 2 名称……) =>"进行编写，在本例中只要求输入名称为 x 的一个数字作为参数即可运行；最后一部分为定义运算逻辑，可以使用运算符、关键字和 M 函数中的任意元素完成对输入参数 x 的处理。在本例中完成的动作为将 x 值除以数据总和后转化为百分比显示方式进行输出。

🔔注意：自定义函数保存的是一个运算过程，虽然此处有 x 作为变量输入，但是它是一个不存在的虚拟变量，只用来充当后面调用自定义函数时输入的真实参数。

2. 单查询自定义函数的编写

单查询自定义函数和步骤自定义函数的最大区别在于定义函数的位置发生了较大的改变。如果你的自定义函数非常复杂，那么建议你使用一个新的空查询来完成"单查询自定义函数"的编写。

如图 5-24 所示，通过新建空查询并在查询中输入自定义函数的代码，我们可以在单查询文件中定义自定义函数。在高级编辑器中查看定义好的单查询自定义函数代码可以发现，主体部分的参数信息及运算逻辑代码都没有发生变化，直接在编辑区输入即可。

唯一发生较大变化的是在查询中只有自定义函数的代码，并且函数的名称是通过查询的名称进行命名的。

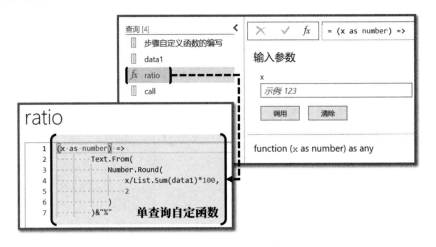

图 5-24　单查询自定义函数的编写

说明：提一个细节，在查询被定义为函数后，查询的图表会转变为 fx 进行区别显示，并且在数据预览区域显示的查询内容也变为了函数所特有的形式，如图 5-24 右上部分所示。

完成函数定义后，根据自定义函数的名称进行调用并提供对应的参数即可，与常规的 M 函数的使用类似，如图 5-25 所示。

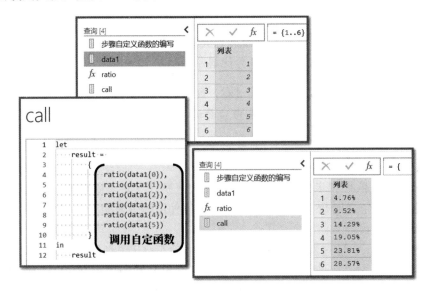

图 5-25　调用自定义函数

📖技巧：自定义函数和变量等也会出现在 M 函数编辑器的语法提示器的下拉菜单中，因此可以借助语法提示器快速调用变量。

3. 标准自定义函数的编写

标准自定义函数最明显的特征就是它只拥有常规自定义函数三要素的后两项，即输入参数和运算逻辑。这个时候一个疑问就出现了：我们如何调用一个没有名字的自定义函数呢？答案是不调用，每次使用的时候现行编写，也就是说这种自定义函数是一次性的。

这是否和我们前面的理解"可以重复使用一个既定的过程，提高效率"有所冲突呢？对于标准自定义函数来说确实如此，因为这类自定义函数的服务目标是 M 函数，它们常常作为 M 函数的参数出现，因此也被称为函数的自定义函数，这也是 M 函数语言的一大特色，使用演示如图 5-26 所示。

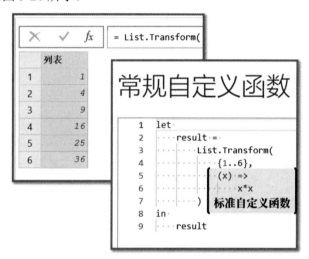

图 5-26 标准自定义函数的编写

图 5-26 为使用 M 函数的标准自定义函数计算数字 1～6 的平方的列表构建任务。其中，List.Transform 函数的第 2 个参数即为标准自定义函数。

📑说明：大家目前对图 5-26 中代码肯定不能完全理解，因为其中涉及 M 函数语言最重要的一个概念"循环"。我们将该示例的详细讲解和最后一种自定义函数"简写自定义函数"的相关内容都放到下一节讲解。

5.7 自定义函数简写 each/_

终于可以学习最后一类自定义函数"简写自定义函数"，前面铺垫那么多的知识点全部是为它打基础。并不是说它有多么难，而是它具有非常重要的意义。因为从本节开始我们将会引入一个重要的批处理概念——循环。

5.7.1　理解最简单的循环结构

在 M 函数语言中，所有的批处理都是通过循环完成的，这与程序语言的性质非常相似。然而，即使你学完本章的所有内容，甚至翻遍所有官方文档页面也都不会找到任何主动应用"循环"的关键字，也找不到在其他程序语言中用于搭建循环的 for 关键字和 while 关键字，因为在 M 函数语言中，所有的循环都内嵌在函数中实现，降低了使用者的学习成本和编辑成本。而在众多的具有循环结构的函数中，List.Transform 函数提供的无疑是最简洁、最灵活、最常用也是最重要的循环结构。

顾名思义，List.Transform 函数是对列表函数进行转换处理的函数。它可以针对一个指定的列表数据构建循环框架，逐个提取列表中的元素，并按照指定的运算逻辑对提取出来的元素进行处理，然后用处理结果替换原来的元素，完成列表转换的效果，使用演示如图 5-27 所示。

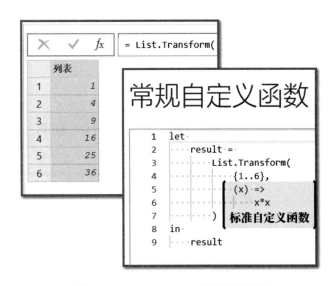

图 5-27　List.Transform 函数使用示例

图 5-27 是前面演示的标准自定义函数的编写示例，当时是学习自定义函数的标准写法以及出现场景，这里我们重点研究该例的计算逻辑。

首先，在原始数据中待改造的列表是{1..6}，这是一个表示数字 1～6 的列表。这个列表作为改造对象及第 1 个参数被输入函数 List.Transform 中。正因为 List.Transform 函数的存在，因此我们有了循环结构。这个循环结构会依次提取列表中的元素，然后执行第 2 个参数自定义函数中约定的运算逻辑，在本例中就是计算提取的元素的平方。因此最终我们会获得一个全新的列表，列表中的元素全部进行了平方运算。循环逻辑示意如图 5-28 所示。

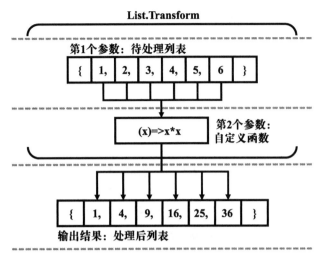

图 5-28　List.Transform 函数的运算处理逻辑

说明：这个示例并不难，重点关注"循环"的含义。使用循环结构可以完成非常多变的批处理操作，在后面的示例中这种结构还会反复出现。

List.Transform 函数的基本用法说明如表 5-2 所示。

表 5-2　List.Transform函数的基本用法

名　　称	List.Transform
作　　用	将列表中的所有元素按照自定义规则进行转换
语　　法	List.Transform(list as list, transform as function) as list，第一个参数输入待处理转换的列表，第二个参数使用自定义函数指定每个元素的处理运算逻辑，输出结果为转化后的列表数据
说　　明	此函数在所有M函数中是使用频次最高的函数，没有之一

5.7.2　简写自定义函数关键字

理解了 List.Transform 函数的使用和循环的基本概念后，我们再来看简写自定义函数的编写问题。完成简写，需要两个关键字 each 和下画线 "_"。下面我们通过改写前面的示例对它进行介绍，如图 5-29 所示。

图 5-29 的右图是标准自定义函数的写法，左图是简写写法。这两种写法的作用是完全一样的，因此对比后可以得知，each 部分负责读取的正是当前循环上下文获取的列表元素，而下画线 "_" 代表提取的元素，用于计算。是不是挺简单的？我们使用 M 函数完成数据处理，在 M 函数中编写自定义函数时，通常会采用这种简写形式，这给 M 代码的编

写带来了不少便利。下面我们来了解下简写自定义函数关键字的好处与弊端。

图 5-29　简写自定义函数

　　简写自定义函数关键字的明显优势是使代码更加简洁，劣势是需要学习的语法增多了。但是核心的问题不在这里，而是"指代不明"。如果存在多层循环结构嵌套或并列嵌套逻辑，那么在 M 代码中会出现多组杂乱分布的 each 与 "_"，虽然此时对于计算机而言有一套严格的规则去读取下画线所代表的数据，但是对于代码编写者而言，理解位于不同环境的下画线所代表的含义就会成为负担。因为自定义函数被简化，所以变量的名称信息被省略，从而使其他阅读代码的人对多处下画线的含义判定变得模糊，这就是自定义函数关键字简写带来的弊端。不过不用紧张，在多数情况下不会发生此类问题，建议读者习惯用简写形式。当遇到下画线指代混淆或需要上下文穿透时再恢复为标准写法即可，具体方法会在第 6 章中详细讲解。

5.8　数据类型判断与约束——is 和 as

　　本节讲解一组关键字 is 和 as。is 和 as，分别用于进行数据类型判定和自定义函数参数的数据类型约束，这两种情况在前面的学习中已经见过。is 和 as 的用法比较简单，容易理解，下面进行简单的介绍和演示。

1. 数据类型判断关键字is

　　使用 is 关键字可以完成数据类型的判定。只需要在检测的数据后添加 is 和要验证的类型数据即可，使用演示如图 5-30 所示。

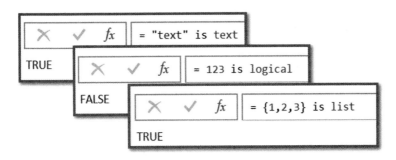

图 5-30　数据类型判断关键字 is

图 5-30 演示了几种判定情况。使用时除了要注意基本顺序外，还需要注意 is 关键字之后必须是 Type 类数据，其名称需要严格遵循 M 函数语言对 Type 类数据的规范要求，具体如表 5-3 所示。

表 5-3　M函数语言原始类型汇总

序　号	类　型	名　称	说　明
1	type any	任意型	所有类型都从属于任意型
2	type text	文本	文本数据类型
3	type number	数字	数字数据类型
4	type logical	逻辑	逻辑数据类型
5	type date	日期	日期数据类型
6	type time	时间	时间数据类型
7	type datetime	日期时间	日期时间数据类型
8	type datetimezone	日期时间时区	日期时间时区数据类型
9	type duration	持续时间	持续时间数据类型
10	type null	空	空值数据类型
11	type binary	二进制	二进制数据类型
12	type function	方法	方法数据类型
13	type type	类型	类型数据类型
14	type list	列表	列表数据类型
15	type record	记录	记录数据类型
16	type table	表格	表格数据类型
17	type anynonenull	任意非空	任意非空数据类型
......	......	......	......

说明：is 和 as 关键字与逻辑运算关键字类似，也具有运算符的特性。

2．数据类型约束关键字as

数据类型约束关键字 as 用于在定义自定义函数的输入参数时为其中的参数添加类型约束。例如前面示例中添加的输入参数 x 必须为 number 数字类型。通过这样的类型约束，可以减少在调用自定义函数的输入参数时产生的不必要的错误，使用演示如图 5-31 所示。

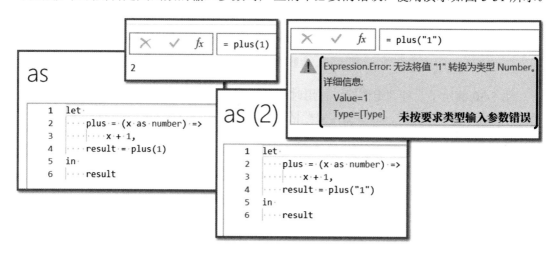

图 5-31　数据类型约束关键字 as

在约束数据类型后，直接调用函数并输入不符合类型的参数也是可以运行的，但是程序会相应报错，这并非强制性遵守的约束。如果将自定义函数设置为单查询模式，则在预览窗口中调用时必须按照约束类型输入，否则将不允许调用，如图 5-32 所示。

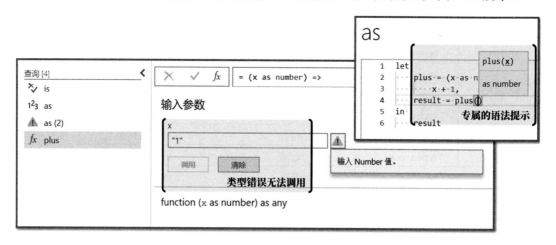

图 5-32　参数类型约束的附加效果

📄说明：在增加约束后，调用相应函数并输入参数时系统会按照约束显示语法提示。一般逻辑比较复杂的自定义函数推荐使用约束，可以减少后续调用过程中因为对参数类型记忆模糊而产生的错误。

5.9　本 章 小 结

欢迎你来到我们的休息站"本章小结"。首先恭喜你再一次攻克了一座高山，完成了第三大知识板块"关键字"的学习。至此，我们只剩下 M 函数的使用这个学习任务了，与达到实操水平的目标越来越近。

这里跟大家一起再来回顾一下关键字在整个代码编写过程中到底发挥什么样的作用。如果从整体上划分，部分关键字组其实发挥的是类似于运算符的作用，如逻辑运算关键字和类型判定约束关键字。对于其他的如 let…in 结构、错误处理结构、自定义函数简写等关键字组，主要是充当"粘合剂"的作用，组织数据、运算符、M 函数，将它们拼接成一个可以工作的整体。

从第 6 章开始，我们将正式开始 M 函数的学习，通过具体的应用实例，了解 M 函数语言的四大知识板块的综合应用。

第 3 篇
函数功能

▶▶ 第 6 章　函数基础

▶▶ 第 7 章　文本函数

▶▶ 第 8 章　数字函数

▶▶ 第 9 章　列表函数

▶▶ 第 10 章　记录函数

▶▶ 第 11 章　表格函数

第6章　函　数　基　础

本章我们将正式开始 M 函数语言的最后一个知识板块 "M 函数" 的学习。虽然 M 函数只是 M 函数语言的四大知识板块之一，但是它包含的信息量与其他三大知识板块的体量相当，其中涉及 700 多个功能各异的函数，每个函数又有不同的输入参数和输出类型，实际应用也非常灵活多变，因此学习时不能掉以轻心。

本章主要分为 5 个部分，第一部分介绍 Power Query 中的 M 函数分类，第二部分介绍官方帮助文档的使用，第三部分学习如何拆解和阅读函数的语法结构，第四部分介绍多函数的嵌套配合使用及上下文环境的概念；最后讲解一些在 M 代码中常用的函数。

本章的主要内容如下：

- M 函数的分类。
- 函数的离线和在线帮助文档介绍。
- 函数语法介绍。
- 函数嵌套、上下文环境及上下文穿透的含义。
- 常用函数的介绍。

6.1　什么是函数

在正式开始讲解 M 函数的分类之前，我们再复习一下函数的概念。在第 5 章中我们已经知道了自定义函数的本质是 "使用变量存储某个自定义的处理过程"，关键词是过程，而运算符的本质也是存储某种特定的运算逻辑，同样是过程。再加上本章将会学习的 M 函数，它们都可以理解为广义的函数，它类似一个 "黑匣子"，执行特定的运行逻辑，只需要按要求提供一些输入信息，它就会按逻辑执行任务并输出执行结果。类似我们使用的手机和鼠标等产品，它们都满足一个特点，那就是我们并不清楚它们底层的运行逻辑，但是我们知道如何去使用它们。

6.2　M 函数分类

很多读者可能会有疑问，学习函数还需要学函数分类吗？我学习 Excel 工作表函数的时候直接就用 SUM 函数求和，用 VLOOKUP 函数查询，并不需要将它们分类呀。实际上，Excel 工作表函数也是存在分类的，而且有十几项，但是只要学会高频使用的 50 个函数就可以解决不少问题，因此理解 Excel 函数分类的作用并没那么重要。

对于 M 函数而言，其函数体量从工作表函数的 400 多个升级为 700 多个，要想使用它们解决实际问题，所需掌握的高频函数达到 200～300 个，因此理解 M 函数的分类就尤为重要了。

6.2.1 M 函数总览

在 Power Query 中共有 700 多个 M 函数，而且还在增加。所有的函数被微软官方开发团队分为 24 类，包括数据获取、针对不同类型数据处理的函数、特殊功能分类的函数等，可以通过表 6-1 大致了解。

表 6-1 M函数的 24 项分类

序　号	英 文 分 类	中 文 分 类	说　　明
1	Accessing data functions	数据获取函数	负责连接外部获取数据
2	Binary functions	二进制函数	负责处理二进制数据
3	Combiner functions	合并器函数	负责合并文本数据
4	Comparer functions	比较器函数	负责比较与排序
5	Date functions	日期类函数	负责处理日期数据
6	DateTime functions	日期时间函数	负责处理日期时间数据
7	DateTimeZone functions	日期时间时区函数	负责处理日期时间时区数据
8	Duration functions	持续时间函数	负责处理持续时间数据
9	Error handling	错误处理函数	负责处理错误
10	Expression functions	表达式函数	负责表达式计值
11	Function values	方法值函数	负责创造和触发函数
12	List functions	列表函数	负责处理列表数据
13	Lines functions	文本行函数	负责处理多行文本数据
14	Logical functions	逻辑函数	负责处理逻辑数据
15	Number functions	数字函数	负责处理数字数据
16	Record functions	记录函数	负责处理记录数据
17	Replacer functions	替换器函数	负责替换值
18	Splitter functions	拆分器函数	负责文本拆分
19	Table functions	表格函数	负责处理表格数据
20	Text functions	文本函数	负责处理文本数据
21	Time functions	时间函数	负责处理时间数据

（续表）

序　号	英 文 分 类	中 文 分 类	说　明
22	Type functions	类型函数	负责处理类型数据
23	Uri functions	地址函数	负责处理资源地址
24	Value functions	值函数	负责值处理

大家暂时不需要记住这些分类，只要了解 M 函数的大体分类情况即可。对于 M 函数更加精准的分类，需要看下一小节：二级分类。

6.2.2　M 函数的二级分类

想要真正了解 24 类函数的作用领域，使用微软给出的默认排序和分组肯定是不行的。要想更全面理解和记忆它们，需要发挥"分类"的作用，因此麦克斯重新整理出了一个二级分类表，并添加了数量维度信息，如表 6-2 所示。

表 6-2　M函数的二级分类

序　号	分　组	英 文 分 类	中 文 分 类	数　量
1	数据获取	Accessing data functions	数据获取函数	110
2	常规类型	Text functions	文本函数	53
3		Number functions	数字函数	63
4		Logical functions	逻辑函数	3
5	泛日期时间类型	Date functions	日期类函数	65
6		Time functions	时间函数	10
7		DateTime functions	日期时间函数	26
8		DateTimeZone functions	日期时间时区函数	17
9		Duration functions	持续时间函数	13
10	特殊数据类型	Binary functions	二进制函数	52
11		Type functions	类型函数	22
12		Function values	方法值函数	5
13		Error handling	错误处理函数	8
14	数据容器	List functions	列表函数	75
15		Record functions	记录函数	26
16		Table functions	表格函数	139
17	器类函数	Splitter functions	拆分器函数	12
18		Combiner functions	合并器函数	5
19		Replacer functions	替换器函数	2
20		Comparer functions	比较器函数	5

（续表）

序　号	分　　组	英 文 分 类	中 文 分 类	数　量
21	特殊函数	Lines functions	文本行函数	4
22		Uri functions	地址函数	4
23		Value functions	值函数	29
24		Expression functions	表达式函数	3

说明：表 6-2 中的各类函数数量统计包含部分函数的常量参数，并且受后续函数更新影响可能会有所变动，这里只需要了解各类函数的概数即可。

如表 6-2 所示，所有的类别都按照相应关系进行了聚合及重新排序。大体上可以将这些函数分成三个部分，第一部分只有一个大类，负责连接外部数据源并将数据导入 Power Query 编辑器中进行后续处理。中间部分相信读者已经看出来规律了，是排除了 Null 值的其他 14 种数据类型的相关函数大类，因此只需要对比第 3 章讲解的数据类型的顺序就可以快速记忆。这一组函数的最大特征是每个分类函数的处理对象就是其名称所指定的数据类型，该组函数是日常使用最频繁的函数。第三部分共包含两组函数，分别是执行拆分、合并、替换和比较功能的器类函数和具备特殊功能的一个函数分组，其中，器类函数可以实现逻辑更复杂的高级处理任务，特殊分类函数在日常中的使用较少。

说明：空值本身只有一种情况就是 null，因此不存在专门处理空值的函数类。数据容器类函数可以处理空值数据，如 List.RemoveNulls 负责移除列表中所有的空值。

如果从函数的数量来看，我们可以将各类函数的数量占比进行简单的可视化，更直观地看到各类函数的数量占比情况，如图 6-1 所示。

根据表 6-2 提供的信息，我们将 24 类函数分为了 7 组，其中，左侧的 4 组为数据类型的函数类别，右侧的纵向 3 组分别为数据获取、特殊函数及器类函数分组。

从各类函数的数量占比来看，数据容器类函数、常规类型函数及数据获取类函数占据所有 M 函数的一半之多，针对 14 种数据类型命名的函数分组占据所有函数的 2/3 以上，发挥特殊功能的函数数量较少。其中，数量较多的分组分别是表格函数 139 个，数据获取函数 110 个，列表函数 75 个，数字函数 63 个，文本函数 53 个。

下面我们再来看一下这 24 类 M 函数的具体分类，找到学习重点。首先是数据容器类函数，它包括列表函数、记录函数和表格函数，这 3 类函数囊括 240 个函数。在 Power Query 编辑器中数据最初是存放在单值类型中，一旦数据量增多，就必须使用数据容器进行存放。后续所有的整理操作、统计分析操作等都是基于数据容器进行的。因此数据容器包括的这 3 组函数是最核心和最为重要的函数，甚至可以说几乎所有的 M 函数代码都是以这些函数为框架进行搭建的。

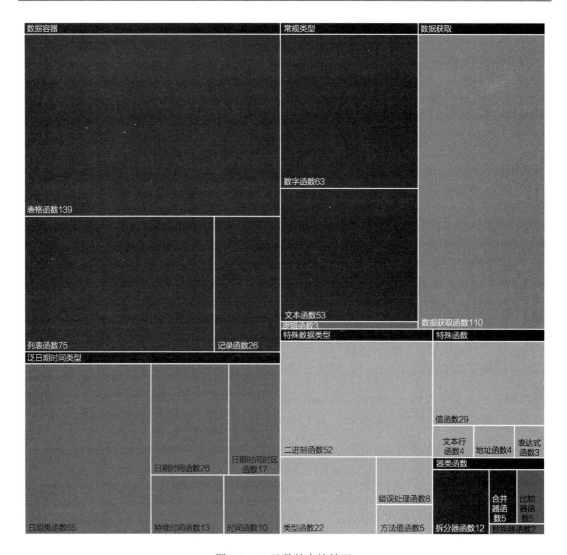

图 6-1　M 函数的占比情况

除此之外，对于单值的处理也不可忽视，因为批处理的框架搭建完毕后，最终要进行单值数据的运算和处理，这其中最重要的两种数据类型便是数字和文本。因此第二组分类函数的重点函数是数字和文本函数。

📑说明：与文本和数字类型函数相似的其他单值类函数也是不可或缺的，只是它们的使用频次不高，而且使用逻辑简单，有兴趣的读者可以查阅官方文档，这里不再展开介绍。

在第三组分类函数中有两类特别的器类函数是值得特别说明的，分别是拆分器函数和合并器函数。这两类函数可以提供更加高级和复杂的文本数据拆分与合并能力，日常使用频次也比较高。

以上介绍的 7 组分类函数是影响实操的关键类函数。因此我们将会在后续的 5 章展开详细的介绍。对于其他类别的函数，因为使用较少，也不会影响 M 函数语言核心知识框架的建立，读者可以在完成本书的学习后根据实际需求选择性地学习。

6.3　阅读帮助文档

在 6.2 节中我们了解了 M 函数的总体分类情况，下一步可以进入单个函数的学习了。学习一个函数，大体流程是了解它的概况、功能、语法结构、使用案例和注意事项，因此我们首先需要学习如何查看官方提供的帮助文档。

6.3.1　本地帮助文档

微软官方提供的对于 M 函数的说明分为两部分，分别是本地文档和在线的网页文档（可下载）。我们首先来看一下如何开启本地的函数说明文档。

1．打开函数的本地说明文档

这里以函数 List.Sum 为例，想要查看其官方说明文档，我们需要在 Power Query 编辑器中新建一个空查询，并在公式编辑栏中输入"=List.Sum"，如图 6-2 所示。

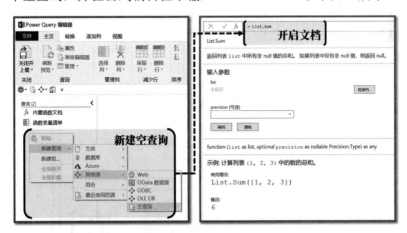

图 6-2　打开 List.Sum 函数本地说明文档

图 6-2 为函数 List.Sum 的官方说明文档，打开时需要注意公式中不能包含常规使用函数时添加的括号"()"，直接书写等于号加函数名称即可，所有函数的要求都是如此。掌握了这个技巧，当对函数的使用不确定时，可以查询了解该函数的基本信息。

2．本地函数说明文档的结构

学会了开启方式，接下来看看函数文档到底包含哪些信息，可以帮助我们快速了解函数的使用，区域划分如图 6-3 所示。

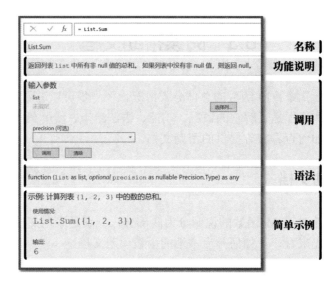

图 6-3 本地函数说明文档的结构

图 6-3 为函数 List.Sum 的本地官方说明文档，其中包含 5 个部分，分别是名称、功能说明、调用、语法和简单示例。功能说明可以帮助读者快速了解该函数的作用，在调用区可以测试该函数的用法，可以依次输入参数并单击"调用"按钮，使用演示如图 6-4 所示，最终的调用结果会以新的查询方式来显示。

图 6-4 调用函数使用演示

📖**技巧**：部分函数的参数需要从预设的几种情况或模式中选择一种才能生效。如果不记得可以填写哪些选项，可以在函数说明文档的"调用"部分单击对应的参数，在其下拉列表框中进行查看和选择（这是本地说明文档独有的特性，不适用于在线文档）。

在调用区之后是最关键的函数语法部分，函数语法用于指导函数如何使用，我们编写代码时语法提示器提供的信息便是函数的语法。对于语法的阅读理解，我们将会在下一节重点讲解。对于示例部分，官方给出的示例都较为简单而且并非所有函数都配备有合适的示例，建议读者手动模拟数据，尝试在空查询中测试函数的功能与特性。

3．函数变量清单

使用前面介绍的方法可以轻松打开单个函数的官方说明文档，除此之外，Power Query 编辑器还包含另外一个关键字"#shared"，用于查看当前在 Power Query 编辑器中所有可用的函数和变量等。使用演示如图 6-5 所示。

图 6-5　#shared 关键字使用演示

图 6-5 是利用#shared 关键字获取的 Power Query 编辑器函数、变量和查询清单。使用方法非常简单，与文档说明一样，在公式编辑栏中输入"=#shared"即可，该清单以记录的形式呈现，单击其中的 Function，可以直接跳转到对应函数的官方文档，相当于提供了一个完整的函数目录。

📑**说明**：通过#shared 获取的清单信息并非只有 M 函数，同时还包含所有的查询及一些常量和变量名称。

6.3.2　在线文档

1. 进入在线帮助文档

虽然本地的函数说明文档包含具体函数的详细的介绍，同时也提供了所有函数的清单，但是大目录的框架结构并不好，因此只适合进行单个函数的详细信息查询。如果想要了解函数的分类及各个分类下所包含的函数项目，快速查找目标需要使用的新函数，或了解 M 函数语言的其他相关信息，那么就需要使用官方文档。官方文档的网址为 https://docs.microsoft.com/en-gb/powerquery-m/，进入后首页如图 6-6 所示。

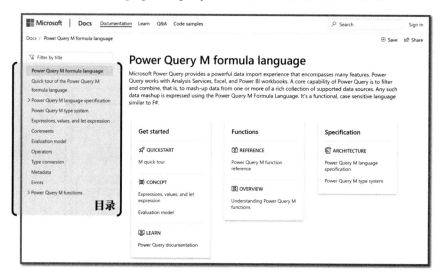

图 6-6　微软 Power Query M 函数语言官方文档首页

如图 6-6 所示，M 函数语言的相关技术文档不像本地函数文档那样只提供函数说明文档，其更像一个完整的帮助页面。通过左侧的目录可以看到，其包含大量讲解 M 函数语言理论知识的相关文章，感兴趣的读者可以自行阅读。

📖技巧：默认状态下网站以英文显示，可以在页面最底部进行语言切换。但是所有的翻译工作均由机器完成且语言较为晦涩，建议有条件的读者阅读英文原文会更容易理解。

2. 函数帮助文档

这里我们重点关注图 6-7 左侧目录栏的最后一项 Power Query M functions，展开该目录项可以看到如图 6-7 所示的二级目录，是不是很眼熟？对，这就是 M 函数的 24 大分类

（按字母排序）。

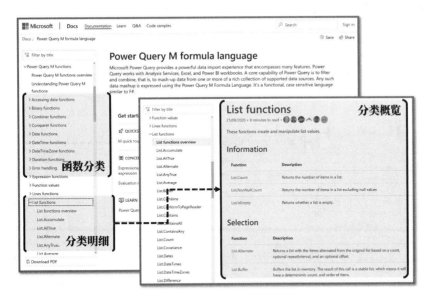

图 6-7　M 函数分类与函数概览

关于 24 大分类，在上一节中已经详细讲解，这里不再赘述。这里我们重点看一个只有在线文档才有的特殊页面"List functions 函数概览"。如图 6-7 所示，展开函数大分类后，再次单击某个函数分类，可以在目录中看到该分类下的明细函数。在每个函数大类展开的明细信息中，第一项都是一个名为"overview 概览"的页面，单击该页面后可以查看该分类函数的全貌（图 6-7 右侧）。

概览页面会呈现这个分类函数下的所有成员，并且对它们进行二次细分，这两点非常重要。因为进行了二次细分，所以我们对这个类别中的成员函数会有一个更加清晰的认知；而概览页面将所有该分类下的成员函数及其基础功能都写在了一个页面中，所以我们可以很方便地查找想要的目标函数。

说明： 函数二次细分是很有必要的，一些函数大类所包含的函数多达 50～100 多项。这对于我们来说是非常不容易记住的，而细分能够帮助你更好的理解以及记忆它们。

对函数分类这一部分的讲解可能还不够清楚，我们再换个角度进行说明。假设现在要解决一个实际的数据整理问题，但是遇到了困难，你想要定位一个列表中值为 A 的元素的出现位置来解决这个问题，但不知道怎么处理，因为你没有学过这样的函数（后面会学习，这里假设没有学过）。此时也不能通过本地的函数说明来解决这个问题，因为连函数的名称都不知道怎么能查看它的说明呢？因此这里需要查看在线文档的函数分类概览页面。我们可以找到对应的概览页面，通过细分类和函数功能说明，就可以快速锁定可能起作用的函数。还是以上面这个需求为例来说明，具体步骤如下：

首先我们通过要处理的数据类型对象是"列表 List"确定函数是列表类型，因此我们在列表类型处理函数的概览页面中，通过快速浏览细分类，找到与"匹配、查询、查找、包含、成员"的相关关键词，如图 6-8 所示。

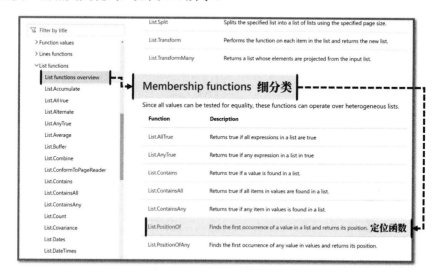

图 6-8　分类函数概览页面的使用方法

然后通过浏览函数的功能说明即可快速找到能解决问题的函数，然后通过函数文档说明进一步确认该函数的功能是否满足实际需求。

以上便是使用在线函数帮助文档的大致方法，单个函数页面的使用基本与本地函数文档没有差异，不再赘述。通过这个例子，希望大家明白，虽然 M 函数语言的函数数量非常多，但是我们只需要掌握如何根据问题的特征来查询可能会使用到的工具即可。这也是麦克斯一直强调的知识框架及分类的重要性。

📖技巧：在线文档页面的左上角即目录上方有一个全局搜索框，通过该搜索框，我们可以快速定位目标函数及相关的文档，这也是极高效和高频使用的一个工具。

6.4　函　数　语　法

在前面的内容中，6.2 节我们学习了函数的分类，6.3 节我们了解了如何使用官方提供的帮助文档查询函数。本节我们将会补充一些函数文档包含的细节信息，即在函数文档中最重要的函数语法应该如何理解和阅读。

6.4.1　语法拆解

本小节就以我们比较熟悉也是最基础的列表求和函数 List.Sum 为例讲解函数语法。如图 6-9 所示为 List.Sum 函数的函数语法。

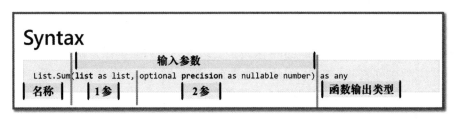

图 6-9　函数的语法结构范例

图 6-9 为函数 List.Sum 的语法结构拆解。虽然每个函数有所区别，但是其语法结构基本满足以下几个要素。

1．函数名称

在 M 函数语言中，函数名称分为两部分，句点之前一般是对象的名称，句点之后一般描述的是该函数的主要功能。但是也有一些特殊情况：

- 对应数据类型分类函数下可能存在不是以该类型为名称的函数，如函数 Character.FromNumber，它属于文本函数，但其名称中并不包含关键字 Text。
- 函数名称中可能包含多个英文单词，此时会采用"驼峰命名法"，即不论是什么单词，全都保持首字母大写，并且中间不加任何分隔符，如函数 Splliter.SplitTextByDelimiter 等。

2．输入参数及类型

我们可以将一个参数视为一个单元，这个单元可能包含若干个参数。如果一个函数存在多个输入参数，则每个参数之间使用"逗号"分隔，如图 6-10 所示。

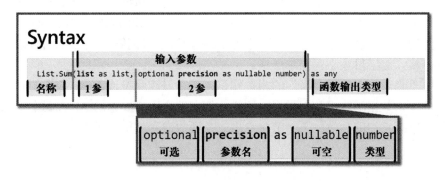

图 6-10　输入参数语法拆解

每个参数的说明可以根据数据类型约束运算符 as 分为两部分，第一部分是参数名称，第二部分是数据类型。在使用该函数的时候，只需要按照函数语法提供的数据类型约束条件输入参数即可（强制要求，否则极易报错）。需要特别注意如下几点：

- 在参数名称前可能会出现定语 optional，代表该参数为可选参数，可以省略不填。如果没有此标记，则全部为必填参数，缺少会报错。
- 在参数类型前可能会出现定语 nullable，代表该参数除了可以为指定的类型外，还可以为空值 null。
- 对于数据容器类的参数如#table 函数，要求以列表列数据作为输入参数，但在其语法中只要求列表 list 类型，因此可能会有一些不同，这就需要通过实际经验来判断，目前的语法提示还没有达到这么精准的程度。

3. 输出类型

函数语法中的输出类型会提示该函数进行数据处理后会输出的数据类型。知悉这一点有助于我们与后续函数的嵌套使用。比较特别的是，我们经常会在这一部分看到一种名为 any 的数据类型。这种类型可以兼容任何类型，因此没有放在第 5 章中进行讲解，但是在表 3-1 中曾经出现过一次。在函数输出语法部分介绍这种类型的原因是部分函数的输出会依据输入的参数类型发生变化，因为它并没有一种固定的输出类型，所以使用 any 替代。这与前面所说的"要求为列表，实际要求为列表列"的问题有些类似，通过语法无法非常准确地完成设定，需要在实际操作中通过经验来弥补。

6.4.2 数据类型的重要性

前面我们学习了函数语法，不知道读者是否发现，M 函数语言对数据类型的语法要求是很高的。那么，数据类型为什么在 M 函数语言中有如此高的地位呢？

其实不用觉得奇怪，对于数据类型的严格要求是计算机的常态。当一个系统逐渐升级完善和变得越来越复杂之后，如果不对其中的每个组件进行严格要求，那么最终搭建起来的大型"应用"会出现大量意想不到的错误，不利于使用和维护。在 Excel 工作表中自动对类型进行适应的特性，是开发团队为了更容易上手而设计出来的"特殊机制"，在简单的场景下是适用的。麦克斯希望读者在学习 M 函数语言时能够牢记：M 函数语言对数据类型要求严格，对字母大小写要求严格。

我们要重点学习"数据类型"的相关知识，在学习运算符或者 M 函数的时候一定要清楚它们的输入数据和输出数据类型，这样才能在综合所有要素的 M 代码中正确地嵌套使用它们，发挥它们的功效。下一节将给出一个函数嵌套使用的示例。

6.5 函数嵌套与上下文

在使用 M 函数语言处理问题的时候，几乎不会遇到某个问题直接使用某个函数就可以解决的情况。稍微有些难度的问题，需要我们使用多种函数相互配合来解决，而这就不得不提"函数嵌套"。一旦使用嵌套，就会引发更多的问题，如函数运行的上下文问题和更深一层的上下文穿透问题，这些是 M 代码编写的核心问题，也是 M 函数语言基础知识的一部分，本节我们将一起理清思路，攻克这些难关。

注意：本节内容是 M 函数语言理论部分最重要的内容。

6.5.1 函数嵌套

函数嵌套的基础逻辑非常简单，类似一条流水生产线，各个环节由不同的设备及工作人员完成，最终将输入的原材料制作成产品。M 函数嵌套就像是构建一条流水线，将输入的数据组织并整理成目标的形式。具体说就是将某个函数的数据处理结果作为另一个函数的输入参数进行二次处理，一旦形成这种连接，我们就视为实现了函数的嵌套。M 函数语言对嵌套的唯一的要求是，上一层的输出数据类型要与当前所使用函数的数据类型相匹配。简单的函数嵌套演示如图 6-11 所示。

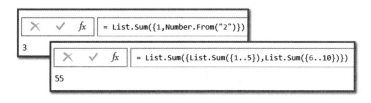

图 6-11 简单嵌套示例演示

图 6-11 所示的两个示例都是简单函数的嵌套。其中：第一个示例将文本 2 转化为数字后与数字 1 构成列表，最后使用列表求和函数进行计算汇总，最终返回结果 3；第二个示例则先分别计算 1～5 和 6～10 的汇总结果，然后将两个结果再次汇总，返回 1～10 的求和结果 55。为了直观地理解嵌套逻辑，上述示例的嵌套逻辑关系如图 6-12 所示。

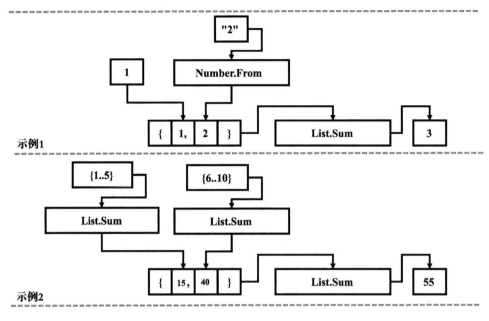

图 6-12　嵌套逻辑示意

6.5.2　上下文环境

了解嵌套的使用方法之后，我们便迈向了综合应用数据类型、运算符、关键字和 M 函数的融合之路。接下来我们在嵌套的基础上再深入了解一个新的概念"上下文环境"。

与嵌套一样，上下文环境并不是在 M 函数语言中独有的，现实生活中同样有很多上下文环境的例子。例如，在阅读文章和书籍时，当前所见的位置是有具体章节划分的，上下文讲解的内容具有很强的相关性，在 M 函数语言中也一样，在双层 let…in 嵌套中，处于外层环境的代码无法引用内层环境中的变量。在 M 函数中嵌套使用时，上一环节的运算结果会成为当前环节的一部分，可以提取出来并用于后续计算。最典型也最难以理解的上下文环境则出现在函数的循环框架中。

这里我们以 List.Transform 函数为例介绍循环框架中的上下文。该函数是目前我们唯一学过的拥有循环框架特性的函数，其使用演示如图 6-13 所示。

图 6-13 为利用列表转换函数求解数字 1～6 与其总和占比情况的演示。这里利用新的函数对其进行了改写，不需要再重复手动编写每个值的计算式。

在这个示例中我们利用列表转换函数来构建循环框架，依次提取列表"{1..6}"里的每个元素并执行将提取的元素除以总和的计算，以获得占比信息。而在这个过程中，第二个参数每次循环所获取的列表元素就是它的上下文环境。

| | fx | = List.Transform({1..6},each _/List.Sum({1..6})) |

	列表
1	0.047619048
2	0.095238095
3	0.142857143
4	0.19047619
5	0.238095238
6	0.285714286

图 6-13　循环框架中的上下文

　　稍微有点抽象，换个角度来理解。我们可以把计算机想象成一个小人在屏幕后面打着算盘，如果这个小人要完成如图 6-13 所示的任务，那么需要按照列表依次提取其中的元素，然后再按照要求进行计算。此时我们再回忆一下刚才对于上下文环境的介绍，当前所在位置可以获取的数据可以理解为当前的上下文环境。因此小人在运算过程中的上下文环境就是：他所在行对应的列表元素（运行到第一行时可以提取列表中的第一个元素，运行到第二行时则可以提取到第二行的元素，但是在运行到第二行之后，"each_"获取的就不再是第一行的元素，因为上下文环境发生了变化，反之亦然。后面的上下文环境可以以此类推）。这也是 List.Transform 函数的第二个参数只设置了一个公式，却可以在执行过程中不出错地批量完成若干次的原因。因为每次循环时，上下文环境都发生了变化，所以每次提取的输入数据也发生了变化，从而最终计算出了不同的结果，其运算过程逻辑示意如图 6-14 所示。

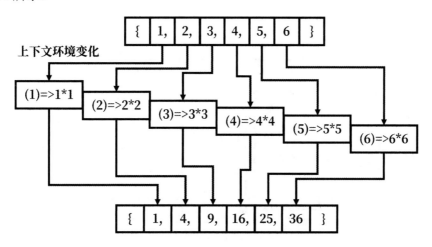

图 6-14　上下文环境变化逻辑示意

📑说明：上下文的问题是非常普遍的，而且还有更深一层的上下文突破问题，一开始理解不透是比较正常的，可以在后续的案例中重点关注。另外，在 M 函数语言中拥有循环特性的函数不只十数种（多出现于数据容器类函数），而 List.Transform 是最重要和最基础的一种，每种函数所拥有的上下文场景也有所区别，具体根据函数的循环框架来确定（这些都是官方文档没有提供的关键信息），我们会在后面的章节中继续介绍。

6.5.3　上下文穿透

在 6.5.2 小节中麦克斯给大家介绍了上下文环境的概念，其中最重要的就是应用在循环结构中的上下文。在后面内容中提到的所有上下文环境都将默认为此类型。本小节我们会深入了解上下文环境，讲解一种特殊的上下文环境处理问题——上下文穿透。上下文穿透问题是我们在处理数据时都会遇到的问题，也是学习 M 函数的难点之一。上下文穿透描述的是在循环结构嵌套过程中内外层上下文环境互通的问题。下面我们通过 3 个不同的例子来说明这个问题。

1．循环嵌套

在上面给出的定义中提到，上下文穿透问题一般出现在循环嵌套中。一定要注意这个概念和此前所说的函数嵌套不同。函数嵌套只是将上一步的运算结果嵌入当前运算过程中从而完成计算，并没有任何缓存操作；而循环嵌套则是在进行上一次循环过程中再次创建循环结构并执行新一轮的循环，只有当内层循环执行完毕后才返回上层循环继续执行。如果没有编程基础，第一次接触这个概念会不理解，这里通过一个简单的例子来演示一下循环嵌套，如图 6-15 所示。

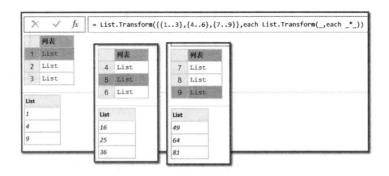

图 6-15　循环嵌套演示

如图 6-15 所示，最初的原始数据为"列表列"，其中的 3 个子元素均为 1～3、4～6和 7～9 的三个列表数据。现在搭建第一层列表转换循环结构对子元素列表进行逐一循环，此为第一层循环。在第一层循环执行的过程中，我们再次利用列表转换函数搭建第二层循环，即内层循环。该循环完成对子列表的每个元素的平方运算。最终我们获得的结果为一个包含 3 个列表元素的列表列数据，其子列表分别包含 1~3 的平方、4~6 的平方及 7~9 的平方。

上例的难度是增加了函数嵌套和循环嵌套，其中包含自定义函数简写关键字 each_，可能会有读者对它们的指代含义判断不准确，因此这里麦克斯将代码格式化，让读者看得更清楚，同时重点对其中的指代含义进行说明。

如图 6-16 所示，依旧从原始数据开始构建外层循环，因为这个列表和前面我们见到的简单列表不同，它是一个列表列，所以在列表转换函数构建循环的时候，外层循环的上下文其实是列表列中的每个元素，即单个列表。外层的 each_关键字提取的其实是{1..3}这样的列表（见图 6-16 中"提取外层上下文"处）。

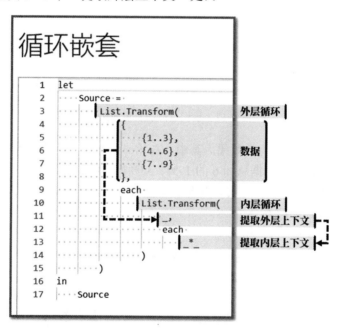

图 6-16　循环嵌套示例代码格式化拆解

获取外层上下文的列表后，我们以此为基础构建了第二层循环结构，即内层循环。内层循环的原始数据就是从外层提取的上下文列表数据。在内层循环中执行的操作就比较简单了，我们将外层上下文列表中的每个元素都提取出来作为内层循环的上下文并进行平方计算从而最终完成任务。

说明：在这个过程中一共出现了两个 each 及 3 个下画线"_"，其中，第一个下画线提取的是外层上下文数据，剩余两个下画线提取的是内层上下文数据。

2. 上下文穿透错误示范

了解了循环嵌套后，我们正式来看一个上下文穿透的实际例子。示例的原始数据和前面的示例相同，但是这次我们希望在外部列表列数据的基础上求出每个列表元素与自己所在列表总和的占比情况，效果如图 6-17 所示。

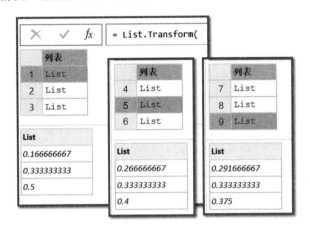

图 6-17　示例目标的实现效果

图 6-17 为示例目标要实现的效果。其中，在第一组结果中因为原始数据是 {1..3}，所以其中的元素 1、2、3 分别占据总和 6 的 17%、33% 和 50%。原始数据中的其他数据计算逻辑类似。如果以此为目标，大家可以想想应该用什么办法来解决？下面给出一种可能会出现的错误作为示范，如图 6-18 所示。

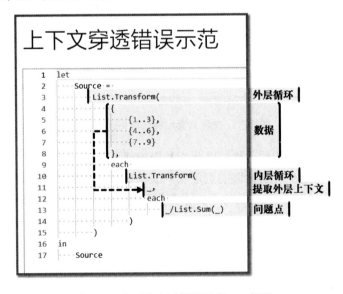

图 6-18　上下文穿透错误示范——代码

如图 6-18 所示，首先，因为需要对列表中的所有元素进行运算转化，所以利用 List.Transform 函数对列表列数据循环构建不会有任何问题，图 6-18 中使用的方法也是正确的。其次，需要对提取的列表数据进行第二次循环，以计算每个元素与列表数据总和的占比情况，因此再次使用 List.Transform 函数构建内层循环也没有任何问题。

关键问题出现在二层循环内部所定义的"运算逻辑"上，如图 6-18 所示的问题点处。可以看到问题点部分的代码为"_/List.Sum(_)"，按照目标逻辑翻译应当为"内层上下文提取的数字/List.Sum(外层上下文提取的列表)"，但实际执行逻辑为"内层上下文提取的数字/List.Sum(内层上下文提取的数字)"，因此就出现了如图 6-19 所示的错误。

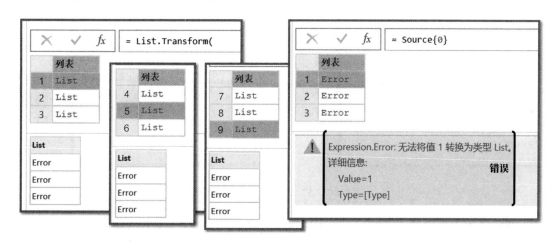

图 6-19　上下文穿透错误示范——结果

为什么会出现这种理解上的偏差呢？我们需要仔细分析上下文环境的作用范围，函数处理上下文时的默认逻辑，以及在这个案例中上下文环境是在什么时候切换的，清楚这些问题，相当于理解了更加动态的上下文变化问题。

回想一下前面的循环嵌套例子，其中出现了 3 个提取数据的下画线"_"，但是它们所代表的含义是不同的，提取到的数据也是不同的，这是因为不同的下画线位于不同的上下文环境中。但在循环嵌套的例子中我们提取的数据和目标效果是一致的，因此不会出现错误。

在本例中，在除号"/"之前我们希望提取的是内部循环上下文中的结果，即一个个单纯的数字，而在除号之后我们希望提取的是外部循环上下文中的列表数据，用于求和。如果我们在公式中都使用下画线"_"作为提取符号，则系统无法判定这个下画线需要提取哪个上下文中的内容，因此会默认提取当前上下文中的"数字"。这就是出现图 6-19 所示的错误的原因，因为 List.Sum 函数接收了一个单值数字进行运算，不符合数据类型要求。

3. 上下文环境的作用范围和切换

至此，我们对示例出现问题的原因分析完毕。接下来我们一起来看看上下文环境的作用范围及切换是如何发生的。这里我们直接将循环嵌套及上下文穿透错误示范这两个例子代码的双层上下文环境进行了标记，如图 6-20 所示。

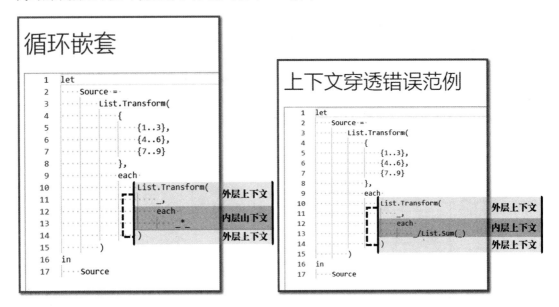

图 6-20　上下文环境的作用范围

　　浅色区域为外层上下文的作用范围，深色区域为内层上下文作用范围。在搭建好循环框架后，从外层 each 关键字出现的那一刻就进入外层上下文范围，在外层上下文范围内使用所有下画线"_"提取的数据都是外层上下文所拥有的数据，在本例中就是{1…3}、{4…6}或{7…9}。

　　一旦在外层上下文中建立了新的循环结构，当进入新的循环结构那一瞬间，即内层 each 关键词后，上下文环境就切换到新循环中（如图 6-20 中的深色区域所示）。在新的内层上下文中使用下画线"_"获得的数据只能是来自内层循环上下文环境中的"单个数字"，如 1、2 或 3。

4．上下文环境穿透

　　前面重点说明了循环嵌套会产生上下文的变化，同时帮助大家区分了不同上下文的作用范围及切换上下文的位置点。最后读者肯定想要知道前面那个错误的示范应该如何去纠正，其中所使用的就是上下文穿透。

　　错误范例的错误原因在于我们想要使用下画线"_"提取列表数据，但是因为上下文改变，切换到了内层，所以下画线便没有办法抓取到想要的目标值，就像是被困在了内部上下文中。在实际操作中，这类从内部上下文提取外部上下文数据的场景经常出现。解决办法很简单，就是将简写的自定义函数恢复为标准的自定义函数的写法，改写后的正确示范如图 6-21 所示。

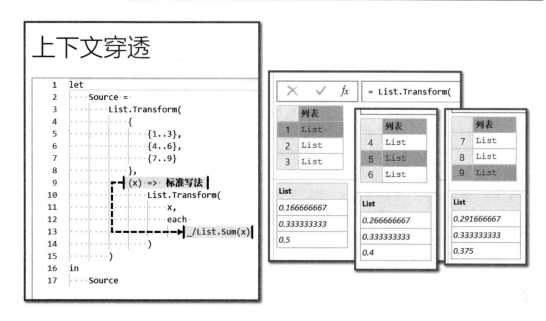

图 6-21 上下文环境穿透正确示范 1

如图 6-21 所示，将外层循环框架中自定义函数的简写形式修改为标准写法后，所有的问题就迎刃而解了。该方法能够解决上下文环境穿透问题的原因是使用自定义函数对输入变量进行了准确的命名和调用，避免了因为简写而造成的识别不准确问题。有趣的是，遵循相同的应对逻辑，我们采用另一种修改方式也可以解决问题，以下示例供读者参考，如图 6-22 所示。

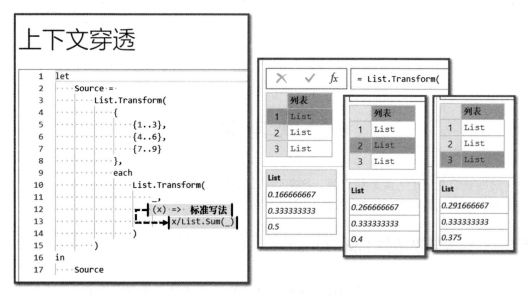

图 6-22 上下文环境穿透的正确示范 2

6.5.4 嵌套与上下文总结

因为 6.5 节讲解的知识点太重要了，而且整个逻辑链条稍微有点长，并且有点难以理解，所以本小节我们重新梳理一遍这个逻辑思路及重要的知识点。如果在这个过程中你突然有一些想要再次确认的问题，一定要回到对应的章节再次阅读，确保理解并掌握。

在 6.5 节的开始我们讲解的就是比较简单的函数嵌套的使用：上级结果输出到下级作为输入，完成最基础的函数嵌套单元。按照这种逻辑可以一直延续下去，而且可以嵌套出多种结构，多种路线，像是搭积木一样。

然后我们引入了"上下文"概念，在不同的上下文种类中，最重要的当属循环框架上下文。这是一类在创建循环框架时出现的上下文环境，在该环境下能够获取的数据取决于所使用的创建循环的函数。

介绍完基础概念后，麦克斯给出了一个真实的示例，从最基础的循环嵌套到高级的上下文穿透技术，进行了错误示范，上下文范围说明和穿透技术演示，整体思路如图 6-23 所示。

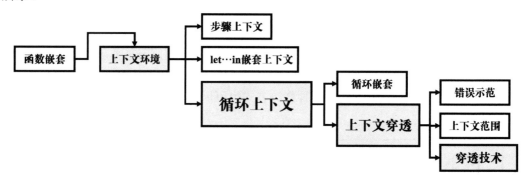

图 6-23 嵌套与上下文总结——脉络思路

6.6 常 用 函 数

前面我们介绍了与函数相关的一些基础知识。本节将介绍几个在后面章节中经常出现的函数，它们也是在 M 代码中经常出现的函数。

6.6.1 列表转换函数 List.Transform

第一个要介绍的是列表转换函数 List.Transform。关于这个函数的使用不再多说，可以查看前面的相关示例。这里我们将给出一个综合性的示例进行该函数的使用练习。

1．原始数据与目标效果

本例没有任何需要准备的原始数据，因为我们的目标是利用列表转换函数构建一个简单的九九乘法表。因为目前我们还没有学习表格处理的相关函数，所以这里只要求使用列表列将每行的乘法算式存储即可，最终效果如图 6-24 所示。

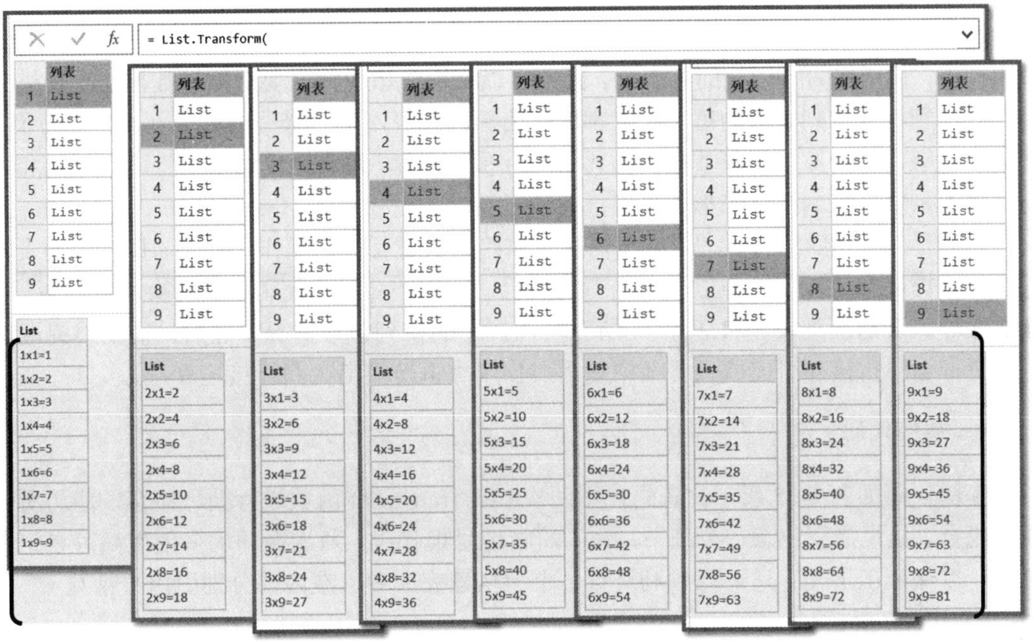

图 6-24　九九乘法表案例效果

2．问题分析的一般方法

本例是目前为止的第一个综合案例，因此这里先简单讲解一下使用 M 函数完成数据整理任务的一般方法。第一，要明确原始数据的形式，这代表我们拥有的"条件"；第二，要准确理解任务目标的数据形式，这代表目标任务的"终点"。在明确了"一头一尾两点"之后，再进行运算框架的搭建。

过程分析需要从几个方面入手：

- 查看数据组织形式的变化情况，如原始数据为列表，最终呈现形式为列表列，那么在处理时就要适应结构的变化。
- 分析信息量的变化，处理过程是否进行了信息整合？是否数据结构转化任务？因为信息的变化决定中间处理方法的选用，这两个问题都考虑清楚后，再选取对应的框架函数和处理函数来搭建运算框架。

不得不说这个过程仅靠文字描述还是会感到非常抽象，但可以给你一点启发。随着处理问题的增多，经验也会逐渐丰富，这里我们就以这个九九乘法表来提升经验值吧。

3．案例思路

因为本例是要搭建九九乘法表，所以可以确定不需要提供额外的数据源，只需要使用两组{1..9}就可以完成所有乘法项的构建。目标效果如图 6-24 所示。

明确了起点和终点后，需要从结构和信息两方面进行分析。在结构方面，原始数据为两组列表，但结果为一个大的列表列，因此可以轻松看出我们需要对原始数据的列表进行循环，并且将原本列表中的每个元素都转化为新的列表，得到最终的结果。在信息方面，我们需要组合利用原始列表数据中的元素进行乘法运算，得到运算结果后将运算结果和参与运算的乘数以文本拼接的形式呈现。

最后是选定函数组合代码。因为需要对原始列表进行循环操作，所以选择使用列表转换函数。每次循环都需要构建一个全新的列表，因此需要嵌套使用列表转换函数。最后，通过循环嵌套遍历列表"{1..9}"中所有两两握手的排列组合情况，然后只需要将提取的信息进行运算拼接即可完成任务（中途需要使用类型转换函数和连接运算符）。

4．案例代码

案例代码如图 6-25 所示。首先使用两次 List.Transform 函数进行循环嵌套，遍历所有乘法组合。这里需要注意一个细节，为了清晰地呈现代码，两次循环均未使用简写自定义函数，以保证上下文穿透可以顺利进行。框架搭建完成后，在内部分别引用"乘数 x"和"乘数 y"进行拼接和计算。

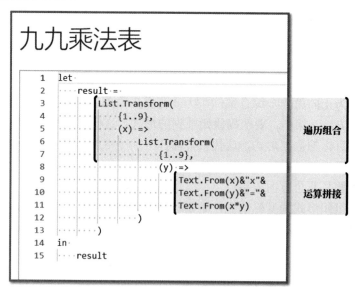

图 6-25　案例代码

📑说明：本案例并不难，因为是第一次进行案例练习，所以麦克斯进行了比较细致的讲解，后续的案例只会针对问题进行代码解析。

6.6.2　添加自定义列函数 Table.AddColumn

1．Table.AddColumn函数的使用

第二个高频出现的函数为 Table.AddColumn。顾名思义，该函数的作用是"为表格添加新的列"。该函数也是菜单命令"添加自定义列"的内核函数，使用演示如图 6-26 所示。

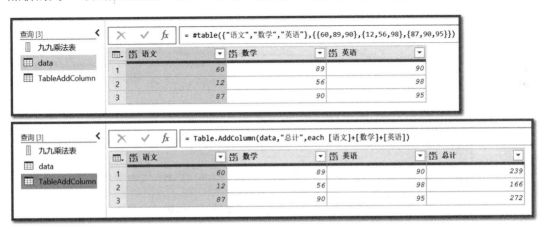

图 6-26　Table.AddColumn 函数的使用

图 6-26 上半部分为原始数据，它是一个包含 3 个科目的成绩表，下半部分则为函数的使用演示。本例是使用 Table.AddColumn 函数为成绩表添加新的总计列，并完成对 3 个科目成绩的加总。Table.AddColumn 函数分别接收 3 个输入参数进行运算，其中，第 1 个参数为成绩表，第 2 个参数为"总计"，即新列的名称，第 3 个参数则用于约定计算规则，负责将成绩进行汇总，这个过程等同于使用"添加自定义列"命令，如图 6-27 所示。

2．Table.AddColumn函数的循环框架

对于 Table.AddColumn 函数的前两个参数相信读者不会有什么疑惑，但可能对第 3 个参数有些疑问：为什么自定义函数 each [语文]+[数学]+[英语]可以完成 3 科总分成绩的计算？要想解答这个问题，就要清楚 Table.AddColumn 函数的循环框架。我们先来看基础版本，即没有任何运算逻辑的自定义函数效果，如图 6-28 所示。

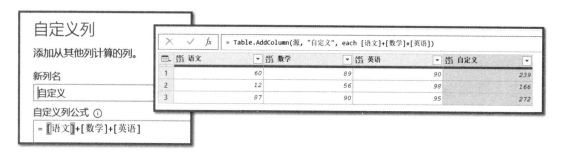

图 6-27　使用添加自定义列的等效操作对比

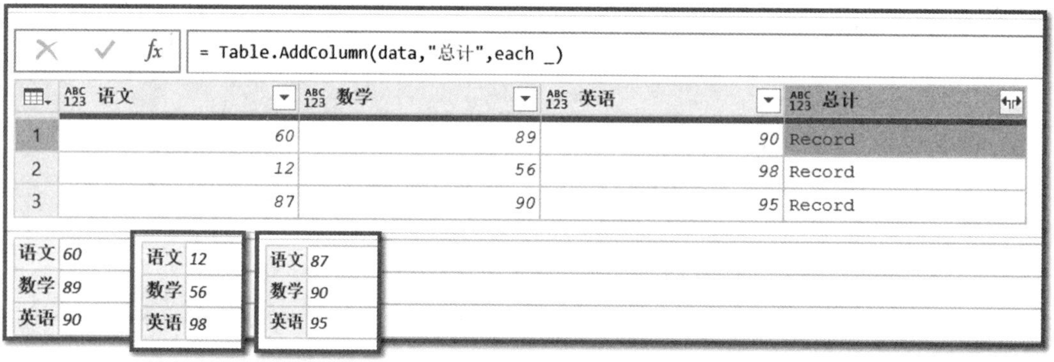

图 6-28　Table.AddColumn 函数的循环框架

　　如图 6-28 所示，我们将上述案例中 Table.AddColumn 函数的第 3 个参数修改为简单的不带任何运算逻辑的版本。从结果中可以发现，该函数依旧完成了添加列的工作，唯一的不同是每行的数据显示为一条 Record 记录。通过查看可知，这些记录包含当前行的所有字段数据。这一点是理解 Table.AddColumn 函数循环框架的关键。它表明 Table.AddColumn 函数在循环过程中的上下文环境是当前循环位置上行的所有数据，以记录的形式呈现。

　　从整体上描述 Table.AddColumn 函数的运算过程是：在第 1 个参数指定的表格最右侧，添加一列由第 2 个参数指定命名的新列，列中每行的内容由第 3 个参数指定的自定义函数生成。因为新列包含很多行数据，所以 Table.AddColumn 函数会搭建循环框架逐个生成这些数据。循环是以表格为框架逐行进行提取的，每次提取的数据是当前行的记录数据。

　　了解了这个循环框架后，案例中的自定义函数就容易理解了。在 each [语文]+[数学]+[英语]中执行的操作是提取当前行数据记录中语文、数学和英语字段的成绩，然后相加。

📃说明：此处代码采取了简写形式，完整的写法应为 each　 _[语文]+_[数学]+_[英语]。这是系统允许的一种简写方式，如果省略，系统会默认从当前上下文数据中提取指定字段的数据。

表 6-3 为 Table.AddColumn 函数的基本用法说明。

表 6-3　Table.AddColumn函数的基本用法

名　　称	Table.AddColumn
作　　用	为表格添加新的自定义列数据
语　　法	Table.AddColumn(table as table, newColumnName as text, columnGenerator as function, optional columnType as nullable type) as table，第1个参数为待处理的表格，第2个参数用于设置新的列名，第3个参数用于填写生成新列数据的自定义函数，第4个参数用于设定新列的数据类型，输出为表格类型
注意事项	该函数使用非常频繁，可以提供行循环框架，是完整提取行数据进行运算时最方便的一个框架

6.6.3　记录转列表函数 Record.ToList

1. Record.ToList函数的使用

第 3 个高频使用函数为 Record.ToList。顾名思义，该函数的作用是将记录数据的值部分转换为列表。该函数没有与之对应的菜单命令，使用演示如图 6-29 所示。

图 6-29　Record.ToList 函数的使用

如图 6-29 所示，Record.ToList 函数的用法非常简单，只需要将记录数据作为输入提供给该函数，它便会将记录中的所有字段名抹去，提取其中的"值"部分并使用列表进行存储，完成从记录数据到列表数据的转化。

2. Record.ToList函数的应用示例

看到上面的基本用法之后读者是否有一种要改写上一个案例的冲动？下面让我们一起来看看改写的效果吧。

如图 6-30 所示，我们要完成的目标不变，因此这里需要添加一列，将这一行中的各科成绩进行汇总然后存放到新列中，但是在实现的计算过程中发生了一些变化。前面是通过 Table.AddColumn 函数将上下文中的若干字段按照名称提取出来后再手动汇总，但这种方式有一个很明显的劣势，那就是当科目数量发生变化或出现缺考项目等情况时，直接提取的方式很"机械"，没有办法自适应地进行汇总。因此这里我们对自定义函数部分的代码进行了修改，将其改为 each List.Sum(Record.ToList(_))。

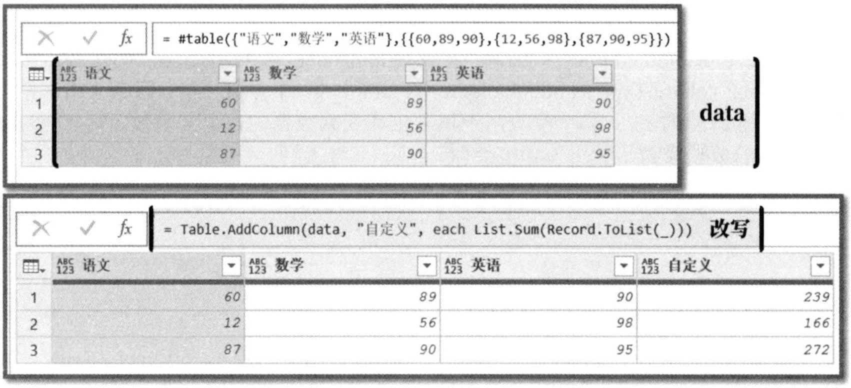

图 6-30　Record.ToList 函数的应用示例

这是一个典型的函数嵌套，内层利用 each_关键词获取 Table.AddColumn 函数的上下文数据，即当前行的数据记录，然后将记录转化为列表函数，将当前行的所有科目成绩抓取出来，最后在外层嵌套使用求和函数，对该列表数据进行求和。

📋说明：本例也印证了我们曾经讲过的一个知识点，即在 3 种数据容器中，记录类数据的功能最少，处理最不灵活，因此遇到记录类数据时一般会将其转化为列表类数据再进行处理。后面的很多例子都会采用这种思路。另外，Table.AddColumn 和 Record.ToList 是很经典的使用组合。

6.7　本 章 小 结

本章介绍了一些 M 函数的基础知识，包括函数分类、帮助文档、语法阅读的相关知识。此外，本章还介绍了一些新的概念，如函数嵌套、上下文环境、循环嵌套、上下文穿透等，最后还补充介绍了几个在 M 函数中高频使用的函数，为下一章的学习打好基础。

第7章 文 本 函 数

本章我们将学习一种简单的单值数据类型函数——文本函数（Text）。

本章主要分为三部分，第一部分从整体上对文本类型中的几十个函数进行"总览"，了解它们的分类情况及具体的作用，第二部分则会挑选其中较为重要且特殊的文本函数进行讲解，加深读者对函数的理解，最后一部分则会给出一个综合案例进行练习。

本章的主要内容如下：

- 文本函数的分类和作用。
- 文本处理函数的特性。
- 文本函数在实操中的应用场景。

7.1　文本函数概述

本节我们将介绍文本函数，包括文本函数的数量、文本函数二级分类情况及每个函数的作用等。

7.1.1　文本函数清单

在 M 函数语言中，目前共有约 50 个文本函数，这些函数用于处理特殊的文本类数据。因为数量比较多，需要进行二级分类才可以更好地掌握它们之间的逻辑关系，因此麦克斯将所有的文本函数进行了分类，如表 7-1 所示。

表 7-1　M函数语言的文本函数汇总

序　号	分　　组	函 数 名 称	作　　用
1	类型	Text.From	将其他类型数据转化为文本
2		Text.FromBinary	解码二进制数据为文本形式
3		Text.ToBinary	将文本数据编码为二进制数据
4	插入	Text.Insert	向文本中插入字符串
5		Text.PadStart	在文本前以指定字符补位到特定位数
6		Text.PadEnd	在文本后以指定字符补位到特定位数

（续表）

序　号	分　　组	函 数 名 称	作　　　　用
7	移除	Text.Remove	移除文本中的指定字符
8		Text.RemoveRange	移除文本中指定范围的字符
9		Text.Clean	清除文本中的特殊字符
10		Text.Trim	移除文本首尾的指定冗余字符
11		Text.TrimStart	移除文本头部的指定冗余字符
12		Text.TrimEnd	移除文本尾部的指定冗余字符
13	转换	Text.Replace	将文本中的指定字符替换为新字符串
14		Text.ReplaceRange	将文本中指定范围的字符替换为新字符串
15		Text.Upper	将文本转化为大写形式
16		Text.Lower	将文本转化为小写形式
17		Text.Proper	将文本转化为首字母大写形式
18		Text.Format	格式化文本
19		Text.Reverse	逆序排列文本中的所有字符
20		Text.Repeat	按指定次数重复文本
21	提取	Text.Select	保留文本中的指定字符
22		Text.Start	从文本头部开始提取指定长度的字符串
23		Text.End	从文本尾部开始提取指定长度的字符串
24		Text.At	提取文本中指定位置的字符
25		Text.Middle	提取文本中指定范围的字符串
26		Text.Range	提取文本中指定范围的字符串
27		Text.AfterDelimiter	提取文本中指定分隔符之后的字符串
28		Text.BeforeDelimiter	提取文本中指定分隔符之前的字符串
29		Text.BetweenDelimiters	提取文本中指定分隔符之间的字符串
30	信息	Text.Length	获取文本字符数信息
31		Text.Contains	判断文本中是否包含指定字符
32		Text.StartsWith	判断文本是否以指定字符串开头
33		Text.EndsWith	判断文本是否以指定字符串结尾
34		Text.PositionOf	定位字符在文本中的位置
35		Text.PositionOfAny	定位字符（多）在文本中的位置
36		Character.FromNumber	将数字转化为Unicode字符
37		Character.ToNumber	将Unicode字符转化为数字
38		Text.InferNumberType	返回包含数字信息文本的明细数字类型
39	拆分与合并	Text.ToList	将文本按字符拆分为列表
40		Text.Split	按照指定分隔符拆分文本

（续表）

序　号	分　组	函 数 名 称	作　用
41	拆分与合并	Text.SplitAny	按照指定分隔符（多）拆分文本
42		Text.Combine	合并列表中的多个文本
43	特殊	Text.NewGuid	创建一个文本形式的全局唯一标识符
44		Guid.From	将数据转化为标准格式的全局唯一标识符
45		Json.FromValue	将数据转化为JSON格式
-	参数	Occurrence.All	返回所有出现的位置
-		Occurrence.First	返回首次出现的位置
-		Occurrence.Last	返回末次出现的位置
-		RelativePosition.FromEnd	设定从尾部开始检索
-		RelativePosition.FromStart	设定从头部开始检索
-		TextEncoding.Ascii	选择ASCII编码方式
-		TextEncoding.BigEndianUnicode	选择UTF-16 Big Endian编码方式
-		Text.unicodeEncoding.Unicode	选择UTF-16 Little Endian编码方式
-		TextEncoding.Utf8	选择UTF-8编码方式
-		TextEncoding.Utf16	选择UTF-16编码方式
-		TextEncoding.Windows	选择Windows编码方式
……	……	……	……

7.1.2　文本函数的分类

可能读者第一次看到这张表格时感觉很抽象。我们先不去看这张表格而是考虑一个问题：如果由你来设计文本函数的内容，你会按照什么思路去构建？如果你认真思考过这个问题，思路可能会与微软开发团队一样。为什么这么说呢？下面我们一起来思考这个问题，通过这种思考可以加深读者对函数分类的理解。

设计文本函数的唯一目的是能够快速地处理文本类型数据。注意是你能想到的任何处理办法都应该包括在内，这样才能在遇到各种问题时不至于没有相应的处理工具。因此这个问题便转化为"我们需要对文本数据执行哪些操作来满足实际需求？"。其实，对于数据而言，核心的操作无非是4个，即增、删、改、查，对应文本中便是在文本中插入新的字符串、删除文本中指定的字符串、修改文本的格式或部分内容、提取部分字符串内容或信息等，所以这几部分将会成为设计文本函数的主框架。除此之外，我们也可以设计一些专属于文本类型的特殊函数，如对文本执行拆分与合并的函数、文本类型和其他类型数据的转化函数等。如果再去看表 7-1 会发现这些函数正是按照这种思路分类的，很容易理解。

说明：其实不只是文本类函数可以遵循"增删改查"+"特殊功能"的分类思路，其他高频使用的函数大类，如列表、记录和表格等也可以按照这种思路进行二级分类。因为无论是什么数据类型，函数的设计目的是更方便地完成对数据的处理，因此便离不开增、删、改、查操作。在后面的学习中我们可以举一反三，快速掌握函数的分类框架。

7.2　重要的文本函数

本节我们学习文本函数的使用。因为篇幅有限并且文本函数的数量众多，所以我们挑选其中的重要函数进行介绍。对于其他较为简单的函数，读者可以自行查看官方文档了解和使用。

7.2.1　文本插入函数

文本插入函数共有 3 个成员，分别是 Text.Insert、Text.PadStart 和 Text.PadEnd。它们的作用都是向文本中的指定位置插入新的字符串，但处理逻辑有所区别，基本使用如图 7-1 所示。

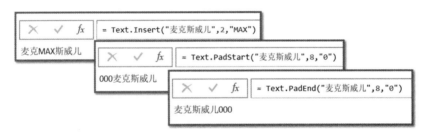

图 7-1　文本插入函数的使用

如图 7-1 所示，我们对文本"麦克斯威儿"执行了 3 种不同的插入，分别是指定位置、头部补位和尾部补位。这 3 个函数的说明如表 7-2 至表 7-4 所示。

表 7-2　Text.Insert函数的基本用法

名　　称	Text.Insert
作　　用	在文本指定的偏移量位置插入新的字符串
语　　法	Text.Insert(text as nullable text, offset as number, newText as text) as nullable text，第一个参数text输入待处理的文本，第二个参数offset表示插入位置的偏移量，第三个参数newText表示待插入的字符串，结果依旧为文本类型数据
注意事项	该函数仅用于插入文本，不会改变运算前后的数据类型。唯一需要注意的是偏移量的具体含义是指"跳过N个字符进行插入"。例如，示例中选择对目标字符串"麦克斯威儿"跳过2个字符进行字符串MAX的插入

表 7-3　Text.PadStart函数的基本用法

名　称	Text.PadStart
作　用	在文本头部使用指定字符补位到指定位数
语　法	Text.PadStart(text as nullable text, count as number, optional character as nullable text) as nullable text，第一个参数text用于输入待处理的文本，第二个参数count表示要求补位的位数，第三个参数character为可选参数，表示用于补位的字符，输出结果为文本类型数据
注意事项	该函数用于插入文本，不会改变运算前后的数据类型。其基础运算逻辑是：如果文本长度没有到达指定的位数，那么就使用设定的字符在文本前进行补位。例如，示例中文本"麦克斯威儿"的长度仅为5，但要求为8位，因此使用指定字符"0"补位到8位，结果返回"000麦克斯威儿"。反之，如果位数已经达到要求，则不进行修改 使用该函数需要注意两种特殊情况：第一，补位的字符必须是单字符，不得为多字符的字符串，否则会报错无法运行；第二，如果省略第三个参数，则默认使用"空格"补位。这两种特殊情况的演示如图7-2所示

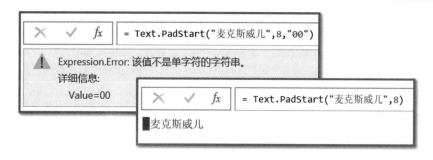

图 7-2　Text.PadStart 函数的特殊情况

表 7-4　Text.PadEnd函数的基本用法

名　称	Text.PadEnd
作　用	在文本尾部使用指定字符补位到指定的位数
语　法	Text.PadEnd(text as nullable text, count as number, optional character as nullable text) as nullable text，第一个参数text用于输入待处理的文本，第二个参数count表示要求补位的位数，第三个参数character为可选项，表示用于补位的字符，输出结果为文本类数据
注意事项	此函数与Text.PadStart是成对的"兄弟"函数，使用方式与注意事项完全一致，唯一的区别在于补位的方向分别位于头部和尾部。这类成对的函数在Power Query M中的使用比较频繁，通过对比学习可以快速掌握

7.2.2　文本移除函数

　　"增删改查"的"移除"函数共有6个。这里我们挑选两个最典型的移除函数 Text.Remove 和 Text.RemoveRange 进行讲解，使用演示如图 7-3 所示。

图 7-3　文本移除函数的使用

如图 7-3 所示，我们使用两种不同的方式，完成了对文本字符串中部分字符的移除任务。其中，第一种方式是移除指定的字符，第二种方式是限定位置后移除该范围内的字符。函数用法说明如表 7-5 和表 7-6 所示。

表 7-5　Text.Remove函数的基本用法

名　称	Text.Remove
作　用	移除文本中指定的字符
语　法	Text.Remove(text as nullable text, removeChars as any) as nullable text，第一个参数text用于输入待处理的文本，第二个参数removeChars表示要移除的字符，类型可任意，输出结果依旧为文本类型数据
注意事项	该函数为高频使用的文本移除函数，与Text.Select函数成对使用可以帮助理解。使用该函数时需要注意两点：第一，如果只需要移除单个字符，按照示例演示的方法使用文本即可，如果要指定多个字符，则需要提供文本列表，否则会出错（这也是二参类型为any的原因，既可以是text也可以是list，很多函数参数都具有这种特性）；第二，该函数的判定逻辑是只要指定就移除，所以文本中出现若干次的字符会被一次性清空，如图7-4所示

说明：Text.Remove 函数的任务是移除字符串中不需要的字符集，如移除字符串中的所有中文、所有数字和所有字母等。

图 7-4　Text.Remove 函数的用法说明

表 7-6　Text.RemoveRange函数的基本用法

名　称	Text.RemoveRange
作　用	移除文本中指定范围的字符

（续表）

语　法	Text.RemoveRange(text as nullable text, offset as number, optional count as nullable number) as nullable text，第一个参数text用于输入待处理的文本；第二个参数offset表示开始删除的位置偏移量，第三个参数count为可选项，表示要移除的字符数量，输出结果依旧为文本类型的数据
注意事项	该函数的使用方式与Text.Insert类似，都是指定位置（范围）后对文本进行处理。使用该函数时需要注意：第3个参数如果不设置，则默认移除一位字符；利用参数offset和count锁定的范围不能超出文本的范围，否则会返回错误，如图7-5所示

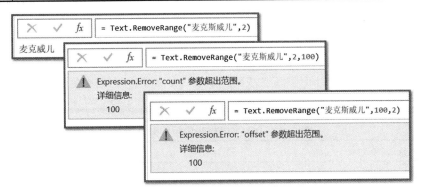

图 7-5　Text.RemoveRange 函数的用法说明

文本移除类函数还有 4 个成员，分别是 Text.Clean（清除不可见的字符）、Text.Trim（清除文本首尾两端）、TrimStart（清除头部）和 TrimEnd（清除尾部），使用方法类似 Text.PadStart 和 Text.PadEnd，感兴趣的读者可以自行查阅官方文档。

7.2.3　文本转换函数

文本转换函数共有 8 个，可以完成文本内容替换、大小写转换和格式化文本等任务。其中，替换函数 Text.Replace 与 Text.ReplaceRange 的使用与移除函数基本相同，不再进行说明。这里重点针对格式化、逆序和重复 3 个转换功能进行讲解，使用演示如图 7-6 所示。

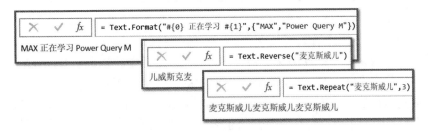

图 7-6　文本转换函数的使用

如图 7-6 所示，我们依次完成了文本的格式化、逆序和重复转换操作。其中，Text.Format

函数是所有文本类函数中功能最强大的一项，但使用方式比较特别，后两个函数的使用方法很简单。这 3 个函数的基本用法说明如表 7-7 至表 7-9 所示。

表 7-7　Text.Format函数的基本用法

名　称	Text.Format
作　用	参数化设置文本数据的格式
语　法	Text.Format(formatString as text, arguments as any, optional culture as nullable text) as text，第一个参数formatString用于以文本输入格式设置代码，第二个参数arguments以单值或列表形式提供格式化使用的参数，第三个参数culture为可选项，用于语言设置，输出为文本类型的数据
注意事项	在第一个参数中引用值的写法常用井号加花括号的形式，这样可以帮助我们提取第二个参数列表中的元素，如#{0}表示提取列表中的第一个元素。也可以将井号"#"视为第二个参数，然后配合引用运算符完成数据值的获取。如果第二个参数提供的数据为记录类型，则可以利用#[字段名]的形式完成数据值的提取，这属于不常见的高级用法

表 7-8　Text.Reverse函数的基本用法

名　称	Text.Reverse
作　用	逆序排列文本字符串
语　法	Text.Reverse(text as nullable text) as nullable text，第一个参数text为待处理文本，输出结果为文本类型的数据
注意事项	该函数是单纯的逆序文本字符的函数，功能单一，没有值得特别说明之处。除文本类型数据可以进行逆序排序之外，列表元素逆序排序可以使用List.Reverse函数，表格行逆序排序可以使用Table.ReversRows函数

表 7-9　Text.Repeat函数的基本用法

名　称	Text.Repeat
作　用	按照指定次数重复文本
语　法	Text.Repeat(text as nullable text, count as number) as nullable text，第一个参数text为待重复文本，第二个参数count用于指定重复次数，输出为按指定次数重复的单个文本
注意事项	该函数功能较为单一，除了文本类型数据可以重复之外，列表重复可以使用List.Repeat函数，表格重复可以使用Table.Repeat函数（纵向）

　　Text.Format 函数在第一次使用的时候会觉得有点奇怪，其中的运算逻辑好像无法理解。想要理解文本格式化函数，最重要的一点就是明白"参数化"的概念。Text.Format 函数的第一个参数是一个纯粹的文本字符串，函数最终的输出以此参数的设定为准。在正常情况下字符就是字符，直接输出，但是代码中的"#{N}"则有特殊含义，需要从第二个参数中提取对应位置的元素进行输出，类似将输出结果的部分内容"参数化"，可以灵活地组织。读者是否还记得"九九乘法表"的例子，我们将两个乘数格式化之后组成计算式，当时的处理方式是利用类型转换函数进行转换后再利用文本连接符拼接，如图 7-7 所示。

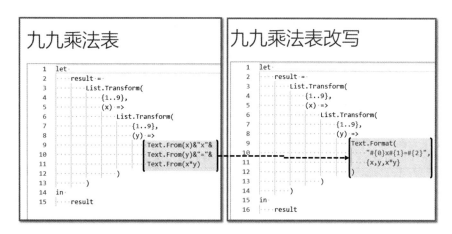

图 7-7　九九乘法表示例改写

在图 7-7 中，左图为原始的方法，右图为使用 Text.Format 函数进行了代码改写。可以看出整体结构简洁很多，这也是高级函数所具有的优势之一。Text.Format 函数在格式化的同时完成了数据类型的转换，将参数中各类型的数据转化为文本，再按照第一个参数设置的规则进行组合。

📑说明：图 7-7 左图所示的方法在需求比较简单的场景下经常使用，虽然操作麻烦一些，但是灵活度较高。

7.2.4　文本提取函数

文本提取函数属于增、删、改、查的最后一个环节——查询环节，该函数包含 9 种提取函数，大致可以分为两类：依据条件提取和依据位置提取。例如，Text.Start、Text.End、Text.Middle、Text.Range 和 Text.At 函数都是按照目标提取位置进行字符串的提取，而Text.Select、Text.AfterDelimiter、Text.BeforeDelimiter 和 Text.BetweenDelimiters 函数则是根据条件进行字符串的提取。由于函数数量较多，多数函数的使用方式基本类似，这里只挑选其中几个比较特殊的函数展开介绍，如表 7-10 至表 7-12 所示，其他函数可以对比学习。示例演示如图 7-8 所示。

图 7-8　文本提取函数的使用

表 7-10 Text.At函数的基本用法

名 称	Text.At
作 用	提取文本中指定位置的单个字符
语 法	Text.At(text as nullable text, index as number) as nullable text，第一个参数text为待提取的文本，第二个参数index为指定的索引位置。最后输出本文类型的数据，虽然只有一个字符
注意事项	Text.At函数按照位置要求提取文本中的字符串，其他函数的使用基本和Text.At一样，只是提取逻辑会发生变化，有的提取左边的N个字符，有的提取右边的N个字符，有的提取中间的N个字符。学会其中的一个函数，就可以快速掌握一组函数的用法

表 7-11 Text.Middle函数的基本用法

名 称	Text.Middle
作 用	提取文本中指定位置的字符串
语 法	Text.Middle(text as nullable text, start as number, optional count as nullable number) as nullable text，第一个参数text为待提取文本，第二个参数start为指定的开始提取位置，第三个参数count为提取长度，最终输出文本类型的数据
注意事项	Text.Middle函数用于从文本中间提取字符串，它和Text.Range函数的作用基本是一样的。但是Text.Middle对参数的要求更宽泛，而Text.Range则更为严格，二者的使用对比如图7-9所示。使用Text.Middle函数时需要注意start参数和索引一样是以零开头的，表示跳过的字符数

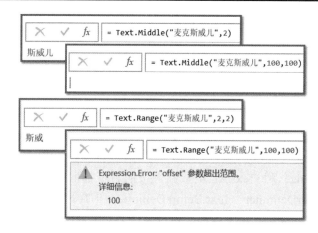

图 7-9 Text.Middle 和 Text.Range 函数的使用对比

表 7-12 Text.BetweenDelimiters函数的基本用法

名 称	Text.BetweenDelimiters
作 用	提取文本中指定分隔符之间的字符串
语 法	Text.BetweenDelimiters(text as nullable text, startDelimiter as text, endDelimiter as text, optional startIndex as any, optional endIndex as any) as any，第一个参数text为待提取文本，第二个参数startDelimiter为起始分隔符，第三个参数endDelimiter为结束分隔符，第四个参数startIndex为可选项，表示检索时跳过的起始分隔符数量，第五个参数endIndex可选，表示检索跳过的结束分隔符数量，结果返回提取的文本字符串

（续表）

注意事项	该函数在按条件提取文本字符串函数中是使用最复杂的一个函数，它的"兄弟"函数还可以实现提取分隔符之前及之后的字符串。使用该函数需要注意：第一，因为是依据多个分隔符确定目标字符串，所以名称中的分隔符Delimiters是复数，带s，第二，附加的第三和第四个参数用于控制在检索开始与结束时跳过分隔符的数量，使用演示如图7-10所示

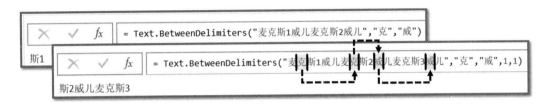

图 7-10　Text. BetweenDelimiters 函数的特殊情况

如图 7-10 所示，上半部分为常规使用情况，系统从左向右检索起始关键字，确认后继续定位结束关键字，最终确认第一个"克"与第一个"威"为提取的起点和终点，因此返回"斯 1"。下半部分则增加了附加特性，系统从左往右检索起始关键字，由于设置了第四个参数，因此需要跳过一个，检索到第二个"克"字作为起点；然后在已经定位的起点基础上开始从左向右继续检索终点，同理因设置了第五个参数，需要跳过一项结束关键字，最终定位到最后一个"威"字作为终点。综上所述，最终函数的返回结果为"斯 2 威儿麦克斯 3"。

📖技巧：Text. BetweenDelimiters 函数的功能类似于提取分隔符之间的数据。

7.2.5　文本信息函数

信息函数可以看作一种独特的提取函数。它提取的不是某个文本中的一段具体的字符串，而是文本长度、目标字符位置等信息。典型的文本信息函数的使用示范如图 7-11 所示，函数的用法说明如表 7-13 至表 7-15 所示。

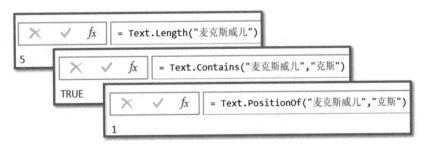

图 7-11　文本信息函数的使用

表 7-13　Text.Length函数的基本用法

名　称	Text.Length
作　用	提取文本的字符长度信息
语　法	Text.Length(text as nullable text) as nullable number as any，第一个参数text为待处理文本，无其他参数，输出结果主要为数字类型的数据
注意事项	长度信息函数属于使用最简单的一类函数，因为它没有任何额外的设置参数，但在实操中它的出现频次很高。与之类似的信息函数有提取列表元素数量信息函数List.Count、提取表格行和列数量信息函数Table.RowCount和Table.ColumnCount，它们的使用方法基本一致，可以对比学习

表 7-14　Text.Contains函数的基本用法

名　称	Text.Contains
作　用	判断文本中是否包含指定的字符串
语　法	Text.Contains(text as nullable text, substring as text, optional comparer as nullable function) as nullable logical，第一个参数text为待处理文本，第二个参数substring用于指定待判断的字符串，第三个参数comparer比较器为可选参数，其是高级参数，用于控制更为复杂的比较规则，输出为逻辑值，表示结果是否成立
注意事项	如图7-11所示，完成的判断便是判定字符串"克斯"是否在主字符串"麦克斯威儿"中出现，如果出现则返回true，否则返回false。这是一类很独特的函数，它们不具备具体的对数据的操作功能，不会对数据进行任何实质的操作，但可以代表我们向数据提问，帮助我们获得数据的"外貌"特征。这类函数在其他数据类型中同样会出现，在Text文本大类中还有Text.StartWith和Text.EndWith函数，用于判定是否以特定的文本开头或结尾，使用方法大致相同

表 7-15　Text.PositionOf函数的基本用法

名　称	Text.PositionOf
作　用	获取指定字符串在文本中出现的位置信息
语　法	Text.PositionOf(text as text, substring as text, optional occurrence as nullable number, optional comparer as nullable function) as any，第一个参数text为待处理文本，第二个参数substring用于指定待判断的字符串，第三个参数occurrence为可选，用于控制返回模式，第四个参数comparer是比较器，为高级参数，可选，用于控制更复杂的比较规则，输出为逻辑值，表示结果是否成立
注意事项	该函数与Text.Contains类似，但是该函数可以直接返回子字符串具体出现的位置信息，功能更强。使用时需要注意3点：第一，可能会出现找不到子字符串的场景，系统会自动返回-1；第二，第三个参数有3种设置，分别为Occurrence.First、Occurrence.Last和Occurrence.All，分别表示返回首次出现、末次出现和所有出现的位置；第三，第三个参数可以使用数字替代简写，首次、末次和所有模式分别对应0、1、2，默认为首次出现位置。特殊情况演示如图7-12所示

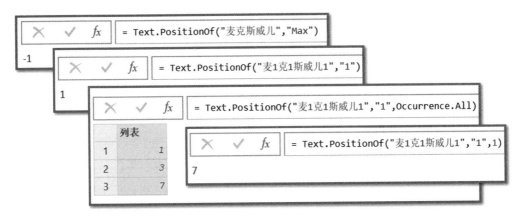

图 7-12　Text.PositionOf 函数特殊使用情况

7.2.6　常量参数

在 M 函数中有一类特殊的参数形式即常量参数，如 Text.PositionOf 中的第三个参数就是（在函数分类明细表中也有常量参数，可以参考）。常量参数仅代表一个固定的常量值，我们在填写此类参数时，既可以直接填写变量名称，也可以直接填写它代表的常量。麦克斯的建议统一按照变量名称进行书写。原因如下：

- 虽然参数名称比较长，但是利用 Power Query 编辑器自带的检索功能，无论多么复杂的变量名称都可以通过简单的几个关键字符来完成对变量的检索输入，效率很高，并不比直接输入数值慢。
- 变量的名称相较于常量数值而言，更能够表达这个参数的实际意义。对于初学者而言，不会因记忆偏差而导致出错，后期的代码维护也更加容易。如果去记忆大量的常量参数对应的数值，则很容易混淆，而且在阅读代码时也不直观。

此时可能有读者会说"使用数值输入不但很快，而且代码也精简了"。的确，使用数值进行常量参数的输入会使代码看上去比较"简洁"，但对于 Power Query 而言，代码的长度实际上不会影响执行效率。换个角度来说，M 代码的普遍长度为 500～1000 个字符，比 Excel 工作表函数多了几倍，而且高级编辑器可以对代码进行格式化，因此完全不需要考虑代码长度的问题。

7.2.7　文本拆分与合并函数

前面几个小节介绍了文本函数的"增、删、改、查"操作，本小节补充一类极为特殊的函数——文本拆分与合并函数。之所以单独进行讲解，并不是这类功能不能归入"增、删、改、查"部分，而是因为平时我们会频繁地使用这类功能。

文本拆分与合并函数共有 4 个，分别是 Text.ToList、Text.Split、Text.SplitAny 和 Text.Combine（见表 7-16 至表 7-19）。前 3 个函数负责不同模式的拆分，最后一个函数用于将列表中存储的多段文本进行合并，使用演示如图 7-13 所示。

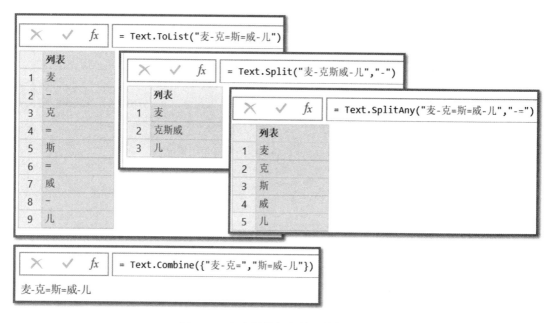

图 7-13　文本拆分与合并函数的使用

表 7-16　Text.ToList函数的基本用法

名　称	Text.ToList
作　用	将文本按位拆分为列表
语　法	Text.ToList(text as text) as list，第一个参数text为待处理文本。输出结果为列表类型，每个元素为字符串中的单个字符，顺序不变
注意事项	虽然通过名称来看，该函数应属于类型转换函数，负责将文本值的数据转化为列表。但实际上分类时依据的是其在实操中的使用场景。我们使用该函数主要是希望完成对文本的拆分，而不是将类型进行转化。该函数的使用比较简单，没有特别的参数

表 7-17　Text.Split函数的基本用法

名　称	Text.Split
作　用	将文本按分隔符拆分为列表
语　法	Text.Split(text as text, separator as text) as list，第一个参数text为待处理文本，第二个参数separator用于指定分隔符。因为拆分后存在多个结果，所以输出为列表类型
注意事项	拆分与合并函数跟前面所讲的文本函数的最大区别就是在运算过程中会改变数据类型，拆分时由文本变为列表，合并时列表变为文本，而文本函数处理结果依旧为文本；第二个参数的分隔符可以指定为多字符的文本

表 7-18　Text.SplitAny函数的基本用法

名　　称	Text.SplitAny
作　　用	将文本按任意分隔符（多）拆分为列表
语　　法	Text.SplitAny(text as text, separators as text) as list，第一个参数text为待处理文本，第二个参数separators用于指定分隔符，注意是复数分隔符。因为拆分后存在多个结果，所以输出为列表类型
注意事项	该函数可以理解为普通文本拆分函数Text.Split的变异版本，同样也用于文本拆分，但其基础逻辑变为根据指定的多个字符进行拆分。使用时需要注意两点：第一，第二个参数用于指定以多个字符进行拆分，并没有使用列表存储多个字符，而是将文本中的所有字符独立作为分隔符，一定要注意字符类型；第二，与Text.Split函数相比该函数增加了任意多字符拆分的特性，取消了多字符文本作为分隔符的特性，使用演示如图7-14所示

图 7-14　文本拆分函数的用法说明

如图 7-14 所示，我们使用两个完全相同的参数分别放在两种拆分函数中进行效果对比。可以看到，对于函数 Text.Split 而言，字符串会按分隔符进行拆分；而对于函数 Text.SplitAny 来说，虽然参数是一个多字符的文本，但是在拆分过程中会将该文本包含的每个字符都进行独立拆分。

表 7-19　Text.Combine函数的基本用法

名　　称	Text.Combine
作　　用	将文本列表数据合并为一个文本字符串
语　　法	Text.Combine(texts as list, optional separator as nullable text) as text，第一个参数texts为待处理文本列表，第二个参数separator为可选项，用于设置合并时使用的分隔符。结果为合并后的字符串
注意事项	对于简单的文本合并，可以使用连接运算符"&"，对于批量的数据合并，可以使用带Combine字样的函数。除了Text.Combine函数以外，在列表、记录、表格中均有相似的合并函数可以使用

说明：关于文本类下的拆分与合并函数的介绍就到此为止了，通过前面的函数信息表可以看出文本类下只有 4 个拆分与合并函数。在实际场景中对于文本数据的合并与拆分还有很多要求，如按照固定长度拆分、按照指定位置拆分及按照复杂分隔符拆分等，这些要求使用文本函数则无法解决。在 M 函数中还有两类特殊的器类

函数——拆分器和合并器函数，可以提供更强大的文本拆分与合并功能。

7.3　文本函数应用案例

本节将以案例的形式介绍文本函数的实际使用场景。需要特别说明的是，本案例不仅涉及文本函数和其他类别的函数的相关知识，同时也涉及前面学习的数据类型、运算符和关键字的相关知识。

7.3.1　提取混合文本内的中英文数字信息

1．案例背景

第一个案例当作热身，我们来完成一个比较简单的数据提取任务。我们拥有的原始数据为一个单列表格，其中包含一列混合中文、数字和英文的文本字符串。现在要求将其中的三种类型分别提取出来以单列形式呈现。原始数据与最终效果如图 7-15 所示。

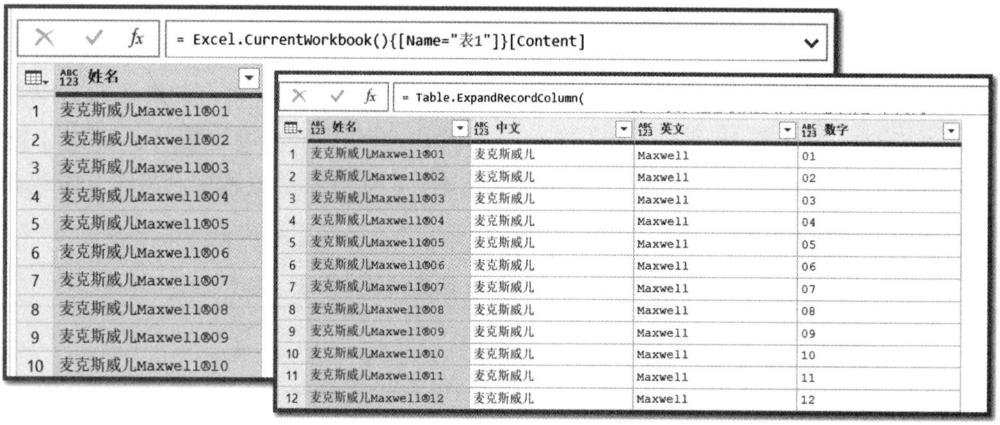

图 7-15　提取混合文本内的中英文及数字信息——案例数据与效果

2．案例思路

首先，从结构上看，数据从原来的一列变为了 4 列，并且第一列就是原始数据。因此我们的目标是为原表格添加 3 列数据信息。其次，从数据运算角度来看，新增的 3 列数据均来源于原始数据列，我们需要做的就是分别抓取其中的中文字符、英文字符及数字。

清楚了这两个问题之后，很容易想到的办法就是重复使用 3 次添加列函数 Table.AddColumn，并在每次抓取内容时使用 Text.Select 函数提取字符串中不同类型的数据即可。以我们目前所讲解的知识点来说，如果你想到了这个办法，可以说你完全掌握了"精髓"，但是还缺少一点"灵性"。在实操中应避免通过手写代码执行重复操作，应该利用系统机制来批量完成。因此我们还需要对上述思路进行一些调整。

3. 案例解答

如图 7-16 所示为最终的解答代码。虽然里面的函数 Table.ExpandRecordColumn 之前完全没有见过，但可以使用操作替代，这个问题我们放到最后再说。

```
10  let
11      源 = 原始数据,
12      结果 =
13          Table.ExpandRecordColumn(
14              Table.AddColumn( // 添加一个新列用于盛放提取的中英文数字结果(麦克斯威儿®)
15                  源,
16                  "新列",
17                  each // 因为一次性需要提取多个结果, 因此采用了记录再展开的形式进行批量提取(麦克斯威儿®)
18                      [
19                          中文 = Text.Select([姓名],{"一".."颿"}),
20                          英文 = Text.Select([姓名],{"A".."Z","a".."z"}),
21                          数字 = Text.Select([姓名],{"0".."9"})
22                      ]
23                  ),
24                  "新列",
25                  {"中文","英文","数字"}
26              )
27  in
28      结果
```

图 7-16　提取混合文本内的中英文及数字信息——案例解答

我们先看内部的结构，这里运用了 Table.AddColumn 函数为表格添加列，并在其第三个参数列生成的自定义函数中构建了一个拥有 3 个字段的记录，分别负责提取原始数据字符串的中文、英文及数字信息。而提取此类信息使用的便是文本函数 Text.Select。这个函数在前面我们已经用过，它与 Text.Remove 的使用方法基本一致。如果我们将外层的展开函数去除，只运算内部的添加列代码，则最终得到的结果如图 7-17 所示。

	ABC 123 姓名	ABC 123 新列
1	麦克斯威儿Maxwell®01	Record
2	麦克斯威儿Maxwell®02	Record
3	麦克斯威儿Maxwell®03	Record

中文	麦克斯威儿
英文	Maxwell
数字	01

图 7-17　提取混合文本内中英文及数字信息——中间步骤

如图 7-17 所示，在中间步骤中我们只获得了单列数据，如何将其变成三列独立的内容呢？这里就需要运用刚才提到的最外层 Table.ExpandRecordColumn 展开记录列函数。什么？你说没有学过？那也可以直接通过操作的方法完成展开。直接单击新列标题右侧的左右箭头按钮，即可将记录列横向展开为 3 列数据，从而得到最终想要的结果。

4．总结回顾

在这个案例中有两点需要注意：

- 在本案例中大家看到了一个不熟悉的函数，实际上这个函数可以通过操作命令进行替换。在学习 M 函数的初期，由于学习的知识有限，综合应用的熟练度还不高，这个时候可以结合 M 函数及 Power Query 操作命令来解决问题，不一定全程都使用 M 函数。吸取二者的优点，这样可以大大提高处理问题的效率。
- 在本例中我们使用了记录构建的方式一次性地完成了三种不同类型数据的提取，相比分三次使用 Table.AddColumn 函数进行列的添加更加合理。

7.3.2　提取混合文本中的日期信息

1．案例背景

本小节来看一个更有挑战性的案例。如图 7-18 所示，本案例的原始数据为单列数据表，在该列中包含若干条购物记录，每条记录中包含一个字符串，用于记录采购人员名称、日期和数量的相关信息。由于规范度不够，所以记录顺序及完整度方面都有问题。现在需要我们使用 M 函数完成其中的日期数据的提取。

图 7-18　提取混合文本中的日期信息——案例数据与效果

2．案例思路

清楚了原始数据及目标效果后，我们先来分析一下，依旧从数据结构及内容运算逻辑这两个方面进行分析。首先，数据结构比较简单，在原表格右侧添加新列即可。其次，在信息方面，需要的是原始数据中的一部分信息，即日期信息。但是问题在于不同的记录中日期出现的位置并不相同，因此我们需要进行特殊处理。首先，按照空格对原数据进行文本拆分，其次，在拆分结果的列表内找到目标需要的日期数据进行保留，其他数据可以删除，最后，整理获得的信息。

3．案例解答

如图 7-19 所示为最终的解答代码。最外层是非常熟悉的 Table.AddColumn 函数添加列的主框架，利用该函数创建新列后，我们的关注点是内部如何从文本中提取日期数据。

```
10   let
11   ····源 = 原始数据,
12   ····统计结果 =
13   ········Table.AddColumn( // 添加列用于存放提取的日期结果
14   ············源,
15   ············"日期",
16   ············each
17   ················List.RemoveNulls( // 移除列表中的空值
18   ····················List.Transform( // 对拆分的结果列表进行遍历
19   ························Text.Split([数据]," "), // 提取数据用空格拆分形成列表
20   ························each
21   ····························try Date.FromText(_) // 判断拆分结果是否为日期,如果是日期
                                              则保留返回,如果是其他属性值,则会出错,因此返回空值null
22   ····························otherwise null
23   ····················)
24   ················){0} // 提取表格中的值
25   ········)
26   in
27   ····统计结果
```

图 7-19　提取混合文本中的日期信息——案例解答

我们可以先从代码的第 19 行开始阅读。代码第 19 行完成的任务便是使用文本拆分函数以空格为分隔符对原始数据进行拆分，一定要注意拆分完的结果是一个列表。因此我们在该结果的外层套用了 List.Transform 函数对拆分的每个部分进行循环提取。为什么要这么做呢？答案是需要判定在拆分结果中哪些是日期，哪些不是日期。

拆分之后，我们循环提取每个拆分的部分，利用日期类中的类型转换函数 Date.From 或 Date.FromText 尝试将各部分转化为日期。因为在拆分结果中只有一个满足要求（即日期），所以其他部分就无法进行转化，因此会报错。我们利用 try…otherwise 关键字可以将这些非目标的错误值屏蔽为空值，然后使用 List.RemoveNulls 函数（基本用法说明见表 7-20）对列表中非目标值进行清空，从而得到唯一的结果。

表 7-20　List.RemoveNulls函数的基本用法

名　　称	List.RemoveNulls
作　　用	移除列表数据中的空值元素
语　　法	List.RemoveNulls(list as list) as list，第一个参数list为待处理列表。输出结果依旧为列表，但其中的空值都会被清除
注意事项	属于基础的简单运算函数，没有特别说明之处

4．总结回顾

在这个案例中有两点值得特别关注：

- 从混合文本中提取日期数据的思路很值得借鉴参考并运用在其他的场景中。核心是利用类型转化，将非目标值构建成错误类型，然后再利用错误处理关键字将错误的部分清除。也可以理解为利用类型转换来区分目标值与非目标值。
- 在使用列表空值清除函数之后，虽然只有一个值，但是数据类型依旧为列表。如果需要提取单元素列表中的那个元素，则需要在列表后添加引用运算符{0}。很多人会忽略这一点从而出错。

7.3.3　提取混合文本中的数字信息并求和

1．案例背景

本小节来看一个难度最高的案例，如图 7-20 所示，原始数据同样为单列混合文本数据，记录麦克斯威儿的消费情况但是混合的程度更复杂。本例的目标是提取每行记录中的所有数字，并且完成加总求和记录在新列中。

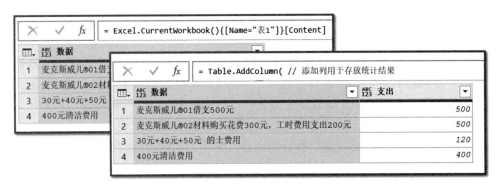

图 7-20　提取混合文本中的数字信息并求和——案例数据与效果

2．案例思路

通过前面两个案例，对于处理问题的思路相信大家已经非常熟悉了。一定要养成这种习惯，虽然通过本书的学习能够让读者比较全面且清晰地了解 M 函数语言中各知识板块涵盖的内容，同时也有案例作为辅助，但是对于问题分析和处理的经验则需要大量的案例积累。

回到问题本身，结构方面无须多说，可以通过 Table.AddColumn 函数来解决。因为麦克斯的提前筛选，我们目前所看到的案例结构比较单一。这是因为结构变化需要大量的数据容器及相关的函数作为支撑，而目前我们没有学习相应的理论知识。在后面的案例部分我们将会看到更丰富的对于数据结构的处理。

因此本例的核心就是计算方法。首先需要明确目标——计算每行记录的总消费额度。因此需要将所有的数字提取出来并进行计值。虽然使用 Text.Select 函数可以快速获取混合文本中的数字，但是其中包含多个数据无法直接使用。因此我们换一个思路：第一步，以"元"为分隔符对文本进行拆分；第二步，依次提取每段拆分结果的末尾 1 位、2 位、……、N 位数据；第三步，将提取结果都转化为数字，并将其中错误的转化结果变为 0；第四步，提取转化结果中最大的值作为消费金额；第五步求和所有消费金额，完成任务。

是否感觉文字描述有点抽象？让我们结合代码进行理解。

3．案例解答

如图 7-21 所示为最终的解答代码。最外层使用 Table.AddColumn 函数添加列的框架，内层则是每条记录中包含的消费总额的运算逻辑。这里重点看运算逻辑部分。首先和上一个案例一样先从数据源相关的代码进行阅读，在本案例中就是第 19 行。通过该行代码，可以对当前行原始数据的混合文本以"元"为分隔符进行拆分。拆分的结果为多段，目标需要的数字均位于每段末尾。因此下一步工作是提取在拆分结果中每段所包含的数字。因为目前我们所熟知的方法有限，因此这里采用的是末位依次递增提取加构建错误屏蔽的思路，示意如图 7-22 所示。

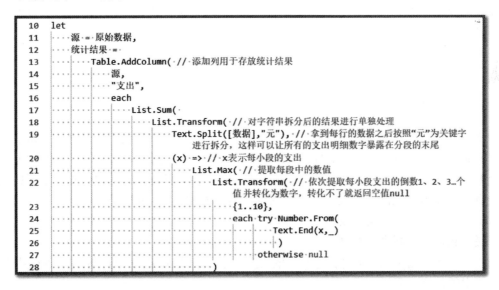

```
10   let
11       源 = 原始数据,
12       统计结果 =
13           Table.AddColumn( // 添加列用于存放统计结果
14               源,
15               "支出",
16               each
17                   List.Sum(
18                       List.Transform( // 对字符串拆分后的结果进行单独处理
19                           Text.Split([数据],"元"), // 拿到每行的数据之后按照"元"为关键字
                                                       进行拆分, 这样可以让所有的支出明细数字暴露在分段的末尾
20                           (x) => // x表示每小段的支出
21                               List.Max( // 提取每段中的数值
22                                   List.Transform( // 依次提取每小段支出的倒数1、2、3…个
                                                     值并转化为数字, 转化不了就返回空值null
23                                       {1..10},
24                                       each try Number.From(
25                                           Text.End(x,_))
26                                       )
27                                   otherwise null
28                               )
```

图 7-21　提取混合文本中的数字信息并求和——案例解答

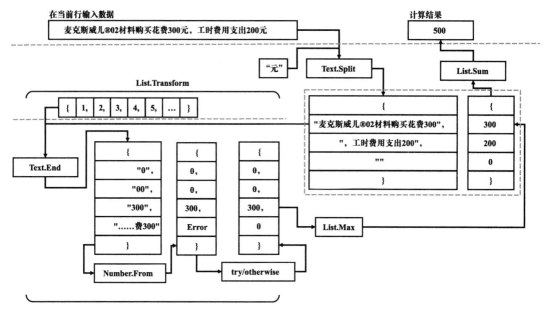

图 7-22　提取混合文本中的数字信息并求和——处理逻辑

图 7-22 基本体现了本案例汇总金额的运算逻辑。文本拆分后需要提取每段文本中末位的金额数字用于后续的求和，因此我们循环提取出每一段文本，然后再构建内层循环依次提取每段末位的 1、2、……、N 位字符。这次提取结果中最大的数字即为目标金额，因此，首先使用数字转换函数将包含非数字字符的元素构建为错误值，然后利用错误处理关键字将错误替换为 0 值，最后利用 List.Max 函数获取列表中最大的数据。只要对每段拆分的文本执行上述运算，即可获取每段的金额，最终一并汇总完成任务。

4．总结回顾

本案例对于初学者而言还是有一定难度的。这三个案例在难度上步步加大，如果你在阅读的时候遇到了困难，建议在彻底明白前面的案例并可以独立编写代码后再继续进行下一个案例的练习。另外，在对案例进行练习的时候，如果发现有一些理论知识不明白，一定要返回去复习，把问题消灭。如果有新的"奇思妙想"，不妨打开一个新的空查询，将其付诸实践，肯定会有所收获。

最后我们还是回到本案例上：

- 本案例采用了构建循环的思路，依次提取末位的前 N 位，再利用构建错误值提取其中的数字，可举一反三。
- 注意构建错误值的用法，在两个案例中都出现了。
- 本案例感觉有些难是因为使用了上下文穿透技术。

7.4 本 章 小 结

本章我们学习了 Power Query M 函数语言中一些用于处理文本类型数据的函数，然后以三个案例对目前所学的知识进行了总结和融合，帮助读者加深对于知识点的理解。下一章将会学习数字类型函数。

函数对于我们来说就像一个个不同的工具，只要掌握一项，能力就会提升一点。与数据类型、运算符和关键字不同，函数几乎是所有代码中必不可少的组成部分，因此我们必须掌握基础函数的使用，并尝试使用它们来解决问题。

第8章 数字函数

本章我们继续单值函数的学习。本章的学习目标是数字（Number）函数。数字函数有一个特点就是使用难度较低，因为数学运算的难点是算法，基础的运算非常简单。

本章主要分为三部分，第一部分从整体上对数字类函数进行概括性介绍，了解它们的分类情况及具体的作用。第二部分则会挑选较为重要且特殊的数字函数进行讲解，加深读者对数字函数的理解。最后一部分则会给出一个综合案例进行练习。

本章的主要内容如下：
- 数字函数的分类和作用。
- 数字函数的特性。
- 零件函数和轮子函数的概念。
- 数字函数在实操中的应用场景。

8.1　数字函数概述

本节我们先介绍一下数字函数的基础知识，包括数字函数的数量、二级分类情况及每个函数的作用等，让读者对数字函数有一个大致的了解。

8.1.1　数字函数清单

目前，在 M 函数语言中约有 60 个数字函数，比文本函数多一些。这些函数用于处理数字类型的数据，其中大部分用于实现各种数学运算。由于数字函数比较多，需要进行二级分类才可以更好地了解它们之间的逻辑关系，所以麦克斯将所有的数字函数的二级分类进行了整理，如表 8-1 所示。

表 8-1　M函数语言的数字函数汇总

序　号	分　组	函 数 名 称	作　用
1	常量	Number.E	自然常数e，返回2.71828……
2		Number.NaN	返回Not a Number，相当于0/0
3		Number.Epsilon	返回合法的最小数字

（续表）

序　号	分　组	函 数 名 称	作　用
4	常量	Number.PI	返回圆周率
5		Number.PositiveInfinity	返回正无穷
6		Number.NegativeInfinity	返回负无穷
7	类型	Number.From	将其他值转化为数字
8		Number.FromText	将其他文本值转化为数字
9		Number.ToText	将数字转化为文本
11		Byte.From	返回8b整数值
12		Int8.From	返回带符号8b整数值
13		Int16.From	返回16b整数值
14		Int32.From	返回32b整数值
15		Int64.From	返回64b整数值
10		Single.From	返回单精度浮点数
16		Double.From	返回双精度浮点数
17		Currency.From	返回货币值
18		Decimal.From	返回十进制数
19		Percentage.From	返回百分比值
20	信息	Number.Sign	提取数字的符号信息
21		Number.IsNaN	判定数字是否非数字
22		Number.IsOdd	判定数字是否奇数
23		Number.IsEven	判定数字是否偶数
24	运算	Number.Abs	计算数字的绝对值
25		Number.IntegerDivide	计算除法运算的商
26		Number.Mod	取模运算（取余数）
27		Number.Sqrt	平方根运算
28		Number.Power	次方运算
29		Number.Exp	e次方运算
30		Number.Ln	自然对数运算
31		Number.Log	对数运算
32		Number.Log10	以10为底的对数运算
33		Number.Factorial	阶乘运算
34		Number.Combinations	组合数计算
35		Number.Permutations	排列数计算
36	修约	Number.Round	四舍五入
37		Number.RoundUp	向上修约

（续表）

序　　号	分　　组	函　数　名　称	作　　用
38	修约	Number.RoundDown	向下修约
39		Number.RoundAwayFromZero	向外修约
40		Number.RoundTowardZero	向内修约
41	随机	Number.Random	生成随机数
42		Number.RandomBetween	生成指定范围内的随机数
43	三角	Number.Sin	计算正弦值
44		Number.Cos	计算余弦值
45		Number.Tan	计算正切值
46		Number.Asin	计算反正弦值
47		Number.Acos	计算反余弦值
48		Number.Atan	计算反正切值
49		Number.Atan2	计算反正切值
50		Number.Sinh	计算双曲正弦值
51		Number.Cosh	计算双曲余弦值
52		Number.Tanh	计算双曲正切值
53	位运算	Number.BitwiseAnd	返回数字按位与运算的结果
54		Number.BitwiseOr	返回数字按位或运算的结果
55		Number.BitwiseNot	返回数字按位非运算的结果
56		Number.BitwiseXor	返回数字按位异或运算的结果
57		Number.BitwiseShiftLeft	返回数字按位左移运算的结果
58		Number.BitwiseShiftRight	返回数字按位右移运算的结果
	参数	RoundingMode.AwayFromZero	设置修约模式为向外
		RoundingMode.TowardZero	设置修约模式为向内
		RoundingMode.Up	设置修约模式为向上
		RoundingMode.Down	设置修约模式为向下
		RoundingMode.ToEven	设置修约模式为向偶数
……	……	……	……

8.1.2　数字函数的分类

通过表 8-1 可以看出，数字函数的二级分类与文本函数的差异比较大，原因是二者的特性及使用场景差异较大，数字函数更偏向于数学方面的运算，因此这种差异也影响了其功能分类。例如，在数字函数中，除了各种数字函数基本包含的类型转换功能外，数字函数的功能基本上都与数学计算有关，如常规的数学运算分类、对数字进行四舍五入的修约分类、三角函数分类和按位运算分类。

但是有一类数字函数极为特别，那就是常量函数。在文本函数的章节中我们第一次看到了特殊的参数类型的常量参数，而此处的常量函数的作用与其类似，可以使用常量函数返回一些在数学运算中比较频繁使用的常量，如自然常数和圆周率等。

🔔**注意**：虽然官方将常量函数放在了函数类下，但是实际上它们与常量参数一样只是一个包含常数的变量。因此在使用时不需要在函数后添加括号()，添加括号反而会出现错误，如图 8-1 所示。

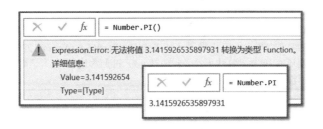

图 8-1 常量使用的常见错误

8.2 重点数字函数

本节我们开始学习数字函数的使用。因为篇幅有限、数量众多，我们挑选其中的重要函数进行介绍。对于其他较为简单的函数，读者可以自行查看官方文档。

8.2.1 数字类型转换函数

数字类型转换函数是数字函数中最重要的一类函数，其中，高频使用的两个函数分别为 Number.From 和 Number.ToText，它们可以快速将其他类型的数据转化为数字类型，然后将数字类型的数据转换成文本格式显示，具体使用演示如图 8-2 所示。

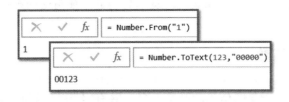

图 8-2 数字类型转换函数的使用

其中，Number.From 函数可以将很多种单值类型顺利地转化为对应的数字，这里不再赘述。Number.ToText 函数用于将数字进行格式化，使用方法与 Excel 工作表函数中的 TEXT 函数非常相似，如表 8-2 所示。

表 8-2　Number.ToText函数的基本用法

名　称	Number.ToText
作　用	将数字按照特定格式转化为文本
语　法	Number.ToText(number as nullable number, optional format as nullable text, optional culture as nullable text) as nullable text，第一个参数number为待处理数字，第二个参数format为可选项，用于定义格式代码，第三个参数culture为可选项，用于地区文化设定，输出为文本类型的数据
注意事项	使用此函数的核心是掌握代码的设置规则，如在图8-2中使用格式代码"00000"模拟了为数字添加补位0的效果，相当于"= Text.PadStart(Text.From(123),5,"0")"。除此以外常见的规则还有科学记数法（e）、十进制（d）和十六进制（x）记数法、百分比计数法（p）等，使用演示如图8-3所示

图 8-3　Number.ToText 函数的特殊使用场景

📑说明：Number.ToText 函数与此前学习的 Text.Format 函数有异曲同工之妙，它们除了具备 Text.From 函数和 Number.From 函数的转换功能之外，还新增了格式设定功能，相比组合使用其他函数实现类似的功能，使用这两个函数的代码更加简洁。

8.2.2　数字信息函数

在数字类函数中用于获取信息的函数不多，共有 4 个，分别是获取数字符号信息的 Number.Sign 函数，以及 3 个用于判定是否奇数、偶数或非数字的函数，使用演示如图 8-4 所示。

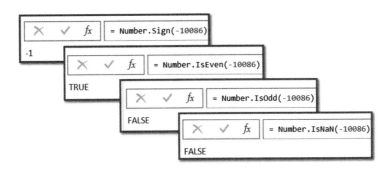

图 8-4　数字信息函数的使用

Number.Sign 函数和 Number.IsEven 函数的基本用法说明如表 8-3 和表 8-4 所示。

表 8-3　Number.Sign函数的基本用法

名　　称	Number.Sign
作　　用	提取数字符号信息并用数字表示
语　　法	Number.Sign(number as nullable number) as nullable number，第一个参数number为待处理的数字，输出为数字类型的数据
注意事项	此函数类似于Excel工作表函数SIGN，返回结果与输入数据的对应关系为"输入正数，返回1；输入零值，返回0；输入负数，返回-1"，记住对应关系即可

表 8-4　Number.IsEven函数的基本用法

名　　称	Number.IsEven
作　　用	判断数字是否偶数
语　　法	Number.IsEven(number as number) as logical，第一个参数number为待处理数字，输出为逻辑类型的数据
注意事项	此函数类似于Excel工作表函数ISEVEN。如果判定成立则返回true，否则返回false，所有的判定类函数都遵循类似使用规则

📖说明：M 函数语言中的很多基础函数的功能及使用方法与 Excel 工作表函数相似，如 SIGN、ISEVEN 和 CLEAN 等，对比学习可以快速掌握这些函数。

8.2.3　"零件"函数和"轮子"函数

首先声明，"零件"函数和"轮子"函数都不是官方对函数的分类名称，而是麦克斯为了帮助读者形象地理解函数的分类自己定义的名称。其中，"零件"函数没有办法组合其他函数完成相似的功能，而"轮子"函数则可以使用其他函数组合成相同的功能，但是直接使用"轮子"函数更加简单。

为什么要讲解这个概念呢？其实，8.2.2 小节讲解的信息函数就非常符合"轮子"函数的概念。例如，提取数字符号信息的 Number.Sign 函数就可以使用条件分支结构 if…then…else 实现，而数字奇偶性判断函数 Number.IsEven 也以使用取余数函数配合条件分支结构实现，如图 8-5 所示。

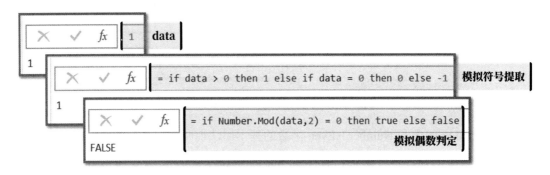

图 8-5　"零件"函数和"轮子"函数

通过简单对比可以发现，如果要完成相同的功能，肯定是"轮子"函数更简洁，效率更高。正所谓已经有"轮子"就不要费劲再去造"轮子"了，直接用"轮子"让"小汽车"跑起来。在整个 M 函数语言中，类似函数还有很多，掌握它们可以让代码更简洁和高效。

8.2.4　数字运算函数

数字运算函数中包含大多数数学中规定的基础运算。在介绍运算符时曾说过，在 M 函数语言中，通过运算符约定的数学运算只有最基础的四则运算"加、减、乘、除"，想要完成其他运算逻辑，如绝对值、指数运算、对数运算、排列组合运算等，需要要借助数字函数，这个数字函数指的便是数字运算函数，其使用演示如图 8-6 所示，函数用法说明如表 8-5 至表 8-8 所示。

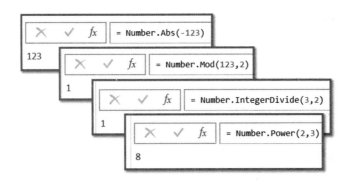

图 8-6　数字运算函数的使用

表 8-5　Number.Abs函数的基本用法

名　称	Number.Abs
作　用	计算数字的绝对值
语　法	Number.Abs(number as nullable number) as nullable number，第一个参数number为待处理数字，输出为数字类型的数据
注意事项	提取绝对值（Absolute Value）可以理解为去掉数字的负号，改为默认的正号。也可以使用条件分支结构配合基础运算实现，但直接使用函数更便捷

表 8-6　Number.Mod函数的基本用法

名　称	Number.Mod
作　用	求余数
语　法	Number.Mod(number as nullable number, divisor as nullable number, optional precision as nullable number) as nullable number，第一个参数number为被除数，第二个参数divisor为除数，第三个参数precision为可选项，代表运算精度，输出为数字类型的数据
注意事项	计算余数也称取模运算，使用可选的第三个参数可以提高运算的精度，可选的常量参数有Precision.Decimal和Precision.Double两种，平时一般不用precision参数

表 8-7　Number.IntegerDivide函数的基本用法

名　称	Number.IntegerDivide
作　用	求商
语　法	Number.IntegerDivide(number1 as nullable number, number2 as nullable number, optional precision as nullable number) as nullable number，第一个参数number1为被除数，第二个参数number2为除数，第三个参数precision为可选项，代表运算精度，输出为数字类型的数据
注意事项	该函数是在除法的基础上进行取整，舍弃小数部分，因此该函数也称为"地板除"。地板除的运算逻辑与除法运算的求商等同

表 8-8　Number.Power函数的基本用法

名　称	Number.Power
作　用	计算数字的N次方
语　法	Number.Power(number as nullable number, power as nullable number) as nullable number，第一个参数number为底数，第二个参数power为指数，输出为数字类型，返回底数的指数次幂的运算结果
注意事项	虽然在不少工具或语言中都支持使用尖号 "^"，但Power Query M不支持 "^"，必须使用Number.Power函数完成运算。另外Power Query M针对平方根运算设计了函数Number.Sqrt，属于幂运算函数的特例

说明：虽然在 M 函数语言中提供了十几个数学运算函数，但其中的对数函数及排列组合数计算在多数情况下都不会使用，经常使用的是次方、平方根、绝对值、取余数和地板除运算。

8.2.5 数字修约函数

修约的含义是指对数字进行一定程度的微调，如最典型的"四舍五入"修约规则。在 Power Query M 中也提供了 5 个修约函数，分别是常规舍入、向上修约、向下修约、向外修约和向内修约函数，基础使用演示如图 8-7 所示。

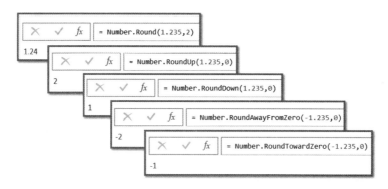

图 8-7 数字修约函数的使用

Number.Round 函数的使用是这 5 个函数中难度最高的，因此我们先来了解其他 4 个功能相似的修约函数，如表 8-9 所示。

表 8-9 Number.RoundUp、Number.RoundDown、Number.RoundAwayFromZero、
Number.RoundTowardZero的基本用法

名　称	Number.RoundUp、Number.RoundDown、Number.RoundAwayFromZero、Number.Round-TowardZero
作　用	按指定位数和方向修约数字
语　法	Number.RoundUp、Number.RoundDown、Number.RoundAwayFromZero、Number.Round-TowardZero(number as nullable number, optional digits as nullable number) as nullable number，第一个参数number为被除数，第二个参数digits为可选项，用于指定修约位数（0代表整数、1代表十分位、–1代表十位），输出为数字类型的数据
注意事项	4个函数的语法结构除名称外，完全一样，使用方法也基本相同。唯一的区别在于对数据进行修约时采取的方向，方向共分为四大类，分别对应4个函数（向上、向下、向内和向外）。此处的向上和向下代表数轴中的正无穷和负无穷，向内和向外代表数轴中间的0值和两端的无穷。它们的修约规则可以通过示意图来了解，如图8-8所示

图 8-8 为数据±1.5 经过 4 个不同方向的修约函数处理后得到的整数位的效果。其中：向上代表无论数据位于数轴的哪个部分，输入的数据都向数轴正无穷一侧进行修约，比如 –1.5 修约到整数位为–1，1.5 修约到整数位为 2；向下则刚好与向上相反，所有数据均朝负无穷一侧进行修约。后两种方向则更加特殊，修约结果会受数据的正负性影响而发生变化，其中：向内是指朝数轴中心原点修约，如–1.5 修约到整数位为–1，而 1.5 修约到整数

位为 1，不再是 2；向外则恰好与向内相反。因为模式众多，只需要记忆图 8-8 所示的逻辑即可清楚区分不同模式的效果。接下来让我们来看下难度更高的 Number.Round 函数的用法说明（如表 8-10 所示）。

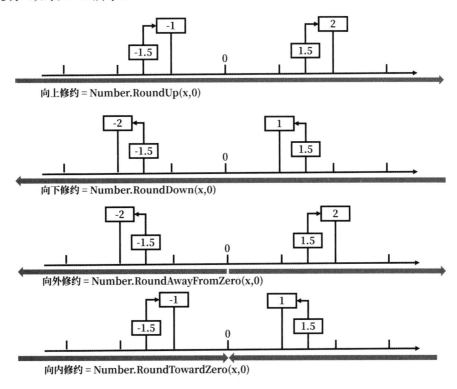

向上修约 = Number.RoundUp(x,0)

向下修约 = Number.RoundDown(x,0)

向外修约 = Number.RoundAwayFromZero(x,0)

向内修约 = Number.RoundTowardZero(x,0)

图 8-8　4 个修约方向的差异对比

表 8-10　Number.Round函数的基本用法

名　称	Number.Round
作　用	按指定位数修约数字
语　法	Number.Round(number as nullable number, optional digits as nullable number, optional roundingMode as nullable number) as nullable number，第一个参数number为被除数，第二个参数digits为可选项，用于指定修约位数，第三个参数roundingMode为可选项，用于选择修约模式，输出为数字类型的数据
注意事项	按照常规的理解，很自然地会认为Number.Round函数在修约时遵循四舍五入的规则。但事实并非如此，它默认遵循的模式为RoundingMode.ToEven，类似于"四舍六入五成双"规则，如图8-9所示； 第三个参数负责设置修约模式，可选参数有 RoundingMode.AwayFromZero、RoundingMode.TowardZero、RoundingMode.Up、RoundingMode.Down 和 RoundingMode.ToEven，需要明确的是此处的各类模式虽然名称与前面看到的修约函数类似，但功能有很大差异，使用演示如图8-10所示

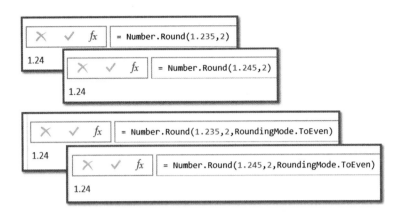

图 8-9　Number.Round 函数默认的修约模式

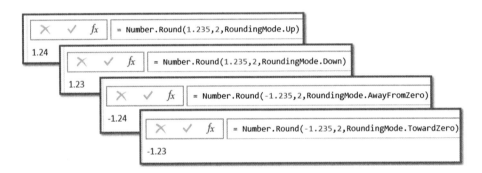

图 8-10　Number.Round 函数的其他修约模式

如图 8-9 所示为 Number.Round 函数默认的修约模式 RoundingMode.ToEven 的使用。很多读者会疑惑 1.235 和 1.245 的修约结果都是 1.24，这并不满足"四舍五入"的规则。事实上的确不满足，因为 Number.Round 函数的默认修约规则是"四舍六入五成双"，这是使用 Number.Round 函数的第一个要点。

简单说明一下规则。例如，在示例中目标的修约位数为百分位，当其千分位为 4 及以下时则选择舍弃，当其千分位为 6 及以上时则选择进位，当其千分位恰好为 5 时，进位与否取决于其百分位是奇数还是偶数，如果是偶数则不进位，如果是奇数则进位。这就是 1.235 和 1.245 的修约结果均为 1.24 的原因。因为 1.235 的百分位为奇数，所以进位到 1.24；而 1.245 的百分位为偶数，因此舍弃，不进位，结果依旧是 1.24。

说明：虽然我们熟知的修约规则为"四舍五入"，但四舍五入会造成数据集总体数据量偏大。而采用"四舍六入五成双"的修约规则可以平均抵消舍弃和进位的差异，使修约后的数据集更精确。

可能读者还会有一个问题：明明是"四舍六入五成双"，为什么模式名称为 ToEven，应该如何理解？其实这个名称是针对算法的描述，如果根据修约位上数字的奇偶性决定是否进位的逻辑来理解，则与"向就近的偶数位四舍五入"是一样的。例如，1.235 和 1.245 舍入的结果都是 1.24，因为 1.235 比 1.22 更接近 1.24，而 1.245 比 1.26 更接近 1.24。

　　Number.Round 函数的第二个要点是：其他模式的作用是什么？第一次看到这类模式的名称很容易联想到有类似名称的函数，如 Number.RoundUp 和 Nubmer.RoundAway-FromZero 等。需要注意，虽然两者有联系，但是千万不要等同视之。对于独立的函数而言，模式会直接影响数据的修约方向，但是对于 Number.Round 函数中的各类模式而言，其影响范围有限，只会对"当指定修约位数下一位数据为 5 时的修约方向"有影响，效果对比如图 8-11 所示。

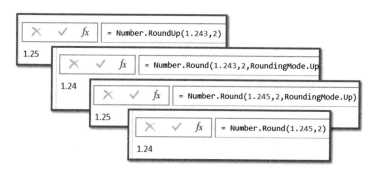

图 8-11　独立函数与修约模式参数的作用范围对比

　　如图 8-11 所示，因为使用了独立函数 Number.RoundUp，所以无论输入数据的千分位数字是多少（非 0），数据都会被向上修约，如 1.243 修约到百分位得到 1.25。如果是函数 Number.Round 中的修约模式 RoundingMode.Up，则无此效果。RoundingMode.Up 模式只会影响目标修约位下一位为 5 时的修约方向。例如 1.243 修约到百分位，但其千分位不是 5，因此不受模式影响，按照常规逻辑舍弃得到 1.24；如果是 1.245 修约到百分位，则会受方向影响，得到的修约结果为 1.25。

📑**说明**：独立函数和模式参数所约束的规则在作用范围上存在很大的差异，但所描述的方向"向上、向下、向内、向外"是一致的，依旧可以采用示意图的方式进行理解。

8.3　数字函数应用案例

　　本节将以案例的形式了解一下数字函数的实际使用场景。综合案例一般是所学知识点的融合，不但包括文本函数，而且还包括其他类别的函数，同时还需要运用之前学习的数据类型、运算符和关键字的相关知识。

数字函数是针对单值数据类型进行运算，它们的实际应用更偏向单值的细节处理，因此掌握数字函数的使用可以提高对细部数据的处理能力。

1. 案例背景

本案例的原始数据为单列表格数据，其中包含多条采购记录。每条采购记录包含多次的采购行为，其中记录了采购员、商品种类和金额信息。现在要求提取每条采购记录中的消费金额并进行汇总求和，然后修约至整数，效果如图 8-12 所示。

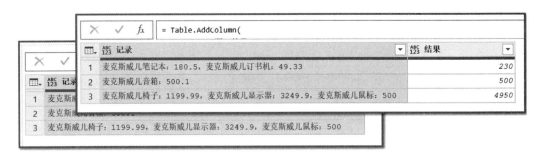

图 8-12　混合文本多数字求和——案例数据与效果

2. 案例分析

经过第 7 章多个不同难度的案例的训练，相信读者也积累了一些经验。这里麦克斯提出一个建议：先不要继续往下看，尝试能否自己独立完成任务。

正式的思路分析依旧是从结构与信息两个方面入手。结构方面是添加列，比较容易；信息方面我们需要处理团积数据，然后提取其中所需要的部分并进行求和运算。因此涉及文本的不同分隔符拆分，可以选择一次性拆分（Text.SplitAny）和多次拆分（Text.Split）的思路，这两种思路均会演示。拆分后需要屏蔽非数字，这里可以借鉴前面所学的"类型转换错误构建法"来完成屏蔽最后进行加总。

3. 案例解答

如图 8-13 为两种思路演示，其中，左图为两次拆分的演示，右图使用了更加高级的函数特性只使用了一次拆分，简化了代码结构。

在两次拆分的实现中，外层依旧使用 Table.AddColumn 函数作为框架并为表格新增了列数据，同时利用 Table.AddColumn 函数的循环上下文功能获取每行采购记录中的原始数据，以用于后续的函数处理。内部先从数据输入看，即左图第 20 行，使用文本拆分函数以分隔符"，"完成第一次拆分，但拆分结果依旧是"采购员、商品种类和金额"组成的团积信息。为了提取其中的金额，直接使用列表转换函数循环提取各个分段数据，执行第二次文本拆分，这次的依据为"："。同时，因为数据较为规范，所有金额都位于冒号之后，因此提取第二次拆分结果的末尾元素即可获得相应的金额，然后只需要将其转换为数字类型并整体求和后进行修约就可以完成最终的任务。

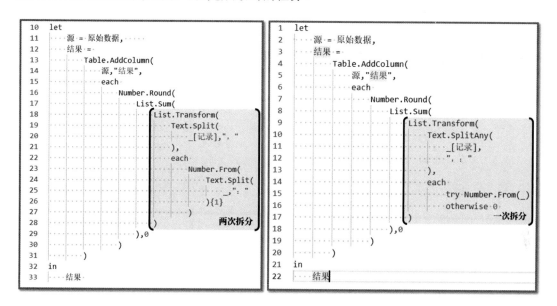

图 8-13　混合文本多数字求和——案例解答

"单次拆分"思路的外部结构基本与上面的思路相同，只是在求和汇总了前采用不同的处理方式。首先看数据输入行，即右图的第 11 行。数据虽然是一个文本字符串，但是其内部包含两层信息，分段拆分需要循环拆两次，因此这里使用更为高级的 Text.SplitAny 函数，一次性将数据按照"，"和"："完成拆分。根据原始数据的组织形式可以判断，拆分结果列表的结构为"文本,金额,文本,金额,……"，如果需要屏蔽其中的文本数据，可以采用类型转换错误处理的方法，最后将金额汇总并进行修约即可完成任务。

4．回顾总结

本案例所用的两种思路对大家来说都不陌生，如单分隔符拆分后循环处理的方法和拆分列表循环类型转换并利用错误值屏蔽非目标值等，都是在案例中经常使用的"套路"。本案例首次使用了性能更高的拆分函数 Text.SplitAny，多多练习即可熟悉该函数的使用。

8.4　本章小结

本章学习了 M 函数语言中的数字类型函数，总体难度不大，核心目的是拓展读者操控数字类型数据的能力。除此之外，值得关注的是数字修约函数，虽然它只有 5 个成员，但是其精细程度比较高，一定要注意区分各函数的功能。

可能大部分读者都会遇到一个问题，那就是"虽然能够理解函数的作用，但是在面对实际问题的时候不知道怎么使用"。麦克斯的回答是：这是很正常的。在 M 函数语言的学习中，麦克斯的目的是带领读者"过一遍"日常处理数据时必备的和高频使用的函数，让读者在短时间内全面地了解它们并且知道如何使用。如果想要更灵活地应用它们，则需要不断练习和深入学习。当你频繁使用后，熟练度自然会提高。

下一章将进入列表函数的学习，逐步提升读者对数据结构的控制能力。

第9章 列表函数

从本章开始我们将学习 M 函数语言的列表类型函数。

本章的主要内容如下：

- 列表函数的分类和作用。
- 重点列表运算函数的特性。
- 列表函数在实操中的应用场景。

9.1 列表函数概述

本节我们将介绍列表函数的基本情况，包括数字函数的数量、二级分类情况及每个函数的作用等信息，让读者对列表函数有一个基本的了解。

9.1.1 列表函数清单

在 M 函数语言中约有 70 个列表函数，这些函数用于处理列表类型数据。因为列表函数的数量比较多，需要进行二级分类才能了解它们的逻辑关系，因此麦克斯将所有列表函数进行了整理，如表 9-1 所示。

表 9-1 M函数语言的列表函数汇总

序 号	分 类	函 数 名 称	作 用
1	聚合	List.Sum	计算列表数据的和
2		List.Product	计算列表数据的积
3		List.Average	计算列表数据的均值
4		List.Max	计算列表数据的最大值
5		List.Min	计算列表数据的最小值
6		List.Median	计算列表数据的中位数
7		List.Mode	计算列表数据的众数
8		List.Modes	计算列表数据的所有众数
9		List.Percentile	计算列表数据的第N个百分位值

（续表）

序　　号	分　　类	函 数 名 称	作 　 用
10	聚合	List.StandardDeviation	计算列表数据的标准差
11		List.Covariance	计算列表数据的协方差
12	插入	List.InsertRange	在列表中的指定位置插入新元素
13	构建	List.Generate	创建自定义规则列表
14		List.Numbers	创建数字列表
15		List.Random	创建随机数列表
16		List.Dates	创建日期列表
17		List.Times	创建时间列表
18		List.DateTimes	创建日期时间列表
19		List.DateTimeZones	创建日期时间时区列表
20		List.Durations	创建持续时间列表
21	移除	List.RemoveFirstN	移除前N项元素
22		List.RemoveLastN	移除末尾第N项元素
23		List.RemoveRange	移除指定范围的元素
24		List.RemoveNulls	移除空值
25		List.RemoveItems	移除指定元素
26		List.RemoveMatchingItems	移除匹配元素
27	排序	List.Reverse	逆序排列列表元素
28		List.Sort	列表排序
29	循环转换	List.Transform	按自定义规则转换列表元素
30		List.TransformMany	按自定义规则转换多列表元素
31		List.Accumulate	按自定义规则循环列表累积结果
32	替换	List.ReplaceRange	替换列表指定范围内的元素
33		List.ReplaceValue	替换列表中的值
34		List.ReplaceMatchingItems	替换列表中匹配的元素
35	拆分与合并	List.Combine	合并多个列表
36		List.Split	将列表按固定元素数拆分为列表列
37	列表运算	List.Repeat	重复列表
38		List.Zip	列表交叉重组运算
39		List.Intersect	列表交集运算
40		List.Union	列表并集运算
41		List.Difference	列表差值运算
42	提取	List.Skip	跳过列表前N个元素提取列表
43		List.Range	提取列表指定范围内的元素

（续表）

序　号	分　类	函 数 名 称	作　　用
44	提取	List.First	提取列表中的首个元素
45		List.FirstN	提取列表中的前N个元素
46		List.Last	提取列表中的末位元素
47		List.LastN	提取列表中的最后N个元素
48		List.Single	提取单元素列表中的元素
49		List.SingleOrDefault	提取单元素列表中的元素（带默认值）
50		List.Alternate	交错提取列表元素
51		List.Select	提取列表中满足指定条件的元素
52		List.Distinct	提取列表中的所有项（不重复）
53		List.MaxN	提取列表中最大的N个值
54		List.MinN	提取列表中最小的N个值
55		List.FindText	提取列表中包含指定文本的元素
56	信息	List.Count	提取列表元素中的数量信息
57		List.NonNullCount	提取列表中的非空元素数量信息
58		List.IsDistinct	判断列表元素是否不重复
59		List.IsEmpty	判断列表是否为空
60		List.AllTrue	判断列表元素是否全为逻辑真值
61		List.AnyTrue	判断列表元素是否包含逻辑真值
62		List.Contains	判断列表元素是否包含指定元素
63		List.ContainsAll	判断列表元素是否包含所有指定的元素
64		List.ContainsAny	判断列表元素是否包含任意指定的元素
65		List.MatchesAll	判断所有列表元素是否都满足指定的要求
66		List.MatchesAny	判断任意列表元素是否满足指定的要求
67		List.PositionOf	获取指定元素在列表中的位置信息
68		List.PositionOfAny	获取指定元素（多）在列表中的位置信息
69		List.Positions	获取列表所有元素的索引位置信息
70	特殊	List.Buffer	缓存列表数据
71		List.ConformToPageReader	内部函数
-	参数	PercentileMode.ExcelExc	计值模式　Excel/PERCENTILE.EXC
-		PercentileMode.ExcelInc	计值模式　Excel/PERCENTILE.INC
-		PercentileMode.SqlCont	计值模式　SqlServer/PERCENTILE_CONT
-		PercentileMode.SqlDisc	计值模式　SqlServer/PERCENTILE_DISC
……	……	……	……

9.1.2　列表函数的分类

通过表 9-1 可以发现，列表函数的二级分类结构与文本函数高度相似。如果将文本字符串数据与列表数据进行对比，将字符串中的每个"字符"与列表中的每个"元素"进行对比便会发现，这两种数据类型的处理过程很相似，因而设计出来的处理函数也比较相似。

还记得之前学过的 Text.ToList 函数吗？使用该函数可以直接将文本函数转化为单字符元素构成的列表，示意如图 9-1 所示。

列表数据因其存储数据的多样性，具备大量文本所没有的特性。因此除了常规的插入、移除、转换、提取和信息分类之外，还新增了列表构建和列表运算等分类，而且每种分类都有其独有的特性。

图 9-1　文本与列表的类比

9.2　重点列表函数

本节中我们学习具体的列表函数的使用。因为篇幅有限，列表函数的数量众多，我们挑选其中重要的函数进行介绍。对于其他较简单的函数，读者可以自行查看官方文档。

9.2.1　列表聚合函数

数据聚合是指提取一个数据集在某个方面的特征，如求和就属于一种聚合过程，提取的是数据集总和的特征。除此以外常见的聚合方式还有均值、最值、中位数、乘积、标准差和协方差等，这些聚合方式都可以使用列表聚合函数来完成，使用演示如图 9-2 所示，函数用法说明如表 9-2 和表 9-3 所示。

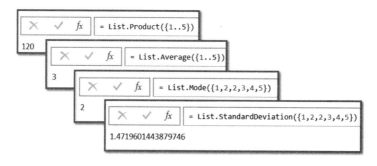

图 9-2　列表聚合函数的使用

表 9-2　List.Product函数的基本用法

名　　称	List.Product
作　　用	计算列表中非空元素的乘积
语　　法	List.Product(numbersList as list, optional precision as nullable number) as nullable number，第一个参数numbersList为待运算数据，第二个参数precision为可选项，用于控制运算精度，输出为数字类型的数据
注意事项	该函数的使用逻辑与List.Sum函数基本一致，唯一不同的是运算逻辑由加法变为了乘法。该函数的使用频次不高，但不宜用其他函数替换。另外，List.Sum、List.Product、List.Average等聚合函数都有一个默认的特性就是在计算时忽略空值null，使用演示如图9-3所示

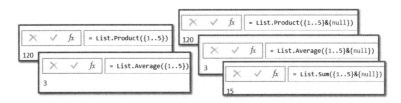

图 9-3　聚合函数的忽略空值特性演示

表 9-3　List.Mode函数的基本用法

名　　称	List.Mode
作　　用	计算列表数据的众数
语　　法	List.Mode(list as list, optional equationCriteria as any) as any，第一个参数list为待运算数据，第二个参数equationCriteria为高级参数，用于执行附加运算，是可选参数，输出结果为数字类型的数据
注意事项	数据集中出现次数最多的数据为众数，如果多个数据出现的次数相同，则List.Mode函数返回最末尾的一项。如果需要提取数据集中所有的众数，则可以使用函数List.Modes，使用演示如图9-4所示

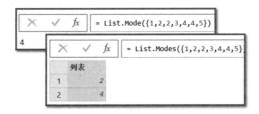

图 9-4　单众数与多众数提取对比

9.2.2　列表构建函数

　　列表构建函数是专属于列表类型的一种函数，它们的作用很统一，即快速创建列表数据，如创建等差数字序列、随机数序列和泛日期时间序列等，使用演示如图9-5所示，函数用法说明如表 9-4 至表 9-6 所示。

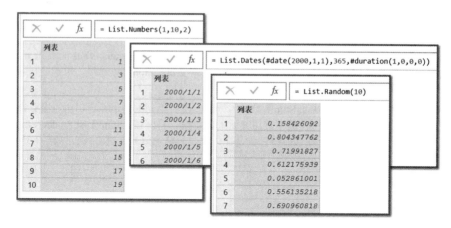

图 9-5　列表构建函数的使用

表 9-4　List.Numbers 函数的基本用法

名　　称	List.Numbers
作　　用	创建等差数列表
语　　法	List.Numbers(start as number, count as number, optional increment as nullable number) as list，第一个参数start为起点，第二个参数count为序列长度，第三个参数increment为可选项，表示递增的步长，输出结果为列表类型的数据
注意事项	常规的简单序列可以使用句点运算符"{1..10}"直接构建，如果要求步长为负的递减序列或步长不为一，则使用该函数构建更加便捷，特殊情况使用演示如图9-6所示

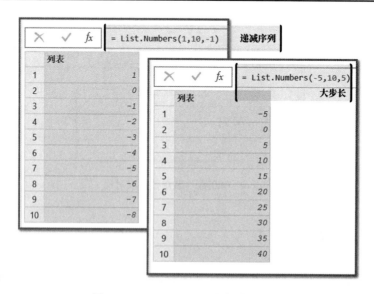

图 9-6　List.Numbers 函数的特殊情况

🔔**注意：** 大多数的列表构建函数名称中都带有复数 s，因为创建的是一个列表中的多个值，这是一个容易出错的地方。

表 9-5　List.Random函数的基本用法

名　　称	List.Random
作　　用	创建随机数列表
语　　法	List.Random(count as number, optional seed as nullable number) as list，第一个参数count要求为数字，表示列表长度，第二个参数seed要求为数字类型，为可选项，表示随机数种子，用于控制随机数的生成，输出结果为数字列表类型的数据
注意事项	随机数生成的范围默认为0到1。通过长度参数可以控制需要的随机数数量，通过种子参数可以控制随机数的生成情况，不同的种子会生成不同的随机数，相同的种子生成的随机数永远相同。利用种子参数就可以控制随机数在每次生成的时候是否固定，是很重要的一项参数

表 9-6　List.Dates函数的基本用法

名　　称	List.Dates
作　　用	创建泛日期列表
语　　法	List.Dates(start as date, count as number, step as duration) as list，第一个参数start要求为日期类型，表示列表起点日期，第二个参数count要求为数字类型，表示列表长度，第三个参数step要求为持续时间，表示递增步长，输出结果为泛日期列表类型的数据
注意事项	泛日期时间类型列表构建函数针对每种泛日期时间类型的数据，都有一个对应的列表函数成员用于批量创建泛日期时间类型的数据，如List.Times、List.DateTimes和List.Durations函数等，使用方法类似List.Dates，可以对比着学习。因为是列表构建，所以这些构建函数有三个要素，即起点、步长和数量，依次设定即可创建一个列表

9.2.3　列表转换函数

列表转换函数用于对列表内元素的顺序和内容进行修改，属于"增、删、改、查"中"改"的部分，列表函数中最重要的两个成员函数 List.Transform 和 List.Accumulate 也属于此类别。

1. 顺序转换函数

首先介绍的是两个列表排序函数 List.Reverse（见表 9-7）和 List.Sort（见表 9-8），其中，List.Reverse 函数可以将列表元素按照指定要求进行排序，List.Sort 函数可以将列表元素逆序排序，使用演示如图 9-7 所示。

图 9-7 分别使用 3 种方式实现递减序列的构建，其中，前面两种方式使用的是列表排序函数，最后一种方式则使用了列表构建函数直接生成。在日常使用中，因为构建函数需要输入参数，因此一般使用 List.Reverse 函数对基础列表进行反转来完成列表的构建（在讲解双句点运算符时曾强调左大右小无法完成列表构建，会发生错误，如{10..1}）。

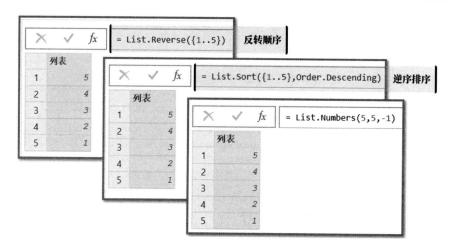

图 9-7   列表排序函数的基础使用

表 9-7   List.Reverse函数的基本用法

名　　称	List.Reverse
作　　用	反转列表元素顺序
语　　法	List.Reverse(list as list) as list，第一个参数list要求为列表，表示待处理的列表数据，无其他参数，输出结果为列表类型的数据
注意事项	反转顺序与对列表进行降序排序是两种不同的操作。例如，列表{2,1,3}逆序后是{3,1,2}，但降序后是{3,2,1}

表 9-8   List.Sort函数的基本用法

名　　称	List.Sort
作　　用	列表排序函数
语　　法	List.Sort(list as list, optional comparisonCriteria as any) as list，第一个参数list要求为列表，表示待处理的列表数据；第二个参数comparisonCriteria为可选项，用于设定排序依据可选项有Order.Descending（降序）和Order.Ascending（升序），默认为升序，输出结果为列表类型的数据
注意事项	默认为升序排序，如果要降序则需要特别指明。此处的排序过程需要结合比较运算符的相关知识——"数字排序按大小，文本排序按字符编码，日期排序看早晚"

2. 循环转换函数

循环转换函数的两大成员函数是 List.Transform 和 List.Accumulate，前者我们已经使用多次，非常熟悉，后者却是第一次遇见。List.Accumulate 函数的功能比列表转换更强，一般将其称为列表循环累积函数，使用演示如图 9-8 所示。

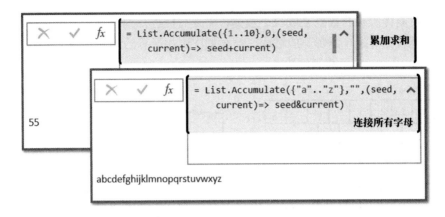

图 9-8　列表循环累积函数的使用

如图 9-8 所示，使用列表循环累积函数 List.Accumulate 依次完成了数字 1～10 的累加及所有小写字母的拼接。虽然我们可以使用函数 List.Sum 和 Text.Combine 直接完成图 9-8 中的两个示例，但是 List.Accumulate 有其独到之处，让我们先来了解一下它的基本使用说明，如表 9-9 所示。

表 9-9　List.Accumulate函数的基本用法

名　　称	List.Accumulate
作　　用	自定义规则循环列表累积结果
语　　法	List.Accumulate(list as list, seed as any, accumulator as function) as any，第一个参数list要求为列表，表示待处理的列表数据，第二个参数seed为种子，表示起始累加值，类型任意，第三个参数accumulator为累加器，用于设置自定义运算规则，一般要求输入两个变量，输出结果的类型根据运算逻辑来判断，一般与种子类型保持一致
注意事项	这里以数字列表累加为例进行说明： （1）依次提取列表中的元素（类似List.Transform函数），如第一次提取到数字1，第二次循环得到数字2等。 （2）来到自定义累加规则处，将上一步提取的数字1会作为参数current输入累加器，而数字0则作为seed输入累加器，根据累加器的规则将数字1和数字0相加得到1。 （3）累加完成后，累加器会将结果作为第二个参数seed并参加下一次运算。 （4）提取列表中的第二个元素，循环上述流程继续累加，直至循环完毕所有元素。 （5）输出最终的seed种子结果，运算逻辑示意如图9-9所示

📖技巧：为防止混淆，建议在使用 List.Accumulate 函数时，第三个参数按照固定形式写为 "(seed, current) => …"，其中，seed 指种子，current 指循环提取的当前值。

了解了列表循环累积函数的使用后，这里要强调它的一个重要特性"累积"，这是该函数无法被替代的一个特性，也是其与 List.Transform 函数的差异之处，在实操中判定某个问题是否需要运用 List.Accumulate 函数时需要观察该问题是否要求累积结果。例如在求和时，如果我们将所有的数据当成一个整体，那么直接进行列表求和即可完成任务；如果将求和的过程视为"逐个添加"的过程，那么每次添加计算的结果是要求累积的，因此可以使用 List.Accumulate 函数来解决。

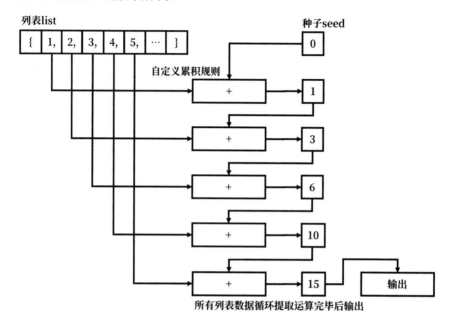

图 9-9　List.Accumulate 函数运算逻辑示意

最后来讲一下函数的无法替代的特性。对于图 9-9 演示的两个示例，可以使用其他函数来替代 List.Accumulate，而 List.Accumulate 函数带来的其实是更加灵活可控的能力，如参加运算的列表可以自定义、起始值可以自定义、中间的结果累积环节也可以自定义，自由度非常高，不像其他函数只在限定的范围内可以工作。例如，如果我们将需求调整一下，不再要求简单地累加，而是希望得到列表数据的平方和结果，则无法找到对应的函数可以直接使用，需要用到函数嵌套，但使用 List.Accumulate 函数只需要对自定义运算规则参数进行一些细微的修改即可，修改后的效果如图 9-10 所示。

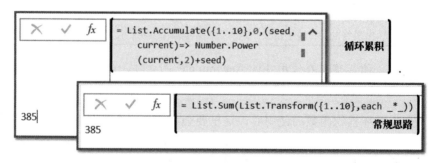

图 9-10　使用列表循环累积函数实现数据的平方和计算

　　与图 9-10 类似的使用场景还有很多，例如，这里我们将处理目标修改为构建递增平方和序列，如{1,1+4,1+4+9,……}，你会发现 List.Accumulate 函数的累积优势更加明显，在这个场景下，即便使用 List.Transform 函数完成的替代解法也比较困难，使用演示如图 9-11 所示。

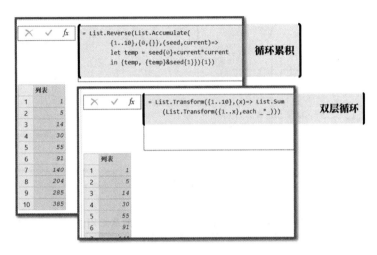

图 9-11　使用列表循环累积函数实现平方和序列计算

> **说明：** 如图 9-11 所示，双层循环的代码量更少，循环累积更多。双层循环在每次计算时都是从头开始计算，而循环累积是一次性地计算并在过程中存储需要的结果，二者的效率不同。另外，此处循环累积函数的用法属于高级用法，感兴趣的读者可以自行研究，在后面的案例中会对这种用法详细说明。

3．列表替换函数

　　列表替换函数用于列表元素数据的替换。在介绍之前先明确一个"共性"，对于插入、移除、替换和提取等类型的函数，虽然在分类上由于使用目的有所差异，但这些操作其实可以分为两个部分，如定位+插入、定位+移除、定位+替换和定位+提取。它们都有一个前置要求，那就是要找到执行操作的目标位置。

　　为什么要特别说明这一点呢？因为这会影响函数的参数设计，如果你看过了插入、移除、替换、提取这几类函数的文档说明则会发现，这些函数的参数基本相同。因此，只要了解了这个共性，对于该类别的函数的学习就可以举一反三，快速掌握。这也是前面跳过插入和移除两大类函数不展开讲解的原因。

　　列表替换函数共有 3 个，分别是 List.RepalceRange、List.RepalceValue 和 List.RepalceMatchingItems（见表 9-10 和表 9-11 所示），分别表示替换范围、替换值、替换满足条件的项，使用演示如图 9-12 所示。

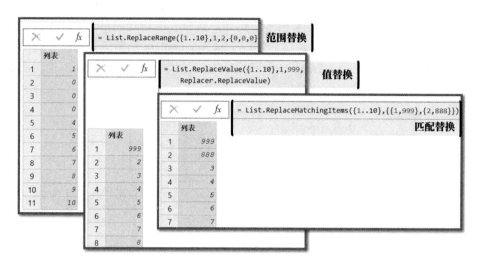

图 9-12　列表替换函数的使用

表 9-10　List.ReplaceRange函数的基本用法

名　称	List.ReplaceRange
作　用	将列表中指定范围的元素替换为新列表
语　法	List.ReplaceRange(list as list, index as number, count as number, replaceWith as list) as list，第一个参数list要求为列表，表示待处理的列表数据，第二个参数index表示范围起始位置，第三个参数count表示范围的长度，第四个参数replaceWith为列表类型，指定替换的数据，输出结果为列表类型的数据
注意事项	替换的数据要求为列表类型，即使只替换成单个元素也需要使用列表输入；并不严格要求将源列表中的元素一一替换，可以将指定范围的元素替换为任意元素。此外，也可以使用替换函数实现插入和移除等效果，使用演示如图9-13所示

图 9-13　List.RepalceRange 函数的特殊情况

表 9-11 List.ReplaceValue函数的基本用法

名 称	List.ReplaceValue
作 用	替换列表中的指定值为新的值
语 法	List.ReplaceValue(list as list, oldValue as any, newValue as any, replacer as function) as list，第一个参数list要求为列表，表示待处理列表数据，第二个参数oldValue表示需要被替换的值，第三个参数newValue表示需要替换的值，第四个参数replacer为替换器，用于设置恰当的替换器，输出结果为列表类型的数据
注意事项	如果oldValue出现了多次，则会被一次性全部替换；第四个参数替换器共有两种选择Replacer.RepalceValue和Replacer.ReplaceText，分别用于替换值和文本，性质上存在一定差异。该函数的特殊使用演示如图9-14所示

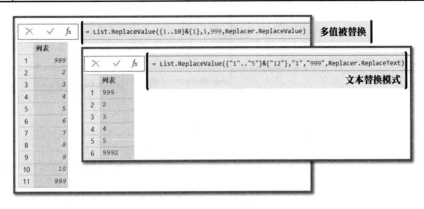

图 9-14 List.RepalceValue 函数的特殊使用情况

如图9-14所示，重点观察第二种使用情况。在第二种情况中使用了不同的替换器Replacer.ReplaceText，这种替换器是专用于替换文本的。与替换值模式不同，可以看到该替换器只针对文本类型数据生效，并且在替换时并不是单元格的值满足目标就直接进行替换，而是在单元格中出现了目标值时才将目标值的部分进行替换。这和替换值模式将统一判定整个单元格内容是完全不同的，如在示例中，文本数字 1 和 12 中的 1 全部被替换为 999，因此最终得到的结果是 999 与 9992。

说明：替换器函数虽然属于 M 函数语言的一个大类，但是它的组成比较简单，只有图9-14 中演示的两种情况。在 Power Query M 中可以使用替换器函数的情况也不多，多见于替换相关的函数。

4．列表拆分与合并函数

与文本函数一样，多元素的数据集离不开转换需求：拆分与合并。列表拆分与合并函数只有两个，分别为 List.Split（见表 9-12）和 List.Combine（见表 9-13）。列表数据不像文本数据一样需要拆分出来再提取。列表中的所有元素都是独立存在的，可以使用提取函数来提取想要的元素。列表拆分与合并函数的使用演示如图 9-15 所示。

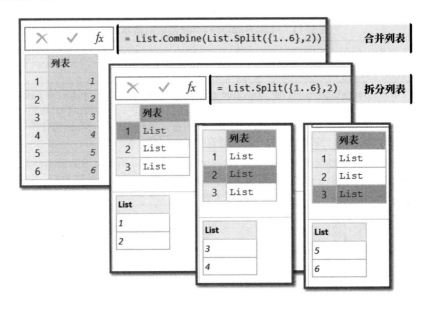

图 9-15　列表拆分与合并函数的使用

表 9-12　List.Split函数的基本用法

名　　称	List.Split
作　　用	将列表按照指定数量拆分为列表列
语　　法	List.Split(list as list, pageSize as number) as list，第一个参数list要求为列表，表示待处理的列表数据，第二个参数pageSize用于指定在拆分结果中每段子列表的元素数量，输出为列表列类型的数据，每个子列表为拆分的每段
注意事项	单个列表拆分为多段后每段都是一个列表，因此整体使用列表列类型存储。如果所有元素不能被完整划分到每个子列表中，那么剩余的元素将被装入最后一个子列表中。特殊情况演示如图9-16所示

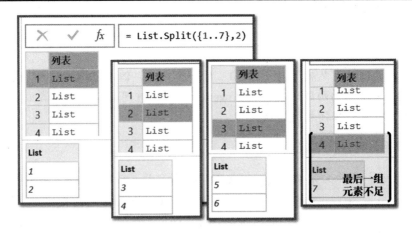

图 9-16　List.Split 函数使用的特殊情况

表 9-13　List.Combine函数的基本用法

名　　称	List.Combine
作　　用	将列表列中的所有子列表合并为一个列表
语　　法	List.Combine(lists as list) as list，参数list为列表列，表示待处理的列表数据，输出为合并后的列表
注意事项	使用时输入的数据类型要求为列表列

5. 列表运算函数

在介绍列表转换函数之前，先简单说一下读者可能会忽略的细节。本小节的核心内容是列表转换函数，即可以修改列表数据的一些函数。对这些函数进行二次分类，得到排序、循环、替换、拆分合并和运算 5 个子类别。前三类用于处理列表的元素，后两类是将列表作为一个整体进行处理，逻辑上的差异较大。

例如我们接下来介绍的列表运算函数，就是将列表作为一个整体，由多个列表参与运算，相互作用，最终得到新的列表，而在这个新的列表中部分元素已经被修改了。明确了这一点，对于数量较多的列表转换函数就好理解了。

列表运算函数分为 5 类，分别为重复、交叉重组、差集、并集和交集。其中，重复运算类似于文本重复函数，不再赘述。我们重点学习交叉重组及并集和交集运算的相关内容。使用演示如图 9-17 所示，函数用法说明如表 9-14 至表 9-17 所示。

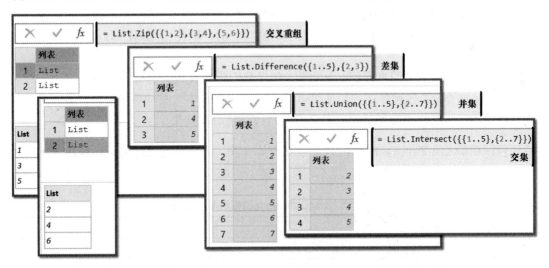

图 9-17　列表运算函数的使用

表9-14　List.Zip函数的基本用法

名　称	List.Zip
作　用	对列表列数据执行交叉重组运算
语　法	List.Zip(lists as list) as list，参数list要求为列表列，表示待处理列表数据，输出为重组后的列表列数据
注意事项	此函数没有复杂的参数设置，只是针对列表列数据完成指定的运算操作，但它是难度排名靠前的函数之一，因为它涉及的交叉重组运算有些不易理解。交叉重组函数的作用是提取列表中所有与子列表相同位置的元素并组成新的列表，运算逻辑示意如图9-18所示

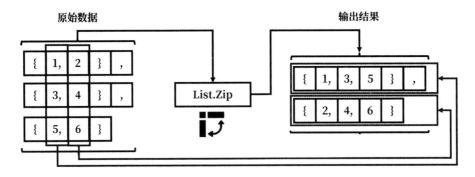

图9-18　List.Zip 函数运算逻辑示意

根据交叉重组的定义可知，转化后的列表列会将源列表列中各个子列表相同位置的元素视为新的列表（在示例中就是 1、3、5 和 2、4、6），因此结果返回由上述两个列表组成的新列表数据。

建议读者结合示意图来理解交叉重组。如果我们将列表列中的每个子列表视为一行数据，将不同的子列表按顺序排列后便可以将列表列数据看作一张特殊的表格，那么交叉重组运算就是将原始的列表列代表的表格沿对角线翻转后的结果。

▢注意：理解 List.Zip 函数的作用只是学习的第一步，重要的是理解交叉重组的原理，并在实际中加以应用。

表9-15　List.Difference函数的基本用法

名　称	List.Difference
作　用	完成两个列表间的差集运算
语　法	List.Difference(list1 as list, list2 as list, optional equationCriteria as any) as list，第一个参数list1要求为列表，表示被减的列表，第二个参数list2为待减列表，输出为列表1中的元素抵消列表2中的元素后的列表
注意事项	如果存在多个相同的元素，那么在抵消的时候只会按照数量进行抵消，并非按照种类抵消。此函数常用于特殊序列的构建（从大列表中排除少部分不需要的特殊值），使用演示如图9-19所示

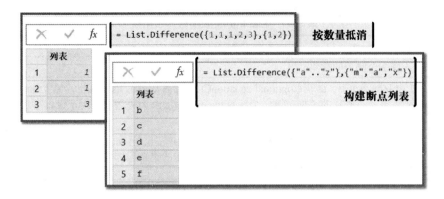

图 9-19　List.Difference 函数的特殊使用情况

表 9-16　List.Union函数基本用法

名　称	List.Union
作　用	计算多个列表的并集
语　法	List.Union(lists as list, optional equationCriteria as any) as list，第一个参数list要求为列表列，表示待处理的数据，第二个参数equationCriteria为可选项，用于设定高级运算规则，输出为列表类型的数据
注意事项	如果在子列表内出现多个相同的元素，则最终返回该元素出现的最高次数，而不是简单去重，使用演示如图9-20所示

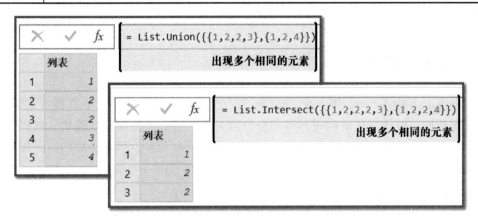

图 9-20　List.Union 函数的特殊使用情况

　　如图 9-20 所示，待取并集的列表列数据中两个列表按常规并集思路应当返回{1,2,3,4}，即所有子列表中的不重复元素。但是子列表 1 中包含 2 个 2，子列表 2 中包含 1 个 2，因此在最终结果中 2 会返回高次数，即{1,2,2,3,4}。

表 9-17　List.Intersect函数基本用法

名　称	List.Intersect
作　用	计算多个列表的交集
语　法	List.Intersect(lists as list, optional equationCriteria as any) as list，第一个参数list要求为列表列，表示待处理的数据，第二个参数equationCriteria为可选项，用于设定高级运算规则，输出为列表类型的数据
注意事项	交集运算是将所有参与运算列表的共有元素合并在一起。如果在子列表中出现重复元素，则返回所有子列表中最少的重复次数，3种典型的集合运算逻辑示意如图9-21所示

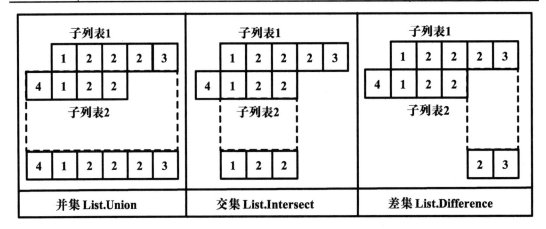

图 9-21　列表集合运算逻辑示意

9.2.4　列表提取函数

列表提取函数在"增、删、改、查"环节中负责第 4 个环节"查"，其拥有众多成员，可以帮助我们高效地完成对列表数据部分目标元素的提取。按照提取逻辑，我们可以将其分为两大类：按位置信息提取元素和按指定条件提取元素。列表提取函数是经常使用的函数。

1. 按位置信息提取元素

按位置信息提取列表元素的函数共有 6 个，这个函数可以帮助我们快速地从列表头部、尾部和中间部分获取指定数量的元素，使用演示如图 9-22 所示。

图 9-22 所示的是 6 个提取函数的使用方法，下面我们先从逻辑关系方面对这些提取函数进行统一说明，关系示意如图 9-23 所示。

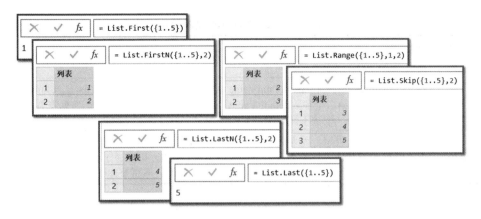

图 9-22　按位置提取列表元素函数的使用

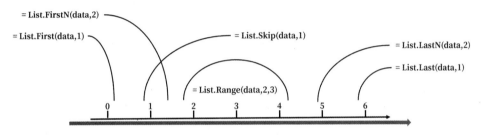

图 9-23　按位置提取列表元素的函数关系示意

　　如图 9-23 所示，按照从列表数据的头部、尾部和中间部分进行提取的思路可以轻松的将这 6 个函数区分开，并且在实操中快速地选择所需的函数。图中曲线包括的范围为函数提取到的元素范围。

　　如果我们再深入观察这些提取函数，会发现提取函数和移除函数的关系：它们虽然在处理逻辑上恰好相反，但最终实现的效果是相同的。因此，如果在示意图中再加上三项对应的移除类函数，那么就可以看到按位置获取列表元素函数的"全貌"，如图 9-24 所示，函数用法说明如表 9-18 至表 9-20 所示。

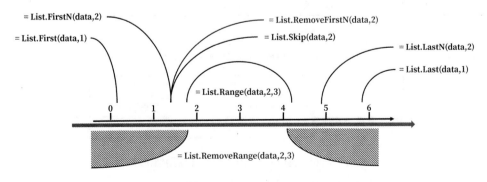

图 9-24　按位置提取列表元素函数的关系示意

表 9-18 List.First函数基本用法

名 称	List.First
作 用	提取列表的首个元素
语 法	List.First(list as list, optional defaultValue as any) as any，第一个参数list要求为列表，表示待处理的数据；第二个参数defaultValue为可选项，用于指定默认值，当列表为空时返回，输出为任意类型（取决于元素类型）的数据
注意事项	首先要确定数据类型，因为提取的是元素本身，所以输出结果的类型取决于元素的类型而不是列表；其次，如果列表为空则会返回空值null，可以通过设置默认值来预防，使用演示如图9-25所示。List.Last函数的用法与其类似，不再赘述

图 9-25 List.First 函数的特殊使用情况

表 9-19 List.FirstN函数基本用法

名 称	List.FirstN
作 用	提取列表的前N个元素
语 法	List.FirstN(list as list, countOrCondition as any) as any，第一个参数list要求为列表，表示待处理的数据；第二个参数countOrCondition用于指定需要提取的数量（也可以用于设置高级运算逻辑），输出为任意类型的数据（主要为列表类型）
注意事项	如果前N个参数可以正常提取，则得到的结果属于列表数据类型，依旧存放于列表中，即使提取单个元素，得到的结果也是列表，这与List.First函数有较大差异，使用演示如图9-26所示。List.LastN函数的使用与其类似，不再赘述

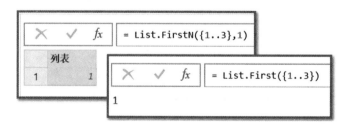

图 9-26 List.FirstN 函数的特殊使用情况

表 9-20　List.Skip函数基本用法

名　　称	List.Skip
作　　用	跳过列表前*N*个元素，提取剩余的元素
语　　法	List.Skip(list as list, optional countOrCondition as any) as list，第一个参数list要求为列表，表示待处理的数据，第二个参数countOrCondition用于指定需要跳过的数量（也可以用于设置高级运算逻辑），输出为任意类型的数据（主要为列表类型） List.RemoveFirstN(list as list, optional countOrCondition as any) as list
注意事项	List.Skip函数的作用与List.RemoveFirstN函数类似，二者可以视为List.FirstN函数的"相反函数"，使用逻辑基本一致，唯一的区别是List.Skip函数是跳过前*N*个元素，提取列表中剩余的元素，在逻辑上与List.RemoveFirstN函数恰好相反。

2. 按条件提取元素

按条件提取元素包括 5 个函数，可以帮助我们快速按照数值大小、包含的文本等自定义条件来获取满足条件的元素，使用演示如图 9-27 所示，函数用法说明如表 9-21 至表 9-23 所示。

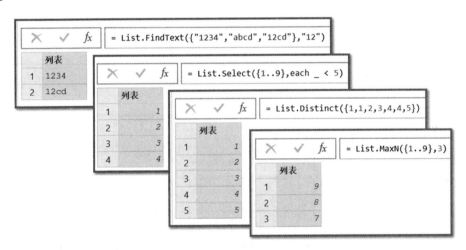

图 9-27　按条件提取列表元素函数的使用

表 9-21　List.FindText函数基本用法

名　　称	List.FindText
作　　用	提取包含指定文本字符串的列表元素并返回
语　　法	List.FindText(list as list, text as text) as list，第一个参数list要求为列表，表示待处理的数据，第二个参数text表示待查找的字符条件，输出为列表类型的数据
注意事项	该函数的功能类似于Excel的查找功能，指定字符串条件后，系统会自动遍历列表中的所有元素并保留包含指定字符串的项目

表 9-22　List.Distinct函数基本用法

名　称	List.Distinct
作　用	移除列表中的重复项，提取所有首次出现的值
语　法	List.Distinct(list as list, optional equationCriteria as any) as list，第一个参数list要求为列表，表示待处理的数据，第二个参数equationCriteria为可选项，用于设定高级运算逻辑，输出为列表类型的数据
注意事项	一般称此过程为"去除重复项"

表 9-23　List.Select函数基本用法

名　称	List.Select
作　用	提取满足条件的列表元素并返回
语　法	List.Select(list as list, selection as function) as list，第一个参数list要求为列表，表示待处理的数据，第二个参数selection为可选项，用于设置条件，输出为列表类型的数据
注意事项	在所有的提取函数中，List.Select函数是最重要的一个。该函数功能可以理解为"筛选"，而且可以自定义筛选条件。我们可以利用该函数提取任何想要的列表元素，只要它们满足自定义的规则 使用时需要注意：第一，该函数的框架类似于List.Transform函数的循环框架；第二，自定义规则部分要求的类型为"方法"，并且通过规则运算的结果必须是逻辑值，以辅助函数判定当前元素是否保留。函数运算逻辑如图9-28所示

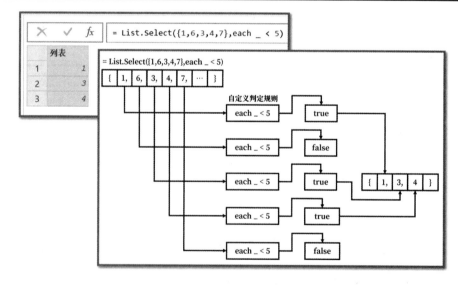

图 9-28　List.Select 函数运行逻辑

　　图 9-28 演示的是筛选数字列表中数值小于 5 的所有元素。因此函数会根据输入列表构建一个基础的列表循环（类似于 List.Transform），每个循环步骤都会依次提取列表中的元素，参与第二个参数所规定的自定义函数运算中，然后根据运算结果逻辑值的真假情况判定是否保留该元素。如果判定为真则保留元素，如果判定为假则舍弃该元素。最终将所

有通过判定的结果组合成列表并返回,顺序不变。

下面我们来对比一下 List.Transform 函数和 List.Select 函数的应用,看看它们的相同点和不同点,如表 9-24 所示。

表 9-24 List.Transform函数与List.Select函数对比

项 目	列表转换	列表筛选
名 称	List.Transform	List.Select
语 法	List.Transform(list as list, transform as function) as list	List.Select(list as list, selection as function) as list
循环模式	列表循环(执行自定义运算逻辑,按元素从头到尾循环提取列表中的元素)	列表循环(执行自定义运算逻辑,按元素从头到尾依次提取列表中的元素)
操作逻辑	根据自定义规则将原有元素转化为新的元素,位置不变	保留判定结果为真的元素,移除判定结果为假的元素

通过对比可以看到,函数的循环模式和操作逻辑其实是两个独立的部分。使用列表转换函数和列表筛选函数构建的循环框架是一样的,但是对数据的处理逻辑却完全不同。

很多人在学习 M 函数语言的时候容易将循环模式和操作逻辑混为一谈,或者只理解了其中的一部分,就觉得各种 M 函数语言的关系有些混乱,难以记忆。实际上,并非所有的函数都有循环框架,而在拥有循环框架的函数中,大部分函数的循环模式类似,如在列表函数中最常见的循环便是元素遍历循环,而在表格函数中最常见的循环模式是行数据记录的逐行遍历等。

9.2.5 列表信息函数

列表信息函数与列表提取函数一样,也属于查看类函数,可以将其理解为获取关于列表数据"外貌"信息的一些函数。列表信息的成员函数非常多,可以分为基础信息获取类、判断类、包含检测类、逻辑检测类、匹配情况类和位置信息类等多个子分类。

1. 基础信息类

基础信息类函数有两个,分别是 List.NonNullCount 和 List.Count 函数,使用演示如图 9-29 所示。

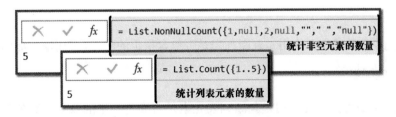

图 9-29 列表信息函数的使用

注意：和文本类型不同的是，列表的长度是指元素的数量，因此函数名称的关键词是
Count 而非 Length。另外，非空值计数会自动忽略 null，伪空值则不会忽略。

2．信息判断类

信息判断类函数是一类包含 Is 关键字的信息函数，用于判断列表是否为空或是否包含
重复值等，通过逻辑值来表达判断结果。使用信息判断类函数可以快速获取列表的一些特
征信息，使用演示如图 9-30 所示。

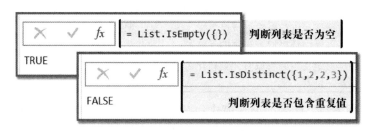

图 9-30　信息判断类函数的使用

3．逻辑检测类

逻辑检测类函数用于判断列表中逻辑值的分布情况，如判断列表中是否全为逻辑真
值、是否包含逻辑真值等，使用演示如图 9-31 所示。

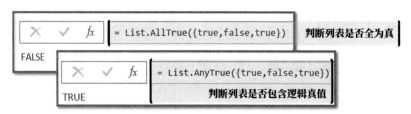

图 9-31　逻辑类列表信息函数的使用

逻辑检测类函数属于典型的"轮子"函数，可以使用其他函数模拟该函数的功能，演
示如图 9-32 所示。

4．包含检测类

包含检测类函数的主要作用是判断列表是否包含指定的元素，使用演示如图 9-33 所示。

5．条件匹配类

条件匹配类函数的主要作用是判断列表元素是否满足指定的条件，其分为 All 和 Any
两种类型，使用演示如图 9-34 所示。

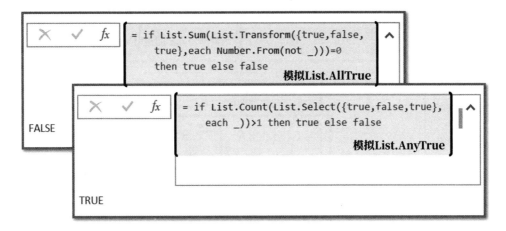

图 9-32　逻辑检测类函数使用演示

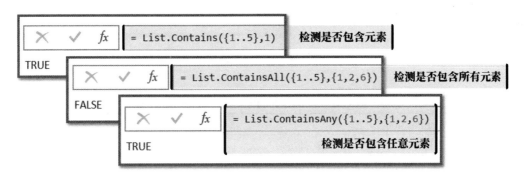

图 9-33　包含检测类函数的使用

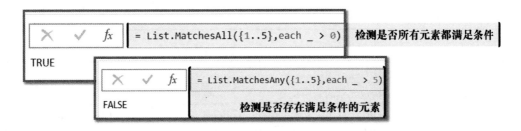

图 9-34　条件匹配类函数的使用

6．位置信息类

位置信息类函数主要负责查找目标元素在列表中所处的位置，属于所有列表信息函数中重要的成员，使用演示如图 9-35 所示，函数用法说明如表 9-25 和表 9-26 所示。

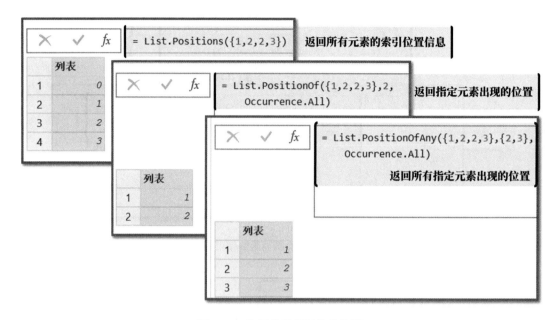

图 9-35　位置信息类函数的使用

表 9-25　List.Positions函数的基本用法

名　　称	List.Positions
作　　用	返回列表中所有元素的索引位置
语　　法	List.Positions(list as list) as list，第一个参数list要求为列表，表示待处理数据，输出为列表类型
注意事项	属于简单函数范畴，很多同学会觉得这个函数没有用武之地。实操中确实应用场景会比较少，而且经常会被代码"{0..List.Count(data)-1}"所替代，但麦克斯建议你有类似列表构建需求时使用本函数，更不容易出错

表 9-26　List.PositionOf函数的基本用法

名　　称	List.PositionOf
作　　用	返回列表中指定元素的索引位置
语　　法	List.PositionOf(list as list, value as any, optional occurrence as nullable number, optional equationCriteria as any) as any，第一个参数list要求为列表列，表示待处理的数据，第二个参数value为需要确认定位的元素值，第三个参数occurrence为可选项，用于设置检测模式，输出为任意类型的数据，可能是单个索引数字也可能是包含多个位置信息的列表
注意事项	通过第三个参数的模式控制，可以分别返回首次（Occurrence.First）、末次（Occurrence.Last）和所有出现值（Occurrence.All）的位置信息，该函数的升级版本List.PositionOfAny可以实现多元素的同步定位

9.3 列表函数应用案例

本节我们以案例的形式来看看列表函数的实际应用场景。

📑说明：案例解法不止一种，这里仅供参考与练习。

9.3.1 判断编号是否符合规范

1. 案例背景

第一个案例算作热身，难度不高。案例的目标是检测表格数据中的产品编号是否满足规范要求：编号的前 4 位字符要求为字母，后 3 位字符应当为数字，判定结果使用 Y/N 表示并存放在新列中。数据与目标效果如图 9-36 所示。

📑说明：建议读者先自己思考，尝试自行解决，然后再对照"案例解答"部分进行学习。

图 9-36　判断编号是否符合规范——案例数据与目标效果

2. 案例解答

本案例的难度不大，但综合运用了多种函数、条件分支结构和逻辑运算关键字等知识。

图 9-37 所示的解答方法使用的关键函数是 List.ContainsAll，它可以帮助我们快速判断列表字符是否在某个字符区间内，如提取的前 4 个字符是否都是字母。

在代码的其他部分，如判定包含关系之前使用文本提取函数和拆分函数将目标的前 4

位和后 3 位字符转化为单个字符的列表，以及在判定包含关系之后使用逻辑运算和条件分支输出目标结果等都是常规的操作，不再赘述。

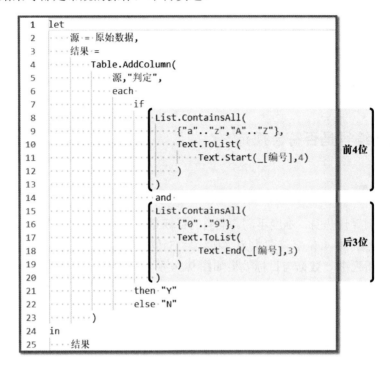

图 9-37　判断编号是否符合规范——案例解答

9.3.2　判断销售达标月份的数量

1．案例背景

本案例的难度稍微大一点，我们将对二维表的行数据进行处理，目标是实现二维销售记录表格中每位销售员各月份的销售成绩统计，计算其中达标月份的数量（要求销售额≥90），原始数据与目标效果如图 9-38 所示。

如果你看到数据的一瞬间就想到了解答思路，那么说明你对于基础知识已经掌握了。本案例还有一个特殊的要求：使用 List.Accumulate 来完成。还是老规矩，请读者先自行思考，有了解答思路或者毫无头绪时再看"案例解答"部分。

2．案例解答

如图 9-39 所示，本案例可以分成三步：第一步是框架的搭建，使用的是我们非常熟悉的 Table.AddColumn 函数来添加自定义列，然后进入表格行数据记录循环框架，获得每行所有数据点；第二步是进行目标数据的提取，这里使用 Record.ToList 函数将当前行数据记录中值的部分转化为列表进行处理。由于二维数据表行列方向均有表头，提取的列表数据头部会存在若干非数据元素需要去除，因此经常会搭配函数 List.Skip 使用；最后一步是完成数据点的判定和计数。常规思路是将列表数据循环→判定→转化为数值，最后求和。本案例要求使用循环累积的方式来完成，因此需要构建累积循环框架，并将结果堆叠到"种子"上完成计算（这里属于 List.Accumulate 函数的基本应用，读者对其一定要理解其运行逻辑，因为后面会给出一个难度更大的 List.Accumulate 函数应用案例）。

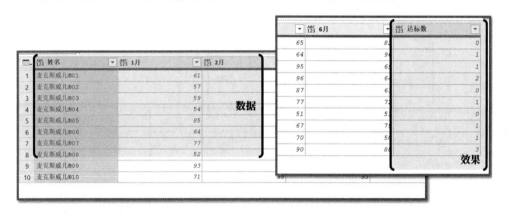

图 9-38　判断销售达标月份的数量——案例数据与目标效果

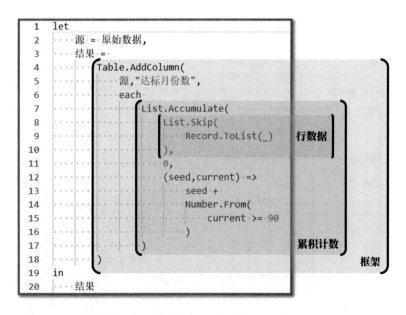

图 9-39　判断销售达标月份的数量——案例解答

9.3.3　中式排名和美式排名

1．案例背景

本案例需要为数字进行排名。案例的原始数据与目标效果如图 9-40 所示。

说明：排名有两种模式，按惯例称为"中国式"排名和"美国式"排名。例如数字 {1,2,2,3}，则对应的中式排名结果应当为 3/2/2/1，对应的美式排名结果为 4/2/2/1。

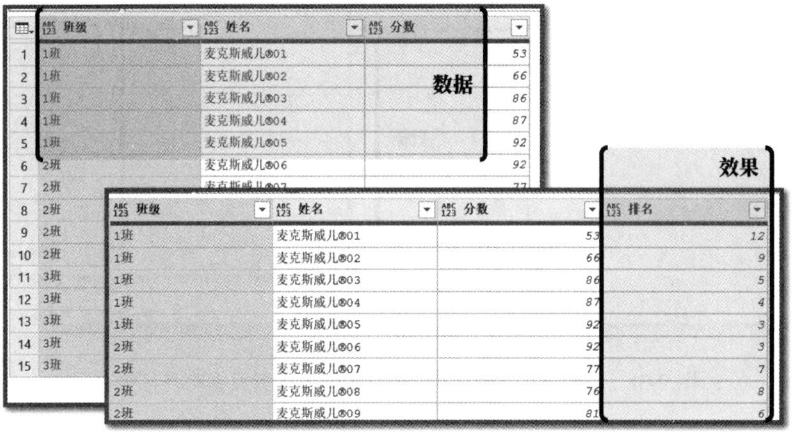

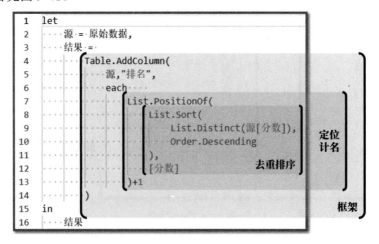

图 9-40　中美式排名案例——数据与效果

2．案例解答

案例解答见图 9-41。

```
1   let
2   ····源· = ·原始数据,
3   ····结果· =
4   ········Table.AddColumn(
5   ············源,"排名",
6   ············each
7   ················List.PositionOf(
8   ····················List.Sort(
9   ························List.Distinct(源[分数]),
10  ························Order.Descending
11  ····················),
12  ····················[分数]
13  ················)+1
14  ········)
15  in
16  ····结果
```

图 9-41　中美式排名案例——案例解答

解决排名问题的思路多种多样,本例使用的是排序计数法。它的关键点是将排名问题等效为"数数(计数)"问题,即所在的排名应当为排在自己前面的人数(或分值的种类)加 1。因此我们只需要对获得的数据进行降序排序,然后查找当前分数在该列表中所在的位置并加 1,即可获得目标排名。这是最常用且比较高效的一种排名方式,后续也可以用于解决更复杂的分组排名问题。

📖技巧:中国式排名和美国式排名在排序计数法中的差异在于是否需要对原成绩列表进行去重操作。去重得到的是中国式排名,不去重得到的是美国式排名。可以理解为去重统计的是比自己高的分值有几种,不去重统计的是比自己高的人数有多少。

9.3.4　按序号拆分文本字符串

1. 案例背景

本案例难度较大,目标是对文本字符串数据按照序号进行拆分。虽然本例的核心是对复杂的混合文本的处理,但是还涉及结构变化的处理。案例的原始数据与效果如图 9-42 所示。因为此案例较复杂,所以建议读者跟着麦克斯一起进行分析后再尝试自行完成。

图 9-42　按序号拆分文本字符串——案例数据与效果

2. 案例分析

首先观察原始数据的情况,原始数据是单列的表格数据,每行包括一段文本字符串。在字符串中有多段信息且每段信息使用"1."形式的序号进行分隔。本例的目标是按照序号完成对每行数据的拆分并显示在新列中。

从数据结构来看，除了有我们已经非常熟悉的"添加自定义列"结构之外，数据的行数也发生了变化。系统将每行数据的拆分结果分别放置在多个不同的单元格中，因此我们要着手解决数据结构变化的问题。如果你对 Power Query 的命令操作非常熟悉，那么可以看出上述结构是由表格中的列表列数据展开获得的（展开功能演示如图 9-43 所示）。

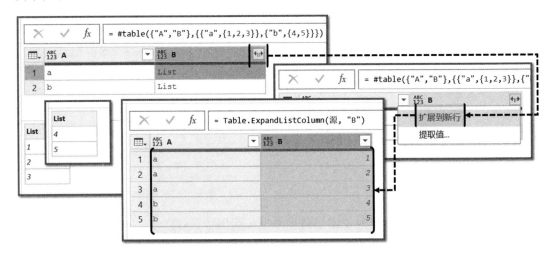

图 9-43　展开表格中列表列数据

因此我们可以为原始表格数据添加列，并在新列的每行中构建拆分结果列表。最终通过手动操作对新列进行"展开"，得到目标的最终形式。

说明：在 M 函数语言中，几乎所有的操作命令都有等效的 M 代码与之对应，此处的展开功能也不例外，但是目前我们还没有学习相关的表格函数，因此使用操作命令来完成。在日常应用中这种 M 函数配合操作命令的方式也是常见的。

数据结构问题解决后，就迎来了第二个核心问题：按序号拆分文本。也许你可以列出一些处理文本拆分问题的函数，如 Text.Split、Text.SplitAny 和 Text.ToList，但这些函数并不能直接解决当前的问题。那么对于这个问题，我们应当如何处理呢？

首先，问题的关键在于如何循环所有的序号，把字符串中所有的分段都提取出来。在这个环节中，初学者容易想到的是使用 List.Transform 函数来搭建循环。如果你也有相同的想法，那么说明你也忽略了一个细节——列表转换函数的每次拆分都是基于原数据的，错误思路演示如图 9-44 所示。

如图 9-44 所示，麦克斯使用列表转换函数构建了一个序号列表，并使用列表中的序号对原始数据进行了拆分。可以看到，因为每次拆分都是重新基于原始文本字符串的，因此得到的结果是多个被拆分为两半的副本，不是目标效果。

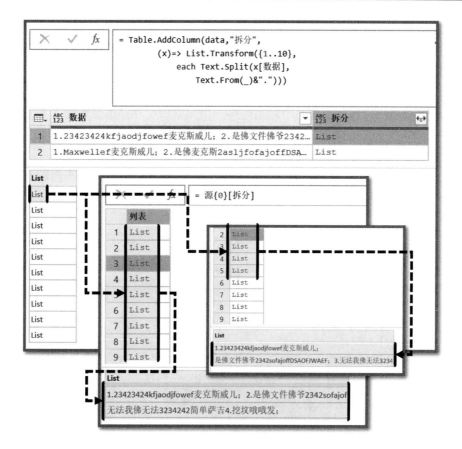

图 9-44 按序号拆分文本字符串——易错思路演示

想要正确完成拆分，需要将所有结果累积，将拆分的过程累积，因此需要使用
List.Accumulate 函数。一方面我们利用列表转换函数构建一个序号列表作为分隔符列表，
另一方面我们提取原始的文本字符串，依次使用列表中的元素进行拆分并将每次拆分的结
果分为两半，左半边是我们需要的结果，右半边是下次需要拆分的数据。因此在定义
List.Accumulate 函数处理规则时需要先提取待拆分数据并将其拆分为两半，然后将左半边
的数据作为结果进行存储，右半边的数据作为下次拆分待用的数据进行存储，具体代码实
现见案例解答部分。

3. 案例解答

如图 9-45 所示为本案例的解答代码。按照思路分析，大体分为两个处理环节：
（1）为表格添加列，将每行的拆分结果（列表）存放在新列中。
（2）使用操作命令展开已添加的自定义列，并删除错误值所在的行，完成任务。
我们首先使用 Table.AddColumn 函数添加自定义列搭建循环框架，在框架内部提取每
行的原始数据用于拆分。拆分过程的主框架由 List.Accumulate 函数构建，其中的 3 个参数

说明如下：

- 第一个参数提供的是作为拆分分隔符的"序号列表"，使用基础列表配合列表转换函数构建。序号列表构建的长度根据实际数据确认，保证足够拆分即可。
- 第二个参数"seed 种子"作为循环累积的初始值。此处采用了复合结构列表数据的高级编写形式，列表包含两个元素，第一个元素用于存储拆分结果，第二个元素用于存放待拆分的文本。
- 第三个参数用于自定义运算规则。

按照思路分析中的三个步骤进行设置。首先，提取种子中第二个元素内的文本并进行拆分，拆分依据为列表的当前元素 current；其次，将拆分结果的左半边数据存储到种子的第一个元素内；最后，将拆分结果的右半边数据存储到种子的第二个元素内，作为下次拆分使用的文本。列表累积循环函数最终会返回一个有两个元素的列表，我们只需要提取其中的首个元素便可以获得最终的拆分结果。

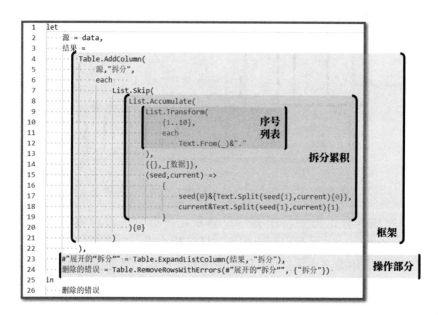

```
1   let
2       源 = data,
3       结果 =
4       Table.AddColumn(
5           源,"拆分",
6           each
7           List.Skip(
8           List.Accumulate(
9               List.Transform(
10                  {1..10},                    序号
11                  each                        列表
12                      Text.From(_)&"."
13              ),                              拆分累积
14              {{},_[数据]},
15              (seed,current) =>
16                  {
17                      seed{0}&{Text.Split(seed{1},current){0}},
18                      current&Text.Split(seed{1},current){1}
19                  }
20          ){0}                                框架
21          )
22      ),
23      #"展开的"拆分"" = Table.ExpandListColumn(结果, "拆分"),    操作部分
24      删除的错误 = Table.RemoveRowsWithErrors(#"展开的"拆分"", {"拆分"})
25  in
26      删除的错误
```

图 9-45　按序号拆分文本字符串——案例解答

注意：

- 使用 List.Accumulate 函数的关键是自定义函数返回数据的格式要与种子格式保持一致，这样才能在运算时维持循环而不被中断。
- 在将拆分结果的右半边数据作为下一次的拆分文本时应添加当前序号，目的是恢复因分隔符拆分而消失的序号。
- 本例中的 List.Skip 函数的作用是跳过第一次拆分后产生的左半边的空白元素。

　　处理完拆分问题后，下一步直接展开添加的新列即可。由于在拆分时预留了大量的冗余序号分隔符，因此展开结果中存在若干包含错误值的数据行（当文本中不存在相关序号时，拆分结果中会出现错误）。解决办法同样是使用操作命令，将表格中包含错误值的行删除即可，使用演示如图 9-46 所示。

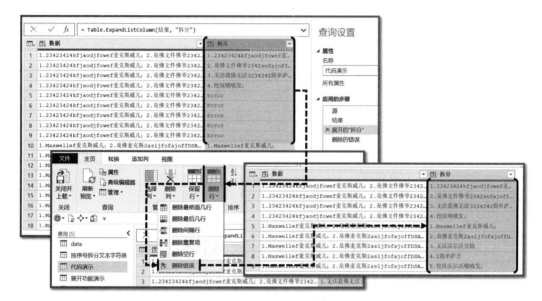

图 9-46　删除错误行演示

4．回顾总结

本例有两点需要注意：
- 解决问题不一定只能用操作命令或 M 代码，将二者综合使用也是很好的选择；
- 列表累积循环函数 List.Accumulate 的高级使用技巧，是将多种想要存储的结果放置于复合结构数据的不同位置，这样可以保证所有信息都传递到下一次循环迭代中。

9.4　本　章　小　结

　　本章学习了各种类别的列表操作函数，在 M 函数语言的所有数据类型中，列表函数处理最灵活，在实操中担任核心的角色，因此函数的数量也偏多。

　　在所有列表函数中需要重点注意的除了各类函数的基本使用方法之外，列表转换函数与列表循环累积函数的使用需要读者熟练掌握，前者是高频使用的函数，后者在数据处理过程中具有累积迭代的功能，经常用于构建代码框架。

　　下一章我们将学习记录函数。

第 10 章 记 录 函 数

本章我们将学习记录类型函数。本章主要分为 3 个部分，第一部分对记录函数进行概括性介绍，第二部分对重要的记录函数进行独立讲解最后一部分介绍代码格式化的意义与方法。

本章的主要内容如下：

- 记录函数的分类和作用。
- 重点记录运算函数介绍。
- 代码格式化的作用与方法。

10.1 记录函数概述

本节我们先从整体上介绍记录函数，包括记录函数的数量、二级分类情况及每个函数的作用等，让读者对记录函数有一个大致的了解。

10.1.1 记录函数清单

目前，在 M 函数语言中约有 20 个记录函数，这些函数用于处理记录类型数据。所有记录函数的二级分类函数及其基本作用如表 10-1 所示。

表 10-1 M函数语言之记录函数汇总

序　号	分　类	函 数 名 称	作　　用
1		Record.ToList	将记录转换为列表
2		Record.FromList	将列表转换为记录
3		Record.ToTable	将记录转换为表格
4	类型	Record.FromTable	将表格转换为记录
5		Geography.FromWellKnownText	将WKT格式文本转换为记录
6		Geography.ToWellKnownText	将记录转换为WKT格式文本
7		GeographyPoint.From	构建地理信息记录
8		Geometry.FromWellKnownText	将WKT格式文本转换为记录

（续表）

序　号	分　类	函 数 名 称	作　用
9	类型	Geometry.ToWellKnownText	将记录转换为WKT格式文本
10		GeometryPoint.From	构建几何信息记录
11	信息	Record.FieldCount	提取记录字段数
12		Record.FieldNames	提取记录的字段名称
13		Record.Field	提取记录中某个字段的值
14		Record.FieldOrDefault	提取记录中某个字段的值（默认值）
15		Record.HasFields	判断记录中是否有指定的字段
16		Record.FieldValues	提取记录中所有字段的值
17		Record.SelectFields	提取记录中的部分字段
18	转换	Record.AddField	为记录添加字段
19		Record.RemoveFields	移除记录中指定的字段
20		Record.ReorderFields	重新排列记录中的字段顺序
21		Record.RenameFields	重命名记录中的字段
22		Record.TransformFields	转换记录中指定字段的值
23		Record.Combine	合并多个字段
-	参数	MissingField.Error	无指定字段处理模式：返回错误
-		MissingField.Ignore	无指定字段处理模式：忽略
-		MissingField.UseNull	无指定字段处理模式：返回空值
……	……	……	……

10.1.2　记录函数的分类

记录类型函数分为三类，分别是类型函数、信息函数和转换函数。下面对重点记录函数进行介绍。

10.2　重点记录函数

本节我们学习记录函数的具体使用。因为篇幅有限，我们主要挑选重要的函数进行介绍。其他较为简单的函数，读者可以自行查看官方文档。

10.2.1　记录类型转换函数

虽然目前记录类型转换函数包含 10 个成员函数，但是在实操中高频使用的只有两个函数，分别是记录与列表之间的相互转换函数及记录与表格之间的相互转换函数。

1. 记录与列表转换

记录与列表类型的转换函数是 Record.ToList，我们在前面已经学过，其反向过程可以使用字段名列表和值列表构建记录函数 Record.FromList（见表 10-2），使用演示如图 10-1 所示。

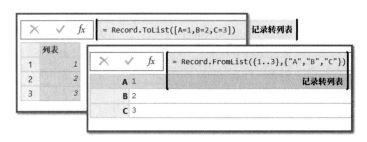

图 10-1 记录与列表转换函数的使用

表 10-2 Record.FromList函数的基本用法

名 称	Record.FromList
作 用	使用列表构建记录数据
语 法	Record.FromList(list as list, fields as any) as record，其中，第一个参数list要求为列表，表示记录值列表，第二个参数fields要求为列表，表示记录名称列表，输出为记录类型的数据
注意事项	使用值列表和字段名列表构建记录数据时，参数顺序是先值后名；值与字段名数量要匹配，任何一项有冗余都会返回错误，示例如图10-2所示

图 10-2 Record.FromList 函数的特殊使用情况

2. 记录与表格转换

记录与表格数据相互转换函数为 Record.ToTable（见表 10-3）和 Record.FromTable（见表 10-4），使用逻辑类似于记录与列表转换函数，使用演示如图 10-3 所示。

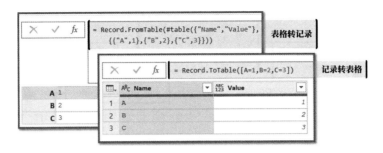

图 10-3　记录与表格转换函数的使用

表 10-3　Record.ToTable函数的基本用法

名　　称	Record.ToTable
作　　用	将记录数据转换为表格
语　　法	Record.ToTable(record as record) as table，其中，第一个参数record要求为记录，表示待转换的记录，输出为表格类型的数据
注意事项	输出结果分为Name和Value两列（固定值），分别用于存储字段名称和字段值数据信息

表 10-4　Record.FromTable函数基本用法

名　　称	Record.FromTable
作　　用	将表格数据转换为记录
语　　法	Record.FromTable(table as table) as record，其中，第一个参数table要求为表格，表示待转换的表格，输出为记录类型的数据
注意事项	表格只读取名称为Name和Value两列数据，其他名称均无法生效，使用演示如图10-4所示

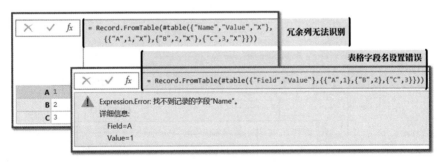

图 10-4　Record.FromTable 函数的特殊使用情况

🔔注意：按照逻辑推断，很容易认为记录数据转化为表格后应当保持与记录数据相同的结构，但实际上并非如此！记录与表格转换示意如图 10-5 所示。

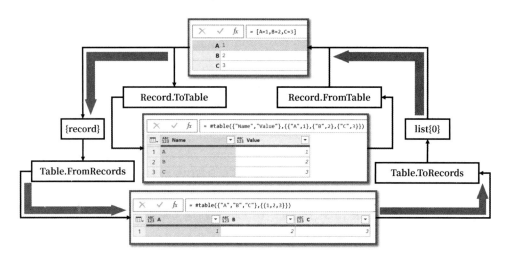

图 10-5　记录与表格转换关系示意

10.2.2　记录信息函数

　　记录函数的第二大类是记录信息函数，用于提取记录中的信息进行后续处理。由于数据结构的原因，记录数据相较于列表数据增加了字段名称的相关信息，因此在记录信息函数中也新增了与字段名称相关的处理函数，其中高频使用的函数演示如图 10-6 所示。

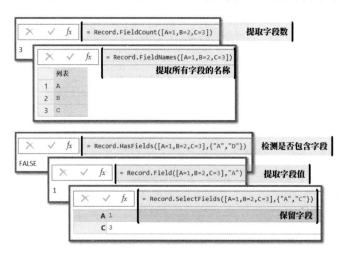

图 10-6　记录信息函数的使用

　　如图 10-6 所示，高频使用的记录信息函数共有 5 个，其中，前两个函数 Record.FieldCount 和 Record.FieldNames 分别用于提取记录数据的字段数和字段名称列表，属于简单的函数，输入记录数据作为参数即可提取。后三个函数分别负责字段检测、字段值提取和保留字段的处理，函数用法说明如表 10-5 至表 10-7 所示。

表 10-5　Record.HasFields函数的基本用法

名　称	Record.HasFields
作　用	判定记录中是否包含指定的字段
语　法	Record.HasFields(record as record, fields as any) as logical，第一个参数record表示待判定的记录，第二个参数fields用于指定字段，指定单字段时为文本类型，指定多字段时为列表类型，输出为逻辑类型的数据，表示判定的结果
注意事项	第二个参数在M函数语言中经常出现，在语法类型约束中会标记为any

表 10-6　Record.Field函数的基本用法

名　称	Record.Field
作　用	提取记录类型数据的某个字段值
语　法	Record.Field(record as record, field as text) as any，第一个参数record表示待处理的记录，第二个参数field用于指定字段，输出为任意类型的数据，取决于目标字段值的类型
注意事项	在多数情况下，对记录数据的字段值提取直接使用引用运算符"[]"更加便捷。但该函数有不可替代的作用，即当指定的字段名称为变量名时，在引用运算符中其无法被正确读取，因此需要使用该函数实现字段的获取，使用演示如图10-7所示

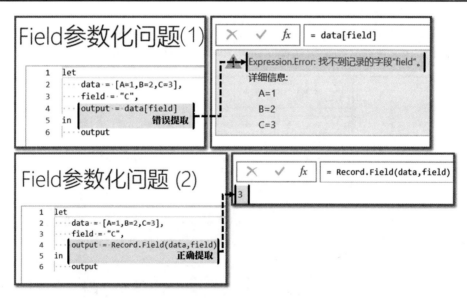

图 10-7　Field 参数化问题演示

如图 10-7 所示，我们定义了一个名为 data 的记录数据和一个名为 field 的变量，在变量中指定了需要提取的字段名称。可以看到，直接使用引用运算符提取时无法识别，而使用函数则可以正确识别，从而获得字段 C 中的数据值。无法提取的原因是系统会自动认为引用运算符中的数据 field 为目标查找的字段名称，并未将其视为变量进行读取。当需要提取的字段值是前面步骤的计算结果时，该函数会非常有用。

表 10-7　Record.SelectFields函数的基本用法

名　　称	Record.SelectFields
作　　用	保留记录中指定的多个字段，删除其余字段
语　　法	Record.SelectFields(record as record, fields as any, optional missingField as nullable number) as record，第一个参数record要求为记录，表示待处理的记录，第二个参数fields用于指定字段，单字段用文本指定，多字段用列表指定，第三个参数missingField为可选项，用于设置指定字段不存在时的处理模式（MissingField.Error表示返回错误，MissingField.Ignore表示忽略，MissingField.UseNull表示返回空值），输出为记录类型的数据
注意事项	该函数的作用可以类比引用运算符的高级模式，提取的数据不仅是字段值，而且保留了记录，将键值对提取出来。因此从另外一个角度看，就是对部分记录字段保留，移除其他字段。对于单字段的保留，推荐使用引用运算符，对于多字段的保留，推荐使用该函数

10.2.3　记录转换函数

记录转换函数共有 6 个，分别是 Record.AddField（添加键值对）、Record.RemoveFields（移除键值对）、Record.ReorderFields（对字段进行重新排序）、Record.RenameFields（重命名字段）、Record.TransformFields（修改字段值）和 Record.Combine（合并记录）函数，使用演示如图 10-8 所示，函数用法说明如表 10-8 至表 10-11 所示。

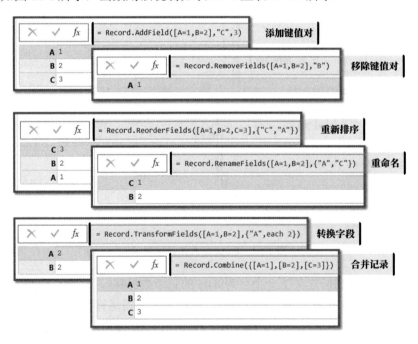

图 10-8　记录转换函数的使用

表 10-8　Record.AddField函数的基本用法

名　称	Record.AddField
作　用	为记录添加新的键值对
语　法	Record.AddField(record as record, fieldName as text, value as any, optional delayed as nullable logical) as record，第一个参数record要求为记录类型，表示待处理的记录，第二个参数fieldName为文本类型，表示新键值对的字段名称，第三个参数value用于指定键值对的值，第四个参数delayed为可选项，用于控制计值倾向，输出为记录类型的数据
注意事项	本函数一次只可以进行单个键值对的添加，如果需要批量添加则可以使用累积循环函数。M函数的名称命名对单复数的使用较为精确，该函数为单数，但在移除函数中为Record.RemoveFields

表 10-9　Record.ReorderFields函数的基本用法

名　称	Record.ReorderFields
作　用	对记录中的各项字段进行重新排序
语　法	Record.ReorderFields(record as record, fieldOrder as list, optional missingField as nullable number) as record，第一个参数record要求为记录类型，表示待处理的记录，第二个参数fieldOrder要求为列表类型，用于规定新的字段顺序，输出为记录类型的数据
注意事项	使用该函数时很多人会有一个疑问：对于指定的字段按照指定顺序前后排序，但对于没有指定的字段应当如何排序？答案是不变。例如，原始排序为ABCD，重新指定按照DCA排序，则结果为DBCA，其中的B依旧为第二位，其余按照约定顺序排序，使用演示如图10-9所示

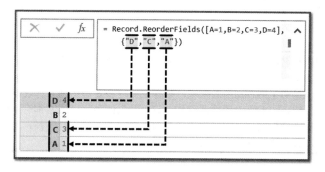

图 10-9　记录字段排序逻辑示意

表 10-10　Record.RenameFields函数的基本用法

名　称	Record.RenameFields
作　用	重命名记录数据的字段名称
语　法	Record.RenameFields(record as record, renames as list, optional missingField as nullable number) as record，第一个参数record要求为记录类型，表示待处理的记录，第二个参数renames要求为列表列表类型，用于指定重命名要求，列表列的子元素均为列表，并包含两个元素，分别指定原始列名和新列名，第三个参数missingField为可选项，用于设置未指定字段名出现时的返回值模式，输出为记录类型的数据

（续表）

注意事项	该函数的独特之处在于第二个参数的设定，提供了重命名所需的关键信息。使用单个列表进行单字段的重命名，形如"{原始列名，新列名}"；使用列表列实现多字段的重命名，形如"{{原始列名，新列名}，{原始列名，新列名}，……}"，使用如图10-10所示。这种设置参数的方法在其他的M函数中经常出现

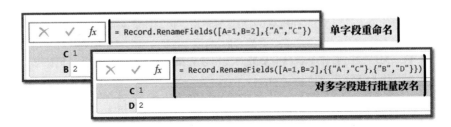

图 10-10　对指定的多字段进行重命名

表 10-11　Record.TransformFields函数的基本用法

名　称	Record.TransformFields
作　用	转换记录中指定字段的值
语　法	Record.TransformFields(record as record, transformOperations as list, optional missingField as nullable number) as record，第一个参数record要求为记录类型，表示待处理的记录，第二个参数transformOperations要求为列表列类型，用于指定各字段的转换要求，列表列的子元素均为列表，并包含两个元素，分别指定原始列名和转换规则，第三个参数missingField为可选项，用于设置未指定字段名出现时的返回值模式，输出为记录类型的数据
注意事项	当看到函数名称中出现Transform字样时，部分人会认为在该函数中存在循环结构，可以批量对数据点进行变换。如果你有这种想法是非常好的！证明你可以举一反三，掌握了精髓。但是对于Record函数来说，数据批处理主要是由列表和表格完成的，数据记录只起辅助作用，一般不设置循环结构；记录数据的各字段通常都有不同类型的数据，因此是没有循环结构的。即使使用该函数对记录中的字段进行转换，也需要使用第二个参数列表列对各字段的转换规则进行独立设置

10.3　代码格式化

本节跟读者讲解一个与知识点无关，但是会严重影响代码质量的问题——代码格式化。代码格式化就是按照特定的格式和规则组织代码，以达到一个更合理的显示效果，如缩进、大小写、换行位置等规范。为了让读者明白代码格式化的重要意义，从而规范自己的代码，我们将对规范代码和不规范代码进行对比，并且给出一套在实操中推荐使用的代码格式化的最佳实践规范供读者参考。

10.3.1　代码对比

1. 规范的代码

首先来看一段规范的代码，如图 10-11 所示。很明显，我们可以从图 10-11 所示的代码中观察到几个重要的特征点：

- 换行书写新的函数嵌套和参数；
- 相同层级的代码保持相同缩进；
- 关键代码部分添加注释。

回顾前面所有章节中的案例解答会发现，以上这些“习惯”我们都已经悄悄遵守了，希望读者能够在平时养成良好的代码格式化习惯。

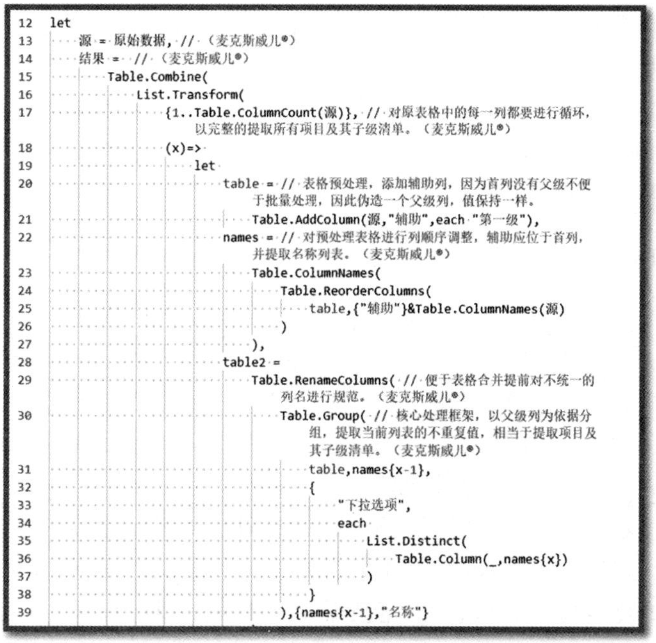

```
let
    源 = 原始数据, // （麦克斯威儿®）
    结果 = // （麦克斯威儿®）
        Table.Combine(
            List.Transform(
                {1..Table.ColumnCount(源)}, // 对原表格中的每一列都要进行循环，以完整的提取所有项目及其子级清单。（麦克斯威儿®）
                (x)=>
                    let
                        table = // 表格预处理，添加辅助列，因为首列没有父级不便于批量处理，因此伪造一个父级列，值保持一样。
                            Table.AddColumn(源,"辅助",each "第一级"),
                        names = // 对预处理表格进行列顺序调整，辅助应位于首列，并提取名称列表。（麦克斯威儿®）
                            Table.ColumnNames(
                                Table.ReorderColumns(
                                    table,{"辅助"}&Table.ColumnNames(源)
                                )
                            ),
                        table2 =
                            Table.RenameColumns( // 便于表格合并提前对不统一的列名进行规范。（麦克斯威儿®）
                                Table.Group( // 核心处理框架，以父级列为依据分组，提取当前列表的不重复值，相当于提取项目及其子级清单。（麦克斯威儿®）
                                    table,names{x-1},
                                    {
                                        "下拉选项",
                                        each
                                            List.Distinct(
                                                Table.Column(_,names{x})
                                            )
                                    }
                                ),{names{x-1},"名称"}
```

图 10-11　规范的代码范例（部分）

2. 不规范的代码

我们再来看一个不规范的代码示例，如图 10-12 所示。该例与图 10-11 所示例子完全相同，属于纯代码编写，完全没有进行任何的代码格式化操作。因此我们看到的最终效果可以说是“一片狼藉”。即使经验丰富的 M 函数语言使用者，看到这段代码后也很难直接阅读下去，因为代码的逻辑嵌套层次关系不明。如果连谁作为谁的参数这种最基本的关系都无法明确，就更无法理解了。如果遇到类似代码，第一件事就是手动进行代码格式化，理清结构层次关系。如果是自己编写代码，那么一定要避免此类情况的发生。

```
let
    源 = Excel.CurrentWorkbook(){[Name="表1"]}[Content],
    自定义1 = Table.Combine( List.Transform( {1..Table.ColumnCount(源)}, (x)=>
        let table = Table.AddColumn(源,"辅助",each "第一级"), names =
        Table.ColumnNames( Table.ReorderColumns( table,{"辅助"}&Table.ColumnNames
        (源) ) ), table2 = Table.RenameColumns( Table.Group( table,names{x-1}, {
        "下拉选项", each List.Distinct( Table.Column(_,names{x}) ) } ),{names
        {x-1},"名称"} ) in Table.SplitColumn( table2,"下拉选项",each _, List.Max(
        List.Transform( table2[下拉选项], each List.Count(_) ) ) ) ) )
in
    自定义1
```

图 10-12　不规范的化代码范例

只有在少数场景下麦克斯推荐使用未格式化的 M 函数公式代码：

- 任务复杂度不高，可以在 2 到 3 行代码内完成；
- 问题处理过程可以被拆分为非常多的细小步骤，每个步骤的代码均在 2 到 3 行内；
- 在使用 M 函数帮助他人（无经验者）解决问题时，不进行格式化（抹去结构信息），使代码表面上更容易使用。

3. 格式化的意义

通过对相同案例的规范表达和不规范表达对比可知，代码格式化的核心意义是提高代码的可读性。

- 虽然核心含义是“提高代码的可读性”，但是图 10-12 所示的不规范案例是在一种几乎不可读的状态。因此注意“代码格式化”并不只是将代码“由可读变为好读”，而是将代码“由不可读变为好读”。
- 虽然部分读者在编写代码时因处于高速思考中，对环境信息的了解也非常全面，觉得自己编写代码的思路很清晰，不要说两三行代码，就算是四五行甚至几十行代码，不需要格式化也可以编写出来。但是在调整代码、排除错误之后进行维护代码时都需要重新识别问题点，这需要大量的时间，完全可以使用格式化代码的办法来解决这个问题。
- 在与他人合作编写 M 函数语言代码时，较差的格式化代码会使代码的运行效率下降。

10.3.2　格式化规范

如果想要拥有良好的格式化代码，需要遵循哪些规则呢？这里我们总结了十几条规则，如表 10-12 所示。读者只需要遵循表格中的代码编写规则，就可以轻松实现良好的代码格式化效果，示意如图 10-13 所示。

表 10-12 代码格式化的常用规则

序 号	规 则
1	使用let…in关键字后进行换行和缩进
2	每层缩进规定为1个制表符（4个空格）
3	步骤与变量名称统一为中文或英文（驼峰命名）
4	每个步骤后进行换行和缩进
5	函数嵌套时进行换行和缩进
6	函数名应与函数结束括号保持相同的缩进格式
7	每个函数的参数独立成行并缩进，以与函数名对齐
8	复杂列表与记录构建的外括号应对齐而其内部应缩进
9	自定义函数代码部分应换行并缩进编写
10	使用each关键字后进行换行和缩进
11	try与otherwise关键字独立成行并缩进对齐
……	……

说明：表 10-12 所列的规则并不要求在所有情况下都要严格执行，这是在日常实践中总结出来的最佳规则，读者可以根据自己的习惯和需求以此规则为基础进行改良和调整。

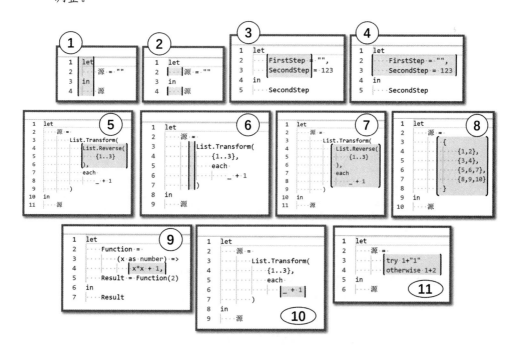

图 10-13 代码格式化常用规则参考示例

10.4　本 章 小 结

　　本章学习了各种类型的记录函数，掌握了对复合结构类型数据的控制能力。通过对比列表函数和记录函数可以看到，不仅在数量方面记录类型可用的函数远远少于列表函数，而且在功能上记录类型函数也没有列表函数如 List.Transform 和 List.Accumulate 这种具备循环迭代特性的强力函数。不过这并不代表函数数量与功能都偏少，记录类型函数在实际应用中就处于"配角"地位，麦克斯希望大家对数据容器的三大类函数的应用能够充分理解并掌握。

　　下一章我们将学习表格函数。完成对这部分内容的学习，代表你已经掌握了 M 函数语言的所有基础知识，包括四大知识板块（数据类型、运算符、关键字和 M 函数）和五大类具体的 M 函数（文本、数字、列表、记录和表格）。

第11章 表格函数

本章我们将学习表格函数，该类函数的数量非常多，是日常使用的主流函数。通过本章的学习，我们将会完成对 M 函数语言的入门学习。

本章主要分为三部分，第一部分将对表格类型函数进行概括性介绍，从整体上了解它们的分类情况及具体的作用。第二部分则会挑选其中较重要的表格类型函数进行独立讲解，加深读者对表格类型函数的理解。最后一部分则会给出多个综合应用 M 函数语言知识的案例进行练习。

本章的主要内容如下：

- 表格函数的分类和作用。
- 重点表格运算函数的特性。
- 表格函数在实操中的应用场景。

11.1 表格函数概览

本节先从整体了解表格函数的情况，包括表格函数的数量、表格函数的二级分类情况及每个函数的作用等信息，让读者对表格函数有一个整体的了解。

11.1.1 表格函数清单

目前，在 Power Query M 函数语言中共有约 120 个表格函数，这些函数的作用是完成对表格类型数据的处理。所有表格函数的二级分类及其基本作用如表 11-1 所示。

表 11-1　M函数语言的表格函数汇总

序　号	分　类	函　数　名　称	作　用
1	类型	#table	构建表格类型数据
2		Table.FromRows	使用列表列数据构建表格（行方向）
3		Table.ToRows	将表格拆分为列表列数据（行方向）
4		Table.FromColumns	使用列表列数据构建表格（列方向）
5		Table.ToColumns	将表格拆分为列表列数据（列方向）

（续表）

序 号	分 类	函 数 名 称	作 用
6	类型	Table.FromRecords	使用记录列表数据构建表格（行方向）
7		Table.ToRecords	将表格拆分为记录列表数据（行方向）
8		Table.FromList	通过列表数据构建表格
9		Table.ToList	将表格多列横向压缩为列表数据
10		Table.FromPartitions	使用分部表格与标签构建表格
11		Table.Partition	按自定义条件将表格拆分为表格列表
12		Table.FromValue	将记录列表等数据转化为表格
13	插入	Table.AddColumn	在表格末尾添加自定义列
14		Table.AddIndexColumn	在表格末尾添加索引列
15		Table.DuplicateColumn	在表格末尾添加指定列的重复列
16		Table.InsertRows	向表格内插入新的行记录数据
17	移除	Table.RemoveColumns	移除表格的指定列
18		Table.RemoveFirstN	移除表格前 N 行的数据
19		Table.RemoveLastN	移除表格后 N 行的数据
20		Table.RemoveRows	移除表格中指定范围的行数据
21		Table.RemoveMatchingRows	移除表格中满足条件的行数据
22		Table.RemoveRowsWithErrors	移除表格中包含错误值的行数据
23	标题	Table.ColumnNames	提取表格标题列表信息
24		Table.ColumnsOfType	返回指定类型的表格列名称
25		Table.PrefixColumns	为表格各字段标题添加前缀
26		Table.RenameColumns	重命名表格的各字段
27		Table.TransformColumnNames	转换表格标题行名称
28		Table.TransformColumnTypes	转换表格各标题类别
29		Table.PromoteHeaders	升级首行数据为表格标题
30		Table.DemoteHeaders	将标题降级为首行数据
31	排序	Table.ReorderColumns	对表格各字段进行重新排序
32		Table.ReverseRows	使表格中的所有行数据逆序排列
33		Table.Sort	根据指定字段对表格中的行数据进行排序
34	循环转换	Table.TransformColumns	按自定义规则转换表格中的指定列数据
35		Table.TransformRows	循环转换表格中的各行记录数据
36	替换	Table.ReplaceRows	替换表中指定范围的行数据为新的数据
37		Table.ReplaceMatchingRows	替换表中满足条件的行数据为新的数据
38		Table.ReplaceErrorValues	替换表格中的错误值为其他值
39		Table.ReplaceValue	替换表格中的值为新的值
40	合并查询	Table.AddJoinColumn	在表格末尾添加合并查询列（聚合）

（续表）

序　号	分　　类	函　数　名　称	作　　用
41	合并查询	Table.AddFuzzyClusterColumn	在表格末尾添加模糊匹配列
42		Table.Join	以单表为基础合并查询另一张表
43		Table.FuzzyJoin	模糊匹配两张表格的行记录数据（展开）
44		Table.NestedJoin	在表格末尾添加合并查询列（聚合）
45		Table.FuzzyNestedJoin	模糊匹配两张表格的行记录数据（聚合）
46	拆分与合并	Table.Split	在行方向上拆分表格为列表
47		Table.SplitAt	在指定位置上将表格拆分为两段
48		Table.SplitColumn	拆分表格中指定列为多列数据
49		Table.Combine	合并表格列表
50		Table.CombineColumns	合并表格中的多列数据为单列
51		Table.CombineColumnsToRecord	合并表格中的多列数据为单记录列
52	运算	Table.Repeat	按指定次数重复表格（行方向）
53		Table.Transpose	转置表格
54		Table.FillDown	向下填充表格指定列
55		Table.FillUp	向上填充表格指定列
56		Table.Group	对表格按指定字段分组
57		Table.FuzzyGroup	用模糊匹配模式对表按指定字段分组
58		Table.Pivot	对表格数据进行透视
59		Table.Unpivot	逆透视指定列数据
60		Table.UnpivotOtherColumns	逆透视除指定列以外的其他列数据
61	展开与聚合	Table.ExpandListColumn	展开表格的列表列
62		Table.ExpandRecordColumn	展开表格的记录列
63		Table.ExpandTableColumn	展开表格的表格列
64		Table.AggregateTableColumn	聚合表格指定列
65	按位置提取	Table.FirstValue	提取表格左上角的首个值
66		Table.Skip	跳过表格中的若干行并提取剩余的行数据
67		Table.First	提取表格的首行数据记录
68		Table.FirstN	提取表格的前N行数据
69		Table.Last	提取表格的末行数据记录
70		Table.LastN	提取表格的最后N行数据
71		Table.Range	提取表格中指定范围的行数据
72		Table.AlternateRows	交替保留删除表格行数据
73	按条件提取	Table.Column	提取表格指定字段的列数据
74		Table.Distinct	以指定字段为条件对表格的行数据去重
75		Table.FindText	提取表中包含指定字符串的行数据

（续表）

序　号	分　类	函 数 名 称	作　用
76	按条件提取	Table.Max	提取表中指定字段的最大值所在的行数据
77		Table.MaxN	提取表中指定字段的最大N个值所在的行
78		Table.Min	提取表中指定字段的最小值所在的行数据
79		Table.MinN	提取表中指定字段的最小N个值所在的行
80		Table.SelectColumns	保留表格中的指定字段
81		Table.SelectRows	按条件筛选表格中满足条件的行数据
82		Table.SelectRowsWithErrors	保留表格指定列中包含错误值的行数据
83		Table.SingleRow	返回单行数据表中的行记录数据
84	信息	Table.Profile	返回表格的表层信息表
85		Table.Schema	返回表格的底层信息表
86		Table.ColumnCount	获取表格的列数信息
87		Table.RowCount	获取表格的行数信息
88		Table.HasColumns	判断表格是否包含指定的列
89		Table.IsDistinct	判断表格是否包含重复的行数据
90		Table.IsEmpty	判断表格是否为空
91		Table.Contains	判断表格是否包含指定的记录行
92		Table.ContainsAll	判断表格是否包含指定的所有记录行
93		Table.ContainsAny	判断表格是否存在指定的任意记录行
94		Table.MatchesAllRows	判断表格所有行数据是否都满足条件
95		Table.MatchesAnyRows	判断表格是否存在满足条件的行数据
96		Table.PositionOf	定位目标记录在表格中出现的位置
97		Table.PositionOfAny	定位任意目标记录在表中出现的位置
98	特殊	Table.Buffer	缓存表格数据以不受环境变化影响
99		Table.AddKey	为表格各字段添加键
100		Table.Keys	获取表格的键信息
101		Table.ReplaceKeys	替换表格现有的键信息
102		Table.PartitionValues	返回表格相关的分区信息
103		Table.View	创建View（用指定方法替代默认方法）
104		Table.ViewFunction	创建一个可以用于View的函数
105		Tables.GetRelationships	获取一组表之间的关系
106		Table.ReplaceRelationshipIdentity	替换关系
107		Table.ConformToPageReader	内部使用函数
108		Table.FilterWithDataTable	内部使用函数
109		RowExpression.Column	返回记录形式的表格列数据AST
110		RowExpression.Row	返回记录形式的表格行数据AST
111		RowExpression.From	返回记录形式的方法AST（行）

（续表）

序　号	分　类	函 数 名 称	作　用
112		ItemExpression.From	返回记录形式的方法AST（对象）
113	特殊	ItemExpression.Item	返回记录形式的对象AST
114		Table.ApproximateRowCount	/
-		Occurrence.All	位置模式：所有
-		Occurrence.First	位置模式：首次出现
-		Occurrence.Last	位置模式：末次出现
-		Order.Ascending	排序：升序
-		Order.Descending	排序：降序
-		GroupKind.Global	分组模式：全局
-		GroupKind.Local	分组模式：本地
-	常用参数	ExtraValues.Error	冗余值：返回错误
-		ExtraValues.Ignore	冗余值：忽略
-		ExtraValues.List	冗余值：使用列表存储
-		JoinKind.FullOuter	连接模式：完全外部
-		JoinKind.Inner	连接模式：内部
-		JoinKind.LeftAnti	连接模式：左反
-		JoinKind.LeftOuter	连接模式：左外部
-		JoinKind.RightAnti	连接模式：右反
-		JoinKind.RightOuter	连接模式：右外部
-		JoinSide.Left	连接端：左侧
-		JoinSide.Right	连接端：右侧
-		JoinAlgorithm.Dynamic	合并算法：自动选择模式
-		JoinAlgorithm.LeftHash	合并算法：左哈希
-	其他参数	JoinAlgorithm.RightHash	合并算法：右哈希
-		JoinAlgorithm.PairwiseHash	合并算法：成对哈希
-		JoinAlgorithm.LeftIndex	合并算法：左索引
-		JoinAlgorithm.RightIndex	合并算法：右索引
-		JoinAlgorithm.SortMerge	合并算法：排序合并
……	……	……	……

11.1.2　表格函数的分类

通过表 11-1 可以看到，表格函数在我们目前学习的所有类型函数中成员数量最多也最复杂。因为表格函数的数量众多，记忆起来比较困难，因此可以参考列表类型 List 函数的分类结构来快速掌握表格函数。如果对比表格函数和列表函数的二级分类就会发现，虽然二者在数量上差异较大，但它们的二级分类结构几乎是一样的，区别在于表格类型函数新增了针对标题行处理的标题类函数与针对复合结构数据的展开与聚合类函数。

11.2 重点表格函数

本节我们开始学习具体的表格函数的使用。因为篇幅有限，我们主要挑选其中的重要函数进行讲解。对于其他函数的使用，读者可以自行查看官方文档。

11.2.1 表格类型函数

表格类型数据属于数据容器的一种，用于存储大量的数据。如果对表格数据进行类型转换，即由表格类型转换为列表和记录两种数据类型，则涉及的函数一共有 3 对共计 6 个函数。

1. 将表格按列拆分为列表列

将表格转化为列表的第一种方法是将表格按列拆分为列表列数据，其中，每个子列表为原表格的每列数据。反之，将列表数据转换为表格时也可以按列完成对表格的拼接构建。使用演示如图 11-1 所示。

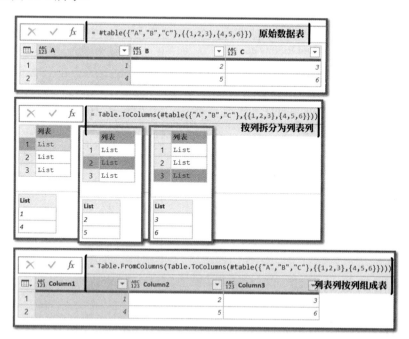

图 11-1 表格按列拆分为列表列数据

Table.ToColumns 函数和 Table.FromColumns 函数用法说明如表 11-2 和表 11-3 所示。

表 11-2　Table.ToColumns函数的基本用法

名　　称	Table.ToColumns
作　　用	将表格数据按列拆分为列表列数据
语　　法	Table.ToColumns(table as table) as list，第一个参数table要求为表格，表示待处理的表格，输出为列表列类型的数据
注意事项	该函数将表格中的每列数据独立转换为列表，并按顺序将代表各列数据的列表组合为新的列表后返回，这个过程通常称为"按列拆分"。但是该函数仅针对表格的数据部分进行拆分，原表的标题信息不参与运算，这部分信息会在转化后损失掉。使用时注意区分其他相似的表格转换函数

表 11-3　Table.FromColumns函数的基本用法

名　　称	Table.FromColumns
作　　用	将列表列数据按列重组为表格
语　　法	Table.FromColumns(lists as list, optional columns as any) as table，第一个参数lists要求为列表列，表示目标组成表格的各列数据列表，第二个参数columns为可选项，要求为列表类型，用于指定组成表格的字段名称，输出为表格类型的数据
注意事项	该函数是Table.ToColumns的逆过程，需要补充正向拆分时丢失的表格标题信息。如果不设置第二个参数，则函数自动使用默认标题Column1、Column2……进行填充，如图11-1所示。使用时： 列表列数据的子列表元素数量可以不统一，系统自动使用null补齐； 列标题的参数列表必须和列表列数据的子列表数保持一致，否则报错，特殊情况演示如图11-2所示

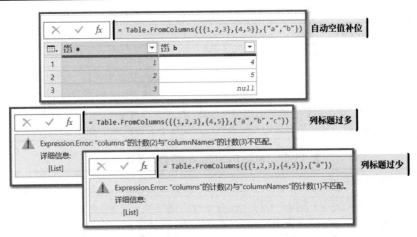

图 11-2　表格按列拆分为列表列函数的特殊使用情况

2. 将表格按行拆分为列表列

与按列拆分相似，我们也可以使用不同的函数对表格进行行方向的拆分与重组。类型转化方面同样是表格与列表之间的互换，使用演示如图 11-3 所示，函数用法说明如表 11-4

和表 11-5 所示。

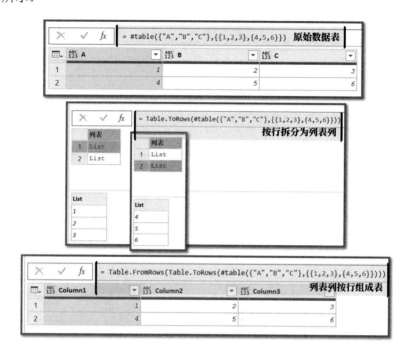

图 11-3　将表格按列拆分为列表列数据

表 11-4　Table.ToRows函数的基本用法

名　　称	Table.ToRows
作　　用	将表格数据按行拆分为列表列数据
语　　法	Table.ToRows(table as table) as list，第一个参数table要求为表格，表示待处理的表格，输出为列表列类型的数据
注意事项	因为每对表格类型转换函数的相似度很高，很多人容易混淆。记住，不论是ToColumns还是ToRows函数，转换的结果均为列表列，差别在于子列表中存储的是列数据还是行数据

表 11-5　Table.FromRows函数的基本用法

名　　称	Table.FromRows
作　　用	将列表列数据按行重组为表格
语　　法	Table.FromRows(rows as list, optional columns as any) as table，第一个参数list要求为列表列，表示目标组成表格的各行数据列表，第二个参数columns为可选项，要求为列表类型，用于指定组成表格的字段名称，输出为表格类型的数据
注意事项	该函数是Table.ToRows函数的逆过程，复杂度稍高，因为逆过程需要补充正向拆分时丢失的表格标题信息。如果不设置第二个参数，则函数自动使用默认标题Column1、Column2……进行填充，如图11-3所示。使用时列表列数据的子列表元素数量必须统一，否则会返回错误（比列组合的要求更严格）；列标题的参数列表必须和列表列数据的子列表数保持一致，否则会报错，特殊情况演示如图11-4所示

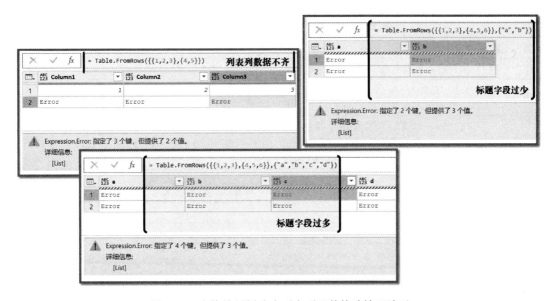

图 11-4　表格按行拆分为列表列函数特殊情况演示

3. 将表格按行拆分为记录列表

除了可以直接将表格数据转换为列表列类型的两对类型转换函数以外，我们还可以使用 Table.ToRecords 函数直接将表格转换为记录列表，该函数同样遵循按行拆分的原则，也有逆过程函数，使用演示如图 11-5 所示，函数用法说明如表 11-6 和表 11-7 所示。

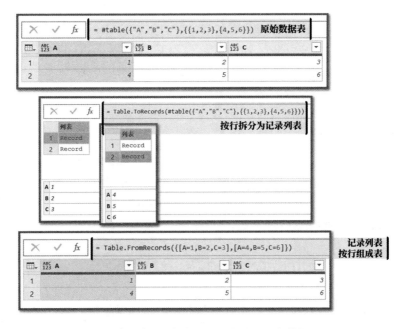

图 11-5　将表格按列拆分为记录列表数据

表 11-6　Table.ToRecords函数的基本用法

名　称	Table.ToRecords
作　用	将表格数据按行拆分为记录列表数据
语　法	Table.ToRecords(table as table) as list，第一个参数table要求为表格，表示待处理的表格，输出为记录列表类型的数据
注意事项	与ToRows类似，同样是按行拆分，唯一的区别在于拆分结果虽然使用列表存储，但是列表中的每个元素均为记录类型的数据，用于存放当前行数据。该方法相比ToRows函数的优势在于保留了原表格的标题信息

表 11-7　Table.FromRecords函数的基本用法

名　称	Table.FromRecords
作　用	将记录列表数据按行重组为表格
语　法	Table.FromRecords(records as list, optional columns as any, optional missingField as nullable number) as table，第一个参数records要求为记录列表，表示目标组成表格的各行数据记录，第二个参数columns为可选项，要求为列表类型，用于指定组成表格的字段名称，第三个参数missingField为可选项，输出为表格类型的数据
注意事项	该函数是Table.ToRecords的逆过程，复杂度稍微高一点，因为逆过程允许在一定程度上调整组成表格的标题信息（有限制）。如果不设置第二个参数，则函数会自动使用原记录字段名称进行填充，如图11-5所示。使用时列表列数据的元素记录和字段数量要统一，否则结果只返回首个记录中的字段列或返回错误；可以使用列标题参数重新指定表格的各列名称（只能指定记录数据中出现的字段名），但要注意数量保持一致，否则会返回错误；第三个参数可以控制结果表格出错时的替代返回值，模式有Error和UseNull两种。特殊情况演示如图11-6所示

图 11-6　Table.FromRecords 函数的特殊情况

📖 **技巧**：对于以上三对函数的使用，建议输入数据的结构应保持一致，以避免特殊情况的出现。如果存在各行或各列数据字段不统一，数量不统一的情况，建议使用

Table.FromColumns 函数，因其对行数据的数量要求较为"宽松"，不会返回错误。

4．三组典型的类型转换函数的对比

最后我们对表格类型转换函数中最经典的三对函数进行横向比较，以加深理解。这三对函数虽然使用难度不大，但相互之间有很大的相似性，初学者极易混淆。这三对函数的特性对比如图 11-7 所示。

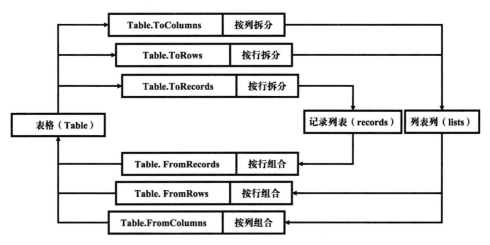

图 11-7　三组典型的类型转换函数的对比

11.2.2　表格插入与移除函数

表格函数与列表函数的最大差异是列表函数只能在列方向上调整数据，而表格函数可以同时在行和列两个方向对数据内容或结构进行调整。表格的插入与移除函数也具有这个特性，其他表格分类函数如表格转换、替换和排序函数等也是如此。除此之外，表格插入与移除函数在其他方面也与列表插入与移除函数的相似度很高，如处理目的相似、处理模式相似等，可以对比学习。

1．插入函数

插入函数共有 4 个，分别是 Table.AddIndexColumn（添加索引列）、Table.DuplicateColumn（添加重复列）、Table.InsertRows（插入行数据）和 Table.AddColumn（添加自定义列）函数，主要是列方向上的添加列功能较多，使用演示如图 11-8 所示。

图 11-8　表格插入函数的使用

图 11-8 分别使用 3 个函数为表格添加了新列和新行。这 3 个函数的使用比较简单，其中，索引列添加函数的使用类似于 List.Numbers 函数，提供对应的等差数列起点与步长，函数便会为表格添加一个新的索引序列。第二个函数的功能为复制列，通常用于保护原始列数据不被后续操作"污染"，使用时只需要指定目标需要复制的列及提供复制结果列的列名称，即可在表格的最右侧添加新的复制列。最后一个函数 Table.InsertRows 负责在行方向上添加行记录数据，使用方法与 List.InsertRange 函数类似，提供一个索引位置，函数便会将准备好的行记录数据插入其中。

2．移除函数

表格移除函数比较多，除了有对指定列数据的移除函数 Table.RemoveColumns 之外，还有针对行数据的移除函数，这些函数我们已经在学习列表函数时遇到过，它们分别是 Table.RemoveFirstN（移除前 N 行）、Table.RemoveLastN（移除后 N 行）、Table.RemoveRows（移除指定范围行）、Table.RemoveMatchingRows（移除匹配的行）、Table.RemoveRows-WithErrors（移除错误行）等，使用演示如图 11-9 所示。

📑 说明：表格替换函数几乎与移除函数一一对应，同样包括 ReplaceRows、ReplaceMatching-Rows 和 ReplaceRowsWithErrors 3 种模式，使用方法也类似，可以对比学习。

图 11-9　表格移除函数基础使用

11.2.3　表格标题函数

表格函数中除了在 11.2.2 小节中提到的"函数在行列方向上存在差异"之外，另外一个特别之处便是拥有"标题行"。因为标题行本身也是表格信息的一部分，因此日常对于表格的操作也离不开对表格标题的控制。在 M 函数语言中就有专门的表格标题函数来操控表格标题行数据，高频使用的几个函数分别是 Table.ColumnNames（提取标题名称）、Table.RenameColumns（重命名列）、Table.TransformColumnNames（转换列名称）、Table.PromoteHeaders（升级标题）和 Table.DemoteHeaders（降级标题），使用演示如图 11-10 所示。

图 11-10 为 5 种表格标题函数的使用演示。其中最常用的函数是 Table.ColumnNames，负责提取表格标题名称并以列表的形式返回，该函数获取的信息常常可以作为其他函数的参数，因此很重要。

其次是用于标题升级和降级的两个函数 Table.PromoteHeaders 和 Table.Demote-Headers，这两个函数便是菜单命令"将第一行用作标题"和"将标题作为第一行"的对应函数。使用上与菜单命令没有区别，注意标题升级时会将原标题覆盖，标题降级时会以默认标题填充。

最后一个是在列数据方向上带有循环框架的列名称循环转换函数 Table.Transform-ColumnNames，该函数的使用类似于列表转换，详情见表 11-8。

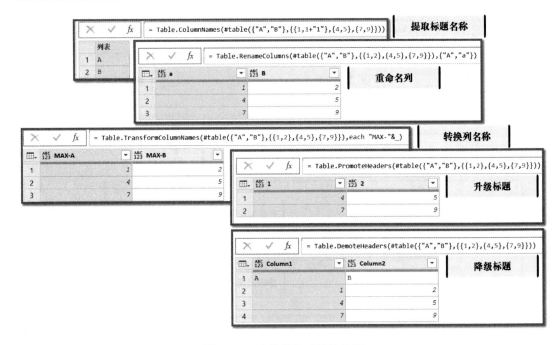

图 11-10　表格移除函数的使用

表 11-8　Table.TransformColumnNames函数基本用法

名　　称	Table.TransformColumnNames
作　　用	按自定义规则转换列名称
语　　法	Table.TransformColumnNames(table as table, nameGenerator as function, optional options as nullable record) as table，第一个参数table要求为表格，表示待处理的表格，第二个参数nameGenerator要求为方法类型，用于指定列数据标题的转换方式，第三个参数options为可选参数，要求为记录形式，用于设置其他属性如最大名称长度等，输出为表格类型的数据
注意事项	与函数List.Transform对比学习可以快速掌握该函数的使用，因为本质上该函数是对表格的标题名称列表进行循环，循环的上下文环境即为每个列字段的标题，最后通过自定义函数对列标题进行修改，如常见的添加前后缀等。与重命名指定数据列相比，该函数更适用于批量标题的处理

11.2.4　表格转换函数

　　表格转换函数可以理解成一个大类，与之相关的细分类非常多，如排序、替换和转换都可以算作与"增、删、改、查"中的"改"相关，针对整个表格进行的拆分与合并、透视逆透视、转置和重复等运算也会对表格内容产生影响。本小节我们就挑选其中最典型的四大类函数进行讲解。

1．排序函数

表格函数涉及的排序函数共有 3 个，综合了列表和记录数据的特征，既有行方向又有列方向的排序，分别为 Table.ReorderColumns（列方向排序）、Table.ReverseRows（反转行即逆序）和 Table.Sort（行方向排序），使用演示如图 11-11 所示。

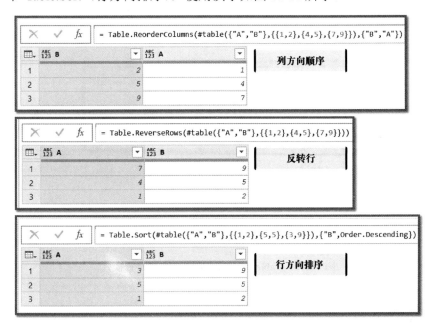

图 11-11　表格排序函数的使用

其中，列排序函数 Table.ReorderColumns 的使用与记录字段排序函数 Record.ReorderFields 类似，将指定的列数据按照指定的顺序排序，未指定的列数据则保持原位。第二个逆序表格行函数 Table.ReverseRows 的使用逻辑与列表逆序函数 List.Reverse 类似，将数据输入后会自动将表格中所有的行逆序排序（注意逆序不是降序）。最后一个函数 Table.Sort 用于表格行数据的排序，函数用法说明如表 11-9 所示。

表 11-9　Table.Sort 函数的基本用法

名　　称	Table.Sort
作　　用	将表格的行数据按照指定的字段进行排序
语　　法	Table.Sort(table as table, comparisonCriteria as any) as table，第一个参数 table 要求为表格，表示待处理的表格，第二个参数 comparisonCriteria 是任意类型的高级参数，用于指定排序条件与排序模式，输出为表格类型的数据
注意事项	表格排序函数的难点在于第二个参数的设置。常用的设置模式有：指定的列名称默认以单条件升序排序；以双元素列表分别指定列标题和升降序排序模式；以列表列形式（子列表结构同上）集合多个字段为排序条件进行多条件排序，使用演示如图 11-12 所示

📋说明：在多条件排序中，参数内靠前指定的字段优先排序，靠后指定的字段待前面的字段完成排序后再执行。如图 11-12 所示，优先按照字段 A 降序排序，获得"5/5/3"，然后在此基础上再进行降序排序，最终得到"55/52/39"而非"52/55/39"。

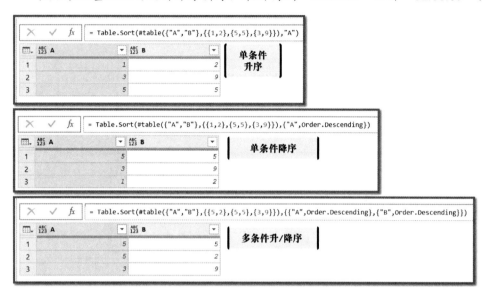

图 11-12　Table.Sort 函数的常用参数设置模式

2. 循环转换函数

表格的循环转换函数也有两个，用于对某个列表进行循环。表格是使用二维空间进行数据存储的数据容器，因此循环需要针对行方向、列的方向或者某个字段去执行，使用时一定要明确这个执行范围，这一点在函数的参数上也有所体现。这也是此前所说的使用列表处理数据的灵活性要远大于表格的原因。

表格循环转换函数分别是 Table.TransformColumns（指定的列字段建立逐行循环）和 Table.TransformRows（完整行循环转换），二者是具备循环框架的函数，使用演示如图 11-13 所示，函数用法说明如表 11-10 和表 11-11 所示。

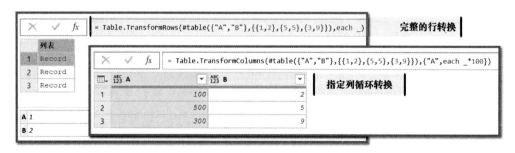

图 11-13　表格循环转换函数的使用

表 11-10　Table.TransformColumns函数的基本用法

名　　称	Table.TransformColumns
作　　用	指定表格中的列，按照自定义逻辑循环完成转换
语　　法	Table.TransformColumns(table as table, transformOperations as list, optional default-Transformation as nullable function, optional missingField as nullable number) as table，第一个参数table要求为表格，表示待处理的表格，第二个参数transformOperations使用双元素列表指定列名称和转换的自定义运算逻辑，如果需要多组，可以使用列表列进行拓展，第三个参数defaultTransformation为可选项，要求为方法类型，其指定的运算会应用于在第二个参数中未指定列的循环转换中，第四个参数missingField为可选项，输出为表格类型的数据
注意事项	对于第二个参数的设置，单列转换格式为列表，多列循环转换格式为列表列。列表元素均要求为双元素，分别指定转换的列名称和处理逻辑。当指定列数据后，该函数的使用与List.Transform函数类似，如图11-13所示的指定A列进行批量乘100的操作；第三个参数可以帮助我们批量的完成对表格数据的转换，使用演示如图11-14所示

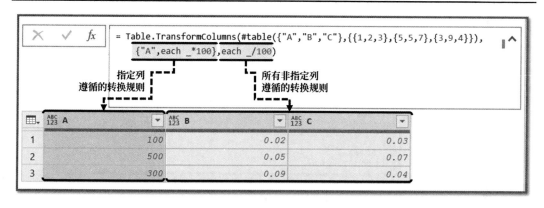

图 11-14　表格列循环转换函数的使用

如图 11-14 所示，因为同时设置了第二个和第三个参数，所以函数对表格中的所有列都设置为单列循环，图 11-14 所示的表格的所有列数据都是通过重新运算得到的。其中，A 列数据因为在第二个参数中已经指定，因此会针对该列形成循环，每次循环提取该列下一个单元格中的值作为循环上下文环境参与运算，运算规则由第二个参数列表的第二个元素确定，在本例中即为乘 100，因此最终结果是 A 列为"100/500/300"。

B 列与 C 列则属于"非指定的列"。如果未设置第三个参数，则 B 列与 C 列的数据值不会发生任何变化，直接返回。如果设置了第三个参数，指定其他列的转换运算逻辑，那么表格中除了指定列以外的所有列都会独立构建列字段数据循环，并按照指定规则进行运算。例如在示例中指定对其他列的数据均进行除 100 的操作，最终得到的 B 列数据为"0.02/0.05/0.09"，C 列数据为"0.03/0.07/0.04"。

表 11-11　Table.TransformRows函数的基本用法

名　称	Table.TransformRows
作　用	将整个表格以行记录的形式循环转换
语　法	Table.TransformRows(table as table, transform as function) as list，第一个参数table要求为表格，表示待处理的表格，第二个参数transform用于指定循环转换的自定义运算逻辑，输出为表格类型的数据
注意事项	相比TransformColumns针对某个具体列数据进行循环转换，该函数会破坏表格的原有结构，将每行的所有列字段数据转换为行数据记录进行循环，因此无须额外指定某个具体的列数据。循环上下文为当前行的记录数据，见图11-14。该函数相当于List.Transform函数与Table.ToRecords函数的组合，使用演示如图11-15所示

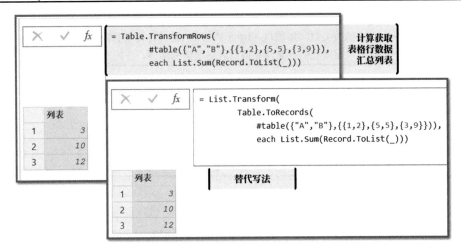

图 11-15　Table.TransformRows 函数的替代写法

3．拆分与合并函数

表格转换函数"拆分与合并"在处理复合数据时经常使用，该类函数同样分为行和列两个方向。行方向上的拆分与合并可以帮助我们快速将单张表格拆分为多张表格，而列方向上的合并与拆分则代表单列与多列之间的转换，等同于菜单命令"拆分列""合并列"。具体使用演示如图 11-16 所示。

图 11-16 演示了在行方向上 3 种表格拆分与合并函数的使用，相比列数据方向的合并与拆分要简单许多。使用逻辑与列表的拆分与合并函数 List.Split 和 List.Combine 非常相似，都是根据固定数量的数据"分页"拆分为列表，只不过表格拆分的结果不再是列表列而是表格列表。逆过程的合并同样可以将表格列表中的所有表格"合多为一"，组合成单张表格（见图 11-16）。

比较特别的是在列表函数中没有对应的函数是 Table.SplitAt，我们可以将其视为一种特殊的表格拆分，不像 Table.Split 函数一样按照固定的行数拆分表格的所有行，而是在指定的索引位置将表格一分为二并使用表格列表进行存储。

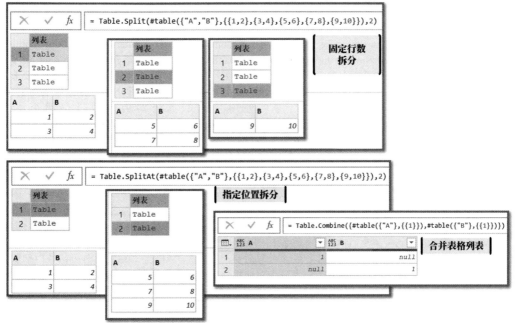

图 11-16　表格行方向拆分与合并函数的使用

图 11-17　表格列方向拆分与合并函数的使用

如图 11-17 所示为列数据方向表格拆分与合并函数的使用示例。虽然相较于行方向的拆分与合并函数而言表格列方向的拆分与合并函数的参数更多，使用难度更大，但是也带来了更多新的特性。这两个函数都有自己的循环框架，在日常数据处理中常作为结构性的函数来使用，函数用法说明如表 11-12 和表 11-13 所示。

表 11-12　Table.SplitColumn函数的基本用法

名　　称	Table.SplitColumn
作　　用	拆分表格中的指定列为多列
语　　法	Table.SplitColumn(table as table, sourceColumn as text, splitter as function, optional columnNamesOrNumber as any, optional default as any, optional extraColumns as any) as table，第一个参数table要求为表格，表示待处理的表格，第二个参数sourceColumn要求为文本类型，用于指定目标需要拆分的列，第三个参数为splitter拆分器，要求为方法类型，可以自定义拆分函数，也可以使用预设的拆分器类函数，第四个参数columnNamesOrNumber为可选项，用于指定拆分结果的列数或列名称，第五个参数default为可选项，用于设置因各行拆分结果数目不一致而引发的空缺位置默认显示的内容；第六个参数extraColumns为可选项，输出为表格类型的数据
注意事项	虽然拆分列函数的参数众多，但是只需要掌握前3个核心的参数即可，即数据表、指定的列、用于拆分的自定义函数。因为拆分列函数是针对表格中的某列数据拆分为多列，因此只接受对单列进行指定。 第三个参数的设定，一般会直接使用拆分器类的相关函数或直接编写自定义函数。自定义函数的输入类型是由拆分列循环结构的上下文环境确定的，一般是指定的列在当前循环行单元格中的数据，为纯文本。经过处理后要求输出为"列表"，这是拆分列函数内部默认的设定。系统在获得拆分的列表后会自动将列表中的数据分别显示在各拆分结果列中。根据如图11-17所示的使用示例绘制的拆分列函数的运算逻辑示意如图11-18所示

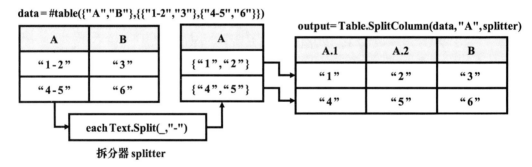

图 11-18　拆分列函数的运算逻辑示意

表 11-13　Table.CombineColumns函数的基本用法

名　　称	Table.CombineColumns
作　　用	合并表格中的多列为一列
语　　法	Table.CombineColumns(table as table, sourceColumns as list, combiner as function, column as text) as table，第一个参数table要求为表格，表示待处理的表格，第二个参数sourceColumns要求为文本列表类型，用于指定目标需要合并的列，第三个参数combiner为合并器，要求为方法类型，可以自定义合并函数，也可以使用预设的合并器函数，第四个参数column用于指定合并后结果列的列名称，输出为表格类型的数据

（续表）

注意事项	合并列函数作为拆分列函数的逆过程，参数分布和使用逻辑基本与拆分列函数一致。 合并列函数的名称中包含复数s，不要写错； 第二个参数指定列时，因为是逆过程将多列合并为一列，因此需要指定参与运算的多列名称，使用列表表示； 在自定义第三个参数合并器时，要求输入参数为列表（即指定列当前行的所有数据），返回的输出值则没有要求，函数会统一存放到合并结果列的当前行单元格中。根据如图11-17所示的使用示例绘制的合并列函数的运算逻辑示意如图11-19所示

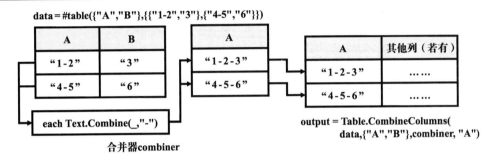

图 11-19 合并列函数的运算逻辑示意

4．运算函数

表格运算函数包括 Table.Repeat（重复表格）、Table.Transpose（转置表格）、Table.FillDown（向下填充）、Table.FillUp（向上填充）和 Table.Group（分组依据）等。在该类函数中有大量与菜单命令对应的函数，刚才列举的是最常用的函数，使用演示如图 11-20 所示。

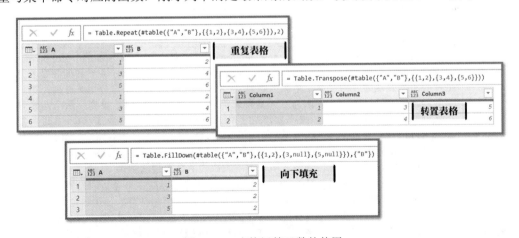

图 11-20 表格运算函数的使用

重复表格函数可以将原表格的数据按照指定次数重复并首尾拼接形成一张新的表格。表格转置函数可以实现将表格的行与列位置进行翻转，使原本位于 2 行 1 列位置的数据移动到 1 行 2 列处（表格从左上到右下按对角线进行翻转）。该函数是改变数据行与列关系的高频使用函数，经过该函数转置的表格会损失原有表格列标题信息。向下/向上填充函数用于填充表格指定数据列中的空值 null。如果采用向下填充，则所有空值会填充其相邻的上方单元格的数据值；向上填充则与之相反，空值单元格会提取相邻单元格下方单元格的值。部分功能存在对应的菜单命令，不再赘述。

　　需要重点说明的函数是 Table.Group。该函数的主要工作是根据指定的列字段数据，对原表格数据中的不同行记录数据进行分组，并且支持对分组完的表格进行自定义规则处理。使用演示如图 11-21 所示，函数用法说明如表 11-14 所示。

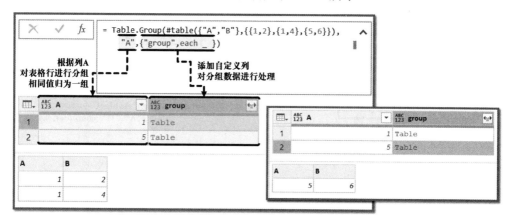

图 11-21　Table.Group 函数的使用

表 11-14　Table.Group函数的基本用法

名　　称	Table.Group
作　　用	按照指定字段对表格行数据进行分组和统计
语　　法	Table.Group(table as table, key as any, aggregatedColumns as list, optional groupKind as nullable number, optional comparer as nullable function) as table，第一个参数table要求为表格，表示待处理的表格，第二个参数key要求为文本类型，用于指定分组条件列，第三个参数aggregatedColumns，要求为双元素列表类型，用于添加分组结果列，两个元素分别指定新列名和运算规则，如果需要添加多列，则可以拓展为列表列结构，第四个参数groupKind为分组模式，为可选项，可以选择全局（GroupKind.Global）或本地（GroupKind.Local）的分组模式，默认为全局分组模式，第六个参数comparer为可选项，其是高级参数，用于指定特殊的分组逻辑，输出为表格类型的数据
注意事项	表格分组函数对应的菜单命令为"分组依据"，熟练掌握前三个参数的设置和运算逻辑即可。表格分组函数完成的任务可以分为两个部分：分组与计算。如图11-21所示为对数据分组而未进行任何实质性运算的状态。系统会根据表格A列的数据值将源表格分为两个部分，即A字段为1的一组、A字段为5的一组，并以表格形式呈现。因为A字段中只有两种值，如果有更多组的值，则分组数目增多。基于上述逻辑，最终得到的表格中只有两行数据。根据图11-21所绘制的表格分组函数的运算逻辑示意如图11-22所示，添加多个统计列的演示如图11-23所示

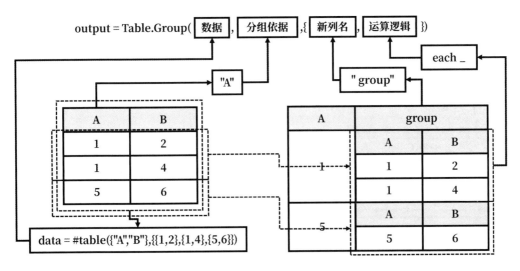

图 11-22　表格分组函数运算逻辑示意

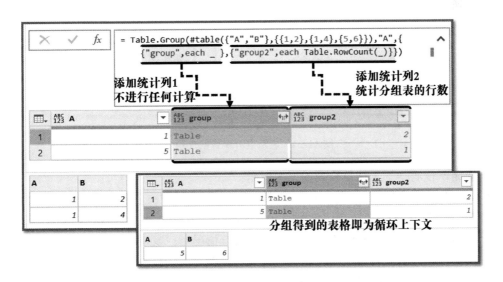

图 11-23　使用 Table.Group 函数分组后添加多个统计列

11.2.5　表格展开与聚合函数

表格展开与聚合函数对应菜单中的展开与聚合命令，专门负责对表格中嵌套的列数据进行展开和聚合操作。嵌套列是指在表格中某列字段的数据值均为数据容器类型，如整列均为列表、记录或表格类型的数据。对于这些嵌套列而言，可以使用表格展开与聚合函数平铺其中的数据，或对数据执行聚合运算。

1. 表格展开函数

表格展开函数共有 3 个，分别是 Table.ExpandListColumn（展开列表列）、Table.Expand-RecordColumn（展开记录列）和 Table.ExpandTableColumn（展开表格列）函数，使用演示如图 11-24 所示。

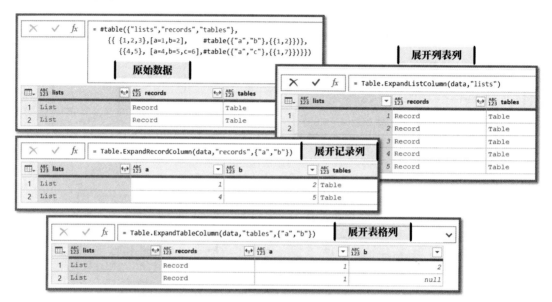

图 11-24　表格展开函数的使用

下面简单说明一下 3 种复合列的展开逻辑：

- 列表列的展开较容易，示例中的列表列包含两个子列表，存储的数据分别是"1/2/3"和"4/5"，展开后每个元素占据一行，最终得到的表格有 5 行数据，原来的列表列变为"1/2/3/4/5"。表格的其他行会根据展开情况对应复制，如原来的"1/2/3"属于第一行，因此展开后这 3 行的其他列数据都源于原表格的首行。
- 记录列的展开更简单，在使用展开函数时只需要提供包含记录列的表格并指定该列为目标展开列，最后告知函数需要展开记录中的哪些字段即可完成任务。最终的效果是横向平铺，记录中的每个字段会单独占据一列。
- 表格列的展开融合了列表与记录展开的特性，会在行列两个方向上将列字段中的表格数据平铺，类比理解即可，此处不再赘述。

⌂注意：如图 11-24 所示的表格列在展开时右下角出现了空值 null，原因是原表格列中的第二个表格仅包含"a/c"两个字段值，没有"b"字段的值，因此默认为空。

2．表格聚合函数

表格聚合函数也是针对表格中的复合列（表格列）执行的运算。相比展开功能只是对数据的结构、组织形式进行改变，聚合函数主要是对复合列中的数据执行统计和分析等运算。Table.AggregateTableColumn 函数的使用演示如图 11-25 所示，函数用法说明如表 11-15 所示。

图 11-25　表格聚合函数的使用

表 11-15　Table.AggregateTableColumn函数的基本用法

名　称	Table.AggregateTableColumn
作　用	按自定义规则聚合表格中的复合表格列
语　法	Table.AggregateTableColumn(table as table, column as text, aggregations as list) as table，第一个参数table要求为表格，表示待处理的表格，第二个参数column要求为文本类型，用于指定目标需要聚合的列，第三个参数aggregations要求为三元素列表列类型，用于添加聚合结果列，子列表中的三个元素分别用于指定复合列中表格的数据列、运算规则和结果列名称（注意，即使是单组聚合结果，也需要使用列表列结构的数据作为输入参数），输出为表类型的数据
注意事项	第三个参数的基本使用逻辑如下： 在第三个参数中需要提供三个元素，第一个元素用于指定复合列中表格的数据列，要结合第二个参数来理解。首先明确的是第二个参数提供的列名称用于指定原始表格数据中需要聚合的"复合表格列"，该列的所有元素均为表格。而第三个参数进入循环上下文中后会依次提取指定列中的每行数据。因此第三个参数的首个元素的作用是指定这些表格中的列，用于后续计算。 第二个元素用于设置聚合的运算规则，注意输入的数据是原始表格指定的聚合列中的某列数据。注意它是聚合列中的子表格的列字段，因此是一个列表数据（这里的逻辑关系有一点复杂，可以结合图11-26来理解）。 第三个元素用于指定运算结果存放的新列名，类似于表格分组函数Table.Group的使用。 根据图11-25所示的使用示例绘制的表格聚合函数的运算逻辑示意如图11-26所示

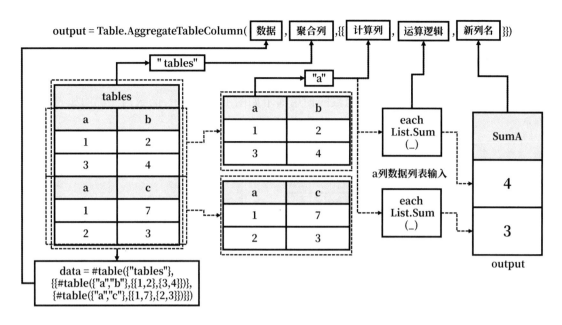

图 11-26 表格聚合函数的运算逻辑示意

如图 11-26 所示，目标是聚合得到表格 tables 复合列中表格 a 列的总计。因此直接将数据源表作为第一个参数，并使用第二个参数指定 tables 列为目标需要聚合的复合列数据，具体的聚合运算则通过第三个参数进行设置。表格聚合函数的工作模式会将复合列中的所有子表格依次循环一遍，并将每张表格聚合为其他的值（在案例中是总计）。因此在对第三个参数进行设置时，第一个元素用于指定聚合表格中的哪列数据，如示例的目标是提取 a 列的总计，因此设置为 a。通过第一个参数的设定可以提取并得到子表格 a 列的列表数据，然后加入第三个参数第二元素所约定的运算中求得总计，最后返回对应行的位置。

11.2.6 表格提取函数

如果我们想要获取表格中的数据信息，则需要使用代表着"查"的提取和信息函数。和列表类似，表格提取函数也分为按位置提取和按条件提取两种。具体使用跟插入与移除函数非常相似，可以对比学习。

1. 按位置提取

表格提取包括提取首行、提取尾行、提取前 N 行和后 N 行、按范围位置提取、交替提取行数据等。表格提取遵循的逻辑和列表提取一样，使用上也差不多。二者的主要区别是列表提取针对的是一组元素，而表格提取针对的是一组行数据。使用演示如图 11-27 所示。

图 11-27　表格提取函数（按位置提取）的使用

图 11-27 演示了 5 种按位置提取表格行数据的函数的用法，这里简单说明如下：

Table.FirstValue 函数用于提取表格中的首个值（左上角，即首行首列位置的值），在特定场景下使用该函数可以简化代码，但也可以使用其他函数替代。

Table.First 和 Table.FirstN 函数的使用逻辑与列表提取函数类似。需要注意的是 Table.First 函数提取到的是记录类型的数据，而 Table.FirstN 函数提取到的是表格类型的数据。

Table.Range 函数按照范围提取，Table.AlternateRows 函数用于指定起点和提取的行数，以及跳过、保留和舍弃的行数，与列表函数中的对应函数类似，对比理解即可。

2．按条件提取

按条件提取表格数据的函数包括去重提取、文本筛选、行筛选等函数，使用演示如图 11-28 所示。

图 11-28 演示了 5 种按条件提取表格行或列数据的函数使用。其中，Table.Distinct 函数用于对表格指定的列数据进行去重，Table.FindText 函数用于提取包含指定字符串的表格行数据（文本筛选）。Table.Column 和 Table.SelectColumns 函数用于列方向数据的提取。表格列数据提取和引用运算符的提取效果对比如图 11-29 所示。

📑说明：使用函数的优势是参数更灵活、可控，并且可以批量地对多列数据进行保留。

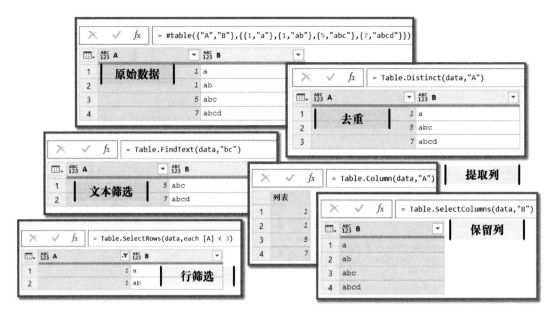

图 11-28　表格提取函数（按条件提取）的使用

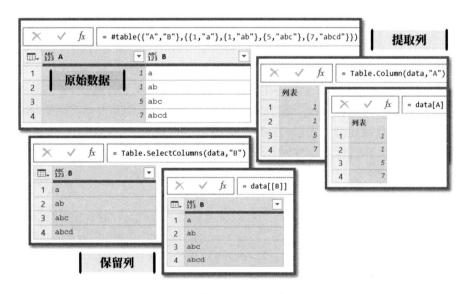

图 11-29　表格列数据提取与引用运算符提取的效果对比

Table.SelectRows 函数是在日常使用中最重要也是最灵活的行筛选函数，与列表函数 List.Select 对应，使用方式也类似，详细说明见表 11-16。

表 11-16 Table.SelectRows函数的基本用法

名 称	Table.SelectRows
作 用	筛选满足条件的表格行数据记录
语 法	Table.SelectRows(table as table, condition as function) as table，第一个参数table要求为表格，表示待处理的表格，第二个参数condition要求为函数类型，用于指定自定义条件规则输出为表类型的数据
注意事项	筛选函数会创建一个关于表格的行循环结构，在每次循环中依次以记录的形式提取每行的数据参与到第二个参数所约定的运算中，最终只会保留运算结果为逻辑真值的行。总体上该函数的使用逻辑与列表筛选函数相似，但差别在于上下文数据的类型及返回结果的形式。根据图11-29所示的示例绘制的表格行筛选函数运算逻辑示意如图11-30所示

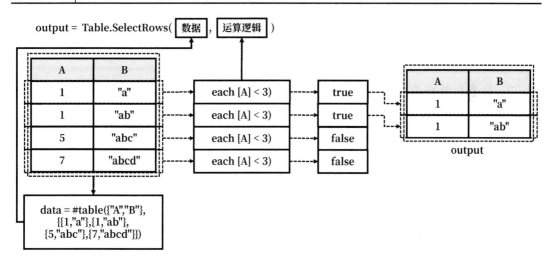

图 11-30 表格行筛选函数运算逻辑示意

11.2.7 表格信息函数

信息获取函数与提取函数同属于表格数据"查"的功能，其分类与列表信息函数的分类几乎相同，包括基础信息类函数、信息判断类函数、包含检测类函数、条件匹配类函数和位置信息类函数，可以对比学习。

1. 基础信息类函数

基础信息类函数负责提取表格的行数、列数及其他维度的统计信息或底层信息，其包括 4 个函数，经常使用的是行和列数目信息提取函数，使用演示如图 11-31 所示。

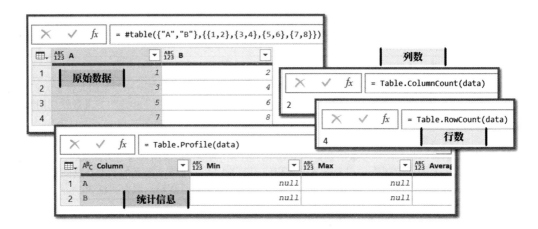

图 11-31　基础信息类函数的使用

2．信息判断类函数

信息判断类函数主要有 3 个，分别用于判断表格是否不包含重复项、是否为空、是否包含某个字段列的数据，使用演示如图 11-32 所示。

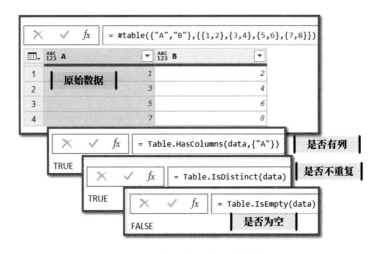

图 11-32　信息判断类函数的使用

3．包含检测类函数

包含检测类函数专门负责检测在表格中是否存在指定的值，共有 3 个函数，可以执行普通包含、包含所有和包含任意 3 种检测模式，使用演示如图 11-33 所示。

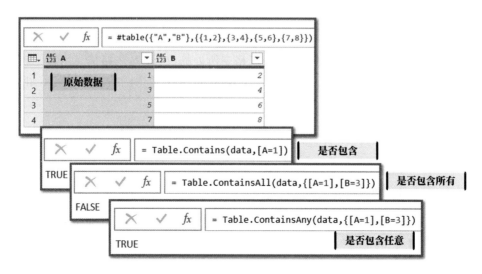

图 11-33 包含检测类函数的使用

说明：与列表函数的对应函数相比，包含检测类函数检测的是指定行的数据是否被表格数据包含，而且在检测时仅检测是否有此特征的行数据，并不要求整行数据的所有字段值均匹配。

4．条件匹配类函数

条件匹配类函数用于判定表格行记录数据是否满足指定的条件，其包括 Table.MatchesAllRows 和 Table.MatchesAnyRows 两个函数，使用演示如图 11-34 所示。

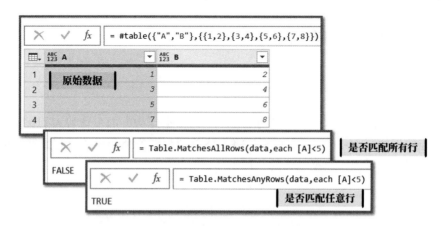

图 11-34 条件匹配类函数的使用

5．位置关系类函数

位置关系类函数用于查找目标记录在表格中所处的位置，是表格信息函数中较重要的一类函数，其包括 Table.PositionOf 和 Table.PositionOfAny 两个函数，使用演示如图 11-35 所示。

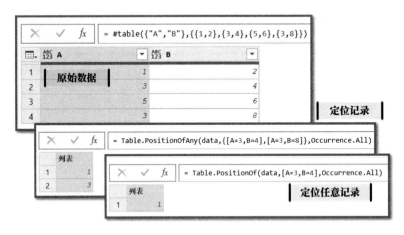

图 11-35　位置关系类函数的使用

11.3　表格函数应用案例

本节我们将以案例的形式来看看表格函数的实际使用场景。

11.3.1　不等长分组列表二维化

1．案例背景

完成了五大类函数的学习后，我们来看一些在数据结构方面变化较大的案例。本例的原始数据与效果如图 11-36 所示，目标是将表格单列数据各个分组的所有数据点按照列进行独立呈现，本例可视作数据结构的整理工作。

2．案例分析

因为本例涉及的主要是数据结构的整理，因此可以直接从结构变化入手。本例的目标是将数据分组按列显示，首先可以想到的便是对数据进行分组。但此处的数据是单列，所有的分组标签也都位于一列数据中，无法直接应用表格分组函数。因此这里选择"剑走偏锋"，通过关键字小学和中学等，定位结尾为关键字的行数据的位置，然后再利用位置信息依次提取每组数据并构建列表列，最后再利用表格类型函数将其重构为表格。

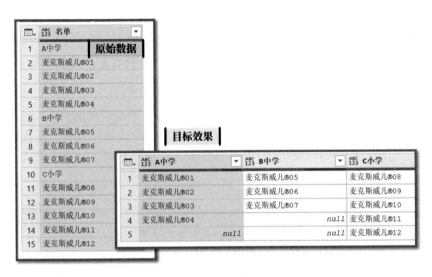

图 11-36　不等长分组列表二维化——案例数据与效果

3．案例解答

如图 11-37 为本案例的解答示范。为了更加清晰地呈现，解答分为两步，第一步负责进行分组关键字的定位，第二步则利用位置信息提取数据进行重组。

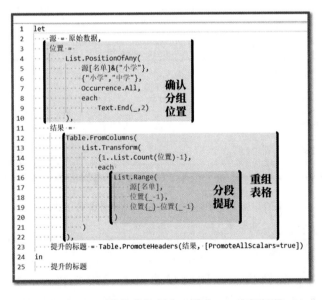

图 11-37　不等长分组列表二维化——案例解答

列表位置信息类函数 List.PositionOfAny 通过设置高级参数对列表中的所有数据进行预处理（提取末尾两字符），定位"小学、中学"字样出现的所有位置，最后返回位置信息列表{0,5,9,15}。

> 📖 技巧：在原始数据的末尾新增了一个手工添加的数据点"小学"，目的是增加最终判定结果的"尾部位置"。因为每段分组数据提取的长度需要利用相邻位置做差得到，如果不添加尾部冗余数据则不利于后续的处理。

在获得位置信息后，利用列表循环函数构建列表列数据并组合成表格。列表循环的范围为 1 到分组数量，每次循环时需要从位置列表内提取相应数据作为提取起点和提取长度来获取目标分组的数据，最后使用 Table.FromColumns 函数将列表列数据重构为表格并升级标题。

11.3.2　降序排序成绩条

1. 案例背景

本案例同样涉及数据结构的变换。原始数据为一张常规的二维成绩表，每行数据囊括一位学生的各科成绩。现在要求将成绩表转化为每位同学独立的成绩单，并且成绩按照各科成绩降序排序，原始数据与目标效果如图 11-38 所示。

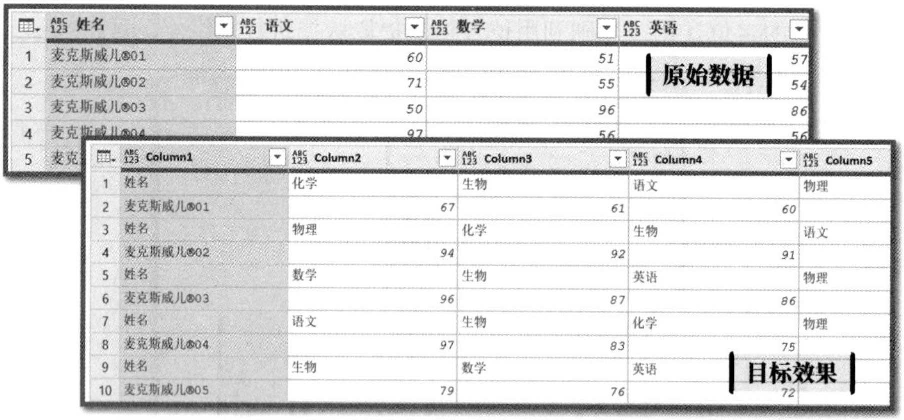

图 11-38　降序排序成绩条——案例数据与效果

2. 案例分析

因为成绩条需要标题信息，同时需要对数据进行排序，所以第一步是使用 Table.ToRecords 函数保证在拆分的同时可以保留标题信息。第二步是对拆分的行记录数据进行循环重组。因为要求对成绩进行排序，所以利用记录函数将成绩记录转换为表格并排序后再转置恢复为行数据，最后只需要手动将列表转换为表格，然后再展开列数据即可获得最终的结果。

3. 案例解答

如图 11-39 所示为案例解答示范。下面补充几点细节：

```
let
    源 = 原始数据,
    结果 =
        List.Transform(
            Table.ToRecords(源),
            each
                Table.Transpose(
                    Table.Sort(
                        Record.ToTable(_),
                        {"Value",Order.Descending}
                    )
                )
        ),
    转换为表 = Table.FromList(结果, Splitter.SplitByNothing(), null, null, ExtraValues.Error),
    #"展开的“Column1”" = Table.ExpandTableColumn(转换为表, "Column1", {"Column1", "Column2",
        "Column3", "Column4", "Column5", "Column6", "Column7"}, {"Column1.1", "Column2",
        "Column3", "Column4", "Column5", "Column6", "Column7"})
in
    #"展开的“Column1”"
```

拆分循环　排序　手动操作

图 11-39　降序排序成绩条——案例解答

外围的按行拆分与循环框架可以直接使用函数 Table.TransformRows 替代。

使用 Record.ToTable 函数时一定要注意在该函数输出的结果表格中，字段名称是固定的，为 Name 和 Value，因此指定排序参数时要与固定的字段名一致。

11.3.3　移除表格空行

1. 案例背景

本案例的原始数据为包含空行的一张表格，目标是将表格中的所有空行移除，效果如图 11-40 所示。判定空行的标准为当前行所有单元格数据为 null 或空文本。

2. 案例解答

如图 11-41 所示为本例的解答示范。因为案例目的是保留所有的非空行，任务目标与表格筛选行数据逻辑匹配，所以使用筛选函数作为框架结构建立循环。然后要解决的核心问题是如何使用行数据判定该行是否为空行。本例的解决方法是将筛选函数上下文的记录数据转化为列表，提取其中值的部分并移除列表中所有的 null 和空文本。如果列表中没有剩余元素则为空行，否则不为空行应该将其保存。

图 11-40　移除表格空行——案例数据与效果

```
1   let
2   ····源·=·原始数据,
3   ····结果·=
4   ········Table.SelectRows(     筛选非空行
5   ············源,
6   ············each
7   ·············· not
8   ·············· List.IsEmpty(
9   ················ List.RemoveMatchingItems(
10   ··················· Record.ToList(_),
11   ··················· {null,""}
12   ················ )
13   ·············· )               判断是否非空
14   ········)
15   in
16   ····结果
```

图 11-41　移除表格空行——案例解答

11.3.4　分组排名

1．案例背景

分组排名问题是我们前面讲过的排名问题的升级版本，这是一个典型的上下文穿透问题的例子。原始数据为包含姓名、班级和成绩的一维表格数据，目标是为表格添加新列，用于展示每位同学在班级内的排名情况，原始数据与目标效果如图 11-42 所示。

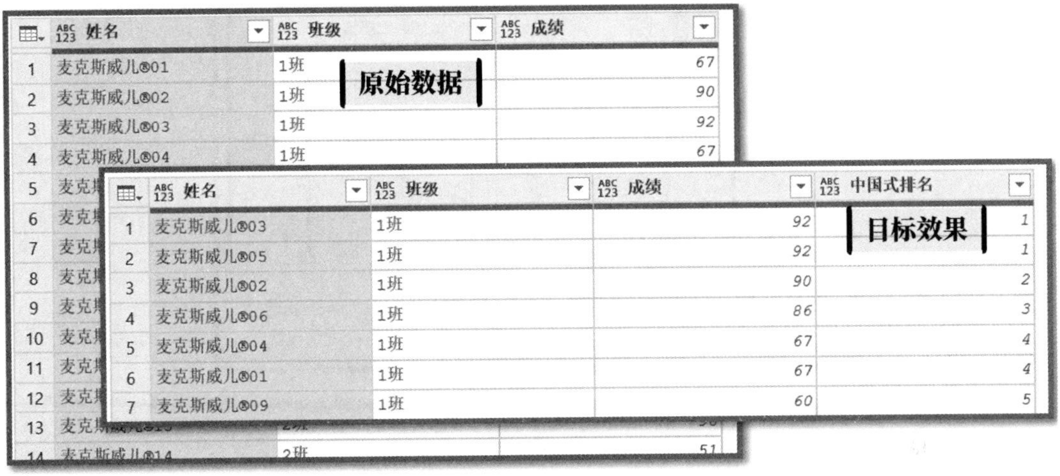

图 11-42　分组中美式排名——案例数据与效果

2．案例分析

分组排名虽然比一般的排名问题升级了，但排名的逻辑是没有发生变化的，我们依旧可以使用类似的逻辑来处理分组排名问题。

分组排名问题本质上新增的是一个条件。原本只需要统计比当前同学分数高的人数或分值即可，现在则需要统计同一班级内比当前同学分高的人数或分值，增加了一个限定条件。

3．案例解答

如图 11-43 为本例的解答示范。使用表格添加自定义列函数作为基础框架，循环计算表格中所有行数据不同班级的同学在各自班级所在的排名情况。在循环的每一行中我们都利用表格筛选函数创建内层循环，只保留完整成绩表中与当前行同班且更高分的记录（此处有上下文穿透，注意区分引用的上下文环境数据），最后只需要统计筛选结果的行数并加 1 即可获得最终的排名结果。

说明：演示范例中的排序可要可不要，添加排序后可以更清楚地检查排名结果的正确性。同时中国式排名与美国式排名的差异在于是否需要提前对数据去重，同此前讲解过的案例。

```
1   let
2   ····源 = #"原始数据: 成绩表",
3   ····结果 =
4   ········Table.AddColumn(
5   ············源,"排名",
6   ············(x)=>
7   ················Table.RowCount(
8   ····················Table.SelectRows(
9   ························源,
10  ························each
11  ····························x[班级] = [班级]
12  ····························and
13  ····························x[成绩] < [成绩]
14  ····················)
15  ················)+1
16  ········),
17  ····排序的行 = Table.Sort(结果,
18  ········{{"班级", Order.Ascending}, {"排名", Order.Ascending}})
19  in
20  ····排序的行
```

图 11-43　分组排名——案例解答

11.3.5　批量分组多方式聚合

1. 案例背景

本例的原始数据为包含员工姓名、部门信息和销售额的员工第一季度销售表和销售明细表。现在要求统计各部门在第一季度各月份的平均销售额，案例数据与效果如图 11-44所示。

	姓名	部门	1月	2月	3月	
1	麦克斯威儿®01	销售1部	143	110		86
2	麦克斯威儿®02	销售1部	72	91	**原始数据**	106
3	麦克斯威儿®03	销售1部	141	112		65
4	麦克斯威儿®04	销售2部	95	50		96
5	麦克斯威儿®05	销售2部	85	79		87
6	麦克斯威儿®06	销售2部	98	62		50

	部门	1月	2月	3月	
1	销售1部	118.67	104.33	85.67	**目标效果**
2	销售2部	92.67	63.67	77.67	

图 11-44　批量分组多方式聚合——案例数据与效果

2. 案例分析

我们还是按照惯例，从数据结构和信息变化两个方面分析数据的整理过程。首先从结构上可以看到,姓名字段对于获得最终的统计结果是不会产生任何影响的,即是无意义的。主要的变化是在行方向上对数据进行了分组压缩,因此这里最好的选择是使用表格分组函数以部门为条件进行分组。在信息变化方面,除了对名称列的舍弃外,还需要对各部门、各月份的销售额进行独立的平均值计算。考虑到前期使用了分组函数将不同部门的数据纳入了独立表格中,因此最好使用表格聚合函数完成上述统计指标的计算。

3. 案例解答

如图 11-45 为案例解答演示。解答过程分为两步,第一步是对表格数据进行分组,条件为部门,因此可以得到一张拥有两列的表格,第一列为部门,第二列名为 temp,是部门的分组数据表。此步骤使用的是表格分组函数。

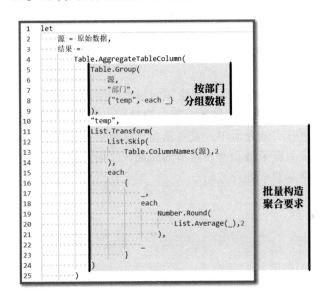

```
1  let
2  ┄源 = 原始数据,
3  ┄结果 =
4  ┄┄┄┄Table.AggregateTableColumn(
5  ┄┄┄┄┄┄Table.Group(                      按部门
6  ┄┄┄┄┄┄┄┄源,                            分组数据
7  ┄┄┄┄┄┄┄┄"部门",
8  ┄┄┄┄┄┄┄┄{"temp", each _}
9  ┄┄┄┄┄┄),
10 ┄┄┄┄┄┄"temp",
11 ┄┄┄┄┄┄List.Transform(
12 ┄┄┄┄┄┄┄┄List.Skip(
13 ┄┄┄┄┄┄┄┄┄┄Table.ColumnNames(源),2
14 ┄┄┄┄┄┄┄┄),
15 ┄┄┄┄┄┄┄┄each
16 ┄┄┄┄┄┄┄┄┄┄{                            批量构造
17 ┄┄┄┄┄┄┄┄┄┄┄┄_,                        聚合要求
18 ┄┄┄┄┄┄┄┄┄┄┄┄each
19 ┄┄┄┄┄┄┄┄┄┄┄┄┄┄Number.Round(
20 ┄┄┄┄┄┄┄┄┄┄┄┄┄┄┄┄List.Average(_),2
21 ┄┄┄┄┄┄┄┄┄┄┄┄),
22 ┄┄┄┄┄┄┄┄┄┄┄┄_
23 ┄┄┄┄┄┄┄┄┄┄}
24 ┄┄┄┄┄┄)
25 ┄┄┄┄)
```

图 11-45 批量分组多方式聚合——案例解答

第二步的目标是利用分组结果表聚合各部门每个月的销售额均值。考虑到聚合一个月需要写一组参数,聚合多列需要重复编写类似的参数很多遍,因此这里采用了高级的代码编写技巧"利用代码编写代码"。按常规逻辑,表格聚合列函数的第三个参数应为三元素的列表列结构,但手动编写该列表列代码较为烦琐,因此这里使用了列表转换函数利用代码的运算特性批量完成参数的构建。案例中首先提取月份名称列表"{ "1 月", "2 月", "3 月"}"作为循环的基础,然后在循环过程中将每个元素改造为独立的三元素列表。其中:第一个和第三个元素用于指定数据列和新列名均为月份名称;第二个元素用于指定数据的运算逻辑,在本案例中为求均值并修约。最后,利用代码构建的参数会参与到表格聚合函数的运算中,并获得额外的三个均值聚合结果。

后　记

　　欢迎你来到本段旅程的终点，麦克斯有一件重要的事情宣布，那就是"恭喜你，你已经掌握了 M 函数语言！"。这对于你来说是一项新鲜的技能，我们通过高强度的学习和练习，理解了 M 函数语言的概念和运行逻辑，并且使用它们解决了不少实际问题。虽然学习的过程是痛苦的，但是麦克斯希望大家千万不要止步于此，因为短时间内吸收和获取的知识会随着时间的流逝而忘记，因此一定要趁热打铁。既然现在你已经完全掌握了 M 函数语言的核心知识，有能力独自去解决一些实际的问题，那么不妨在工作中多使用它们来强化记忆。

　　当然，麦克斯也知道本书所涵盖的理论知识与实操案例，不论从数量还是从深度来讲可能满足不了你成为 M 函数语言"技术专家"的目标，如果你还想继续深入学习 M 函数语言的更多知识，在进阶实战分册中，麦克斯将继续陪伴大家深入学习 M 函数语言更多的理论知识，掌握更多高级函数和常规函数的应用，了解 M 函数批处理的核心概念，以及实际问题的解决思路与细节处理技巧。